新型职业农民示范培训教材

畜禽养殖及疫病防治新技术

黄永强　主编

中国农业出版社

内容简介

本教材针对农村生产实际，在总结近年来农业科技推广经验的基础上编写而成。

本教材分两篇11个单元。其中，第一篇主要介绍猪、肉羊、奶牛、鸡的饲养和繁殖技术；第二篇主要介绍猪、羊、奶牛、鸡、兔、鸭和鹌鹑的疾病防控技术，包括养殖场常见疾病防控概述，重要疾病和多发疾病介绍及防治方法。本教材通俗易懂，内容翔实，有利于农民学员的理解和掌握，有利于新型职业农民根据当地自然条件，选择适宜的养殖项目，带动当地农民搞好畜禽生产，提高经济效益。

新型职业农民示范培训教材

编 审 委 员 会

主　任　魏　民　陈明昌

副主任　康宝林　薛志省

委　员　巩天奎　樊怀林　孙俊德　吕东来　张兴民
武济顺　孙德武　张　明　张建新　陶英俊
张志强　贺　雄　马　骏　高春宝　刘　健
程　升　王与蜀　夏双秀　马根全　吴　洪
李晋萍　布建中　薄润香　张万生

总主编　张　明

总审稿　吴　洪　薄润香

本 册 编 写 人 员

主　编　黄永强

副主编　巨换梅

编　者　黄永强　巨换梅　梁新峰　张志凯

审　稿　张　强

出版说明

发展现代农业，已成为农业增效、农村发展和农民增收的关键。提高广大农民的整体素质，培养造就新一代有文化、懂技术、会经营的新型职业农民刻不容缓。没有新农民，就没有新农村；没有农民素质的现代化，就没有农业和农村的现代化。因此，编写一套融合现代农业技术和社会主义新农村建设的新型职业农民示范培训教材迫在眉睫，意义重大。

为配合《农业部办公厅　财政部办公厅关于做好新型职业农民培育工作的通知》，按照“科教兴农、人才强农、新型职业农民固农”的战略要求，以造就高素质新型农业经营主体为目标，以服务现代农业产业发展和促进农业从业者职业化为导向，着力培养一大批有文化、懂技术、会经营的新型职业农民，为农业现代化提供强有力的人才保障和智力支撑，中国农业出版社组织了一批一线专家、教授和科技工作者编写了“新型职业农民示范培训教材”丛书，作为广大新型职业农民的示范培训教材，为农民朋友提供科学、先进、实用、简易的致富新技术。

本系列教材共有29个分册，分两个体系，即现代农业技术体系和社会主义新农村建设体系。在编写中充分体现现代教育培训“五个对接”的理念，主要采用“单元归类、项目引领、任务驱动”的结构模式，设定“学习目标、知识准备、任务实施、能力转化”等环节，由浅入深，循序渐进，直观易懂，科学实用，可操作性强。

我们相信，本系列培训教材的出版发行，能为新型职业农民培养及现代农业技术的推广与应用积累一些可供借鉴的经验。

因编写时间仓促，不足或错漏在所难免，恳请读者批评指正，以资修订，我们将不胜感激。

2017-06-20

目　录

第一篇

畜禽养殖

单元一

农村养猪实用技术

项目一　猪的生物学特性和品种认识

教学目标

1. 了解猪的生物学特性和猪的品种。
2. 通过了解猪的生物学特性和猪的品种，培养科学养猪的意识。

任务1　了解猪的生物学特性

任务目的

知识：1. 了解猪的生物学特性。

　　　2. 应用猪的生物学特性，提高养猪生产能力。

技能：初步认识猪的生物学特性。

情感：培养科学养猪的意识。

知识准备

一、猪的生物学特性

1. 繁殖率高，繁殖潜力大

（1）产仔数。经产母猪10～12头/胎，比其他家畜高，中国猪比外国猪产仔多。太湖猪产仔超过15头，最高纪录为42头。

（2）年产胎次。一般情况，一年两胎。若缩短哺乳期，提前断奶，可达

2.2～2.5 胎/年。

（3）猪的繁殖潜力。猪的繁殖效率并不高。母猪：卵巢中有卵原细胞 11 万个，但一生仅排卵 400～2 000 枚，一个发情期的排卵数为 20～30 个，个别的可达 60 个（成年枫泾猪），通过外激素处理可增加排卵数达 30～40 枚。公猪：一次射精量 200～400 mL，含精子数 200 亿～800 亿个。

2. 食性广，饲料转化率高 猪是杂食动物，门齿、犬齿和臼齿都很发达，胃是肉食动物的简单胃和反刍动物的复杂胃的中间类型，因而能利用各种动、植物和矿物质饲料。

猪对精料有机物质的消化率为 76.7%，对青饲料有机物的消化率为 64.67%，对优质干草有机物消化率为 51.2%，但对粗纤维的消化能力较差，而且饲料中纤维含量越高对日粮消化率越低。对粗纤维的消化率因品种和年龄不同而异。一般来说，成年猪比幼龄猪耐粗饲、中国猪比外国猪耐粗食。猪日粮中适宜的粗纤维水平为：母猪 8%～10%，大猪 5%～8%，幼猪 3%～5%。

3. 味觉、嗅觉和听觉灵敏，视觉不发达

（1）味觉。猪的平均味蕾数为 15 000 个，犬 1 700 个，比犬高 8～9 倍。人 900 个，猪比人高 16～17 倍。

（2）嗅觉。猪对气味的识别能力比犬高 1 倍，比人高 7～8 倍。仔猪生后几小时便能鉴别气味，依靠嗅觉找到乳头，在 3 d 内固定乳头，在任何情况下都不会弄错。

凭着灵敏的嗅觉识别群内的个体、自己的圈舍和卧位，保持群体内个体间、母子间的密切联系。在公母猪联系中，嗅觉也起很大的作用，能嗅到很远的异性的气味，并做出反应。

（3）听觉。猪的听觉也相当发达，即使很微弱的声音也能觉察到，能迅速判断声源方向，能辨别声音的强度、音调和节律，容易对各种呼名、口令、声音刺激快速建立条件反射。因此，猪场内应保持清静，最好同时给料。

（4）视觉。猪的视觉很弱，人们常利用这一点，用假母猪进行采精训练。

二、应用猪的生物学特性，提高养猪生产水平

1. 提高母猪的年生产能力 利用猪多胎、高产、妊娠期短的特性，积极改进措施，提高母猪年生产力，早期断奶，增加年产胎次：一般 28～35 d 断奶，每年 2.2～2.5 胎，每年 20～25 头断奶仔猪。

2. 加快肉猪的生产周转，提高年出栏率 利用猪的生长期短、生长强度大的特点，充分挖掘猪的生长潜力，缩短生长期，加快肉猪的周转。通过选用杂优猪，应用全价料，采用科学管理技术，改善环境条件，加强疫病防治等措

施，缩短育肥期，5～6月龄上市。

3. 降低饲料成本，提高经济效益　由于猪是杂食动物，利用其消化道长的特点，因地制宜，广开饲料来源，在不同地区采用不同的饲养模式。在沿海等经济发达地区，现代化猪场用以精料为主的配合饲料喂猪；在广大农村，可以充分利用当地所产的农副产品和优质的青粗饲料。

4. 提高劳动生产效率　利用猪灵敏的嗅觉，训练猪定点排粪；寄养新生仔猪时，使其与气味一致，保证寄养成功。利用猪灵敏的听觉，训练猪定时采食；利用公猪的叫声进行母猪发情鉴定。为了避免猪的骚动，应保持猪场安静。

三、猪的行为学特点

行为——是动物对某种刺激和外界环境适应的反应。动物的行为习性，有的取决于先天遗传内在因素，有的取决于后天的调教、训练等外在因素。

1. 采食行为　猪生来就具有拱土的遗传特性，特别喜爱甜食。颗粒料与粉料相比，猪更爱吃颗粒料；干料与湿料比，猪更爱吃湿料。猪的采食有竞争性，群饲比单饲的猪吃得多，吃得快，增重也快。猪在白天采食6～8次，比夜间多1～3次，每次持续10～20 min。多数情况下，饮水与采食同时进行。猪的饮水量大，仔猪吃料时，水料比为3∶1。吃配合料的小猪，每昼夜饮水9～10次，吃湿料的饮水2～3次，吃干料的猪，采食后立即饮水。

2. 排泄行为　猪不在吃、睡的地方排泄粪尿，一般在食后饮水或起卧时，选择阴暗潮湿或污浊的角落排粪尿，且受其他猪的影响。在良好的管理条件下，猪是家畜中最爱清洁的动物。

在采食过程中不排粪，饱食后5 min左右开始排粪，多为先排粪后排尿，在饲喂前也有排泄的，但多为先排尿后排粪。在两次饲喂中间多为排尿，很少排粪。夜间一般排粪2～3次，早晨的排泄量最大。

3. 群居行为　猪有合群性，但也有竞争性，有大欺小、强欺弱和欺生的好斗性。一个稳定的猪群是按优势序列原则，组成有等级制的社群结构，这种优势序列既有垂直方向，也有并列和三角关系，优势者在吃食时常占据有利的采食位置或有优先采食权。

4. 争斗行为　新合并的猪群为争夺饲料、地盘、优势序位而咬斗。一头陌生的猪进入一群中，会遭到群攻。猪群过大，群内格斗的次数和强度会增加。已形成群居结构的猪群，为争食和争夺地盘而咬斗。

5. 性行为　发情母猪主要表现为卧立不安，食欲忽高忽低，发出特有的声音。管理人员压其背部时，立即出现“呆立反射”，这是母猪发情的关键行为。

6. 母性行为　包括分娩前后母猪的一系列行为：絮窝、哺乳、抚育幼仔。

母猪临近分娩时，通常衔草絮窝，若是水泥地，则用蹄子抓地，分娩前 24 h，神情不安，频频排尿，时起时卧。分娩时多采用侧卧，选择最安静的时间分娩，一般多在 16：00 以后，特别是夜间产仔多见。本地母猪较国外母猪的母性强。

7. 活动与睡眠 猪的活动有明显的昼夜节律，大多在白昼活动，在温暖的季节和夏天，夜间也有活动和采食行为，遇上阴冷天气，活动时间会缩短。一般猪昼夜休息的时间平均为 60%～80%。

8. 探究行为 猪的日常活动大部分来源于探究行为，大多数是朝地面上的物体，通过看、听、闻、啃、拱等感官进行探究。

9. 异常行为 指超出正常范围的行为。恶癖就是对人畜造成危害或带来经济损失的异常行为。它的产生与其所处环境及营养状况有关。如在单调无聊的栅栏或笼内，在拥挤的圈舍内，在营养缺乏或无聊的环境中，常出现恶癖，啃咬栏柱、圈舍，异食癖、同类相残、母猪食仔等。

10. 后效行为（条件反射） 后天获得的行为称为条件反射行为，或称为后效行为。猪对吃、喝的记忆力强，它对与饲喂有关的工具、食槽、饮水器（槽）及其方位等，易建立起条件反射。例如，仔猪在人工哺乳时，每天饲喂时，只要按时给以笛声或铃声或用工具的敲打声，如此训练几次，仔猪即可听从信号指挥，到指定地点吃食。

能力转化

1. 简述猪的生物学特性。
2. 怎样利用猪的生物学特性科学养猪？

任务 2 了解常见猪的品种

任务目的

知识：1. 了解常见猪的品种。

2. 应用猪的不同品种杂交，培养市场需要的商品猪。

技能：初步认识猪的品种和杂交技术。

知识准备

我国猪种资源丰富，根据来源可分为地方品种、培育品种和引入品种 3 大类型。根据猪胴体瘦肉含量又可分为脂肪型、肉脂型和瘦肉型品种。多数地方猪种属于脂肪型品种，多数培育猪种属于肉脂型品种，多数引入猪种属于瘦肉型品种。

现阶段多数规模化猪场都采用引进品种，所以本章仅就常见瘦肉型猪品种作一简要介绍，以便更好地利用这些品种，使其在生产中发挥更大作用。

一、常见猪的品种

1. 大白猪（原名大约克夏猪）　大约克夏猪是英国在18世纪育成的，是世界上著名的瘦肉型猪种，引入中国后经过多年驯化，已经有了较好的适应性。其主要优点是生产速度快、饲料转化率高，产仔数多，胴体瘦肉率高。目前，引入我国的有英系、法系、加系、美系等大约克猪种。大约克猪种在杂交利用上主要用作母本，长白猪作父本，生产（长×大）或（大×长）二元杂交母猪，作为规模化猪场的基础母本。在农村也可用大约克作父本与地方母猪进行杂交生产二元商品猪。一代杂种猪胴体瘦肉率在57%以上。

2. 长白猪（原名兰德瑞斯）　长白猪原产于丹麦，是世界上著名的瘦肉型猪种之一。其主要优点是产仔多，生长发育快，节省饲料，胴体瘦肉率高等，但抗逆性差，对营养要求较高。我国在1964年开始从瑞典引进第一批长白猪，后陆续从英国、法国、比利时和丹麦引进。因此，我国长白猪有英系、法系、比利时系、新丹系等品系。在养猪生产中，用长白猪作为三元杂交（杜×长×大）猪的第一父本或第一母本。即常用长白猪作父本，大约克猪作母本生产（长×大）二元杂种母猪。在现有的长白猪各品系中，法系、新丹系和台系的杂交后代生产速度快、饮料转化率高，比利时系后代体型较好，瘦肉率高，但增重较新丹系、法系和台系缓慢。

3. 杜洛克猪　杜洛克猪原产于美国新泽西州。因为皮毛棕红俗称“红毛猪”。目前，引入我国的主要有美系、匈系、台系等猪种。现已遍布全国。其主要特点是体质健壮、抗逆性强、生长速度快、饲料转化率高、胴体瘦肉率高、肉质较好，是我国“八五”国家养猪攻关课题筛选出的最优杂交组合的最优终端父本。现阶段规模化猪场多将其作为三元杂交猪（杜×长×大）终端父本或二元杂交猪父本。

4. 皮特兰猪　皮特兰猪原产于比利时，毛色呈灰白色，并带有不规则深黑色斑点，偶尔出现棕色毛，身体呈圆锥形，肌肉丰满，其主要特点是瘦肉率高。但增重较慢，应激明显。由于其瘦肉率高，因此多用其作父本进行二元或三元杂交。为避免应激反应出现，常与杜洛克或大约克母猪杂交生产（皮×杜）或（皮×大），二元公猪作为商品猪场的终端父本。

5. 汉普夏猪　汉普夏猪原产于美国，是美国分布最广的猪种之一，20世纪70年代引入我国。主要特点是生长发育较快，抗逆性较强，饲料转化率、胴体瘦肉率较高，但产仔数量较少。常用汉普夏猪作父本，与其他杂种母猪进行杂交，生产三品种杂交组合猪。

引入品种的共同特点：生长速度快、胴体瘦肉多、屠宰率高，但产仔数较少、肉质较差，对饲养管理条件要求高，产子数抗病力和母性不如地方品种。

6. 我国地方优良猪种　我国优良的地方猪种有100余种，具有突出特点的猪种有东北民猪、香猪、两广小花猪、内江猪、宁乡猪、金华猪、华中两头乌猪、太湖猪、荣昌猪、成华猪、藏猪等。

我国改良品种猪主要有哈尔滨白猪、上海白猪、新淮猪、沂蒙黑猪、三江白猪、北京黑猪、湖北白猪、苏太猪、军牧1号白猪等。

山西省的地方猪种为分布于大同一带的山西马身猪，改良品种猪主要是山西黑猪。

地方品种特点：繁殖力强、肉质较好、性情温驯、能大量利用青粗饲料，抗逆性强；但生长慢、屠宰率低、膘厚、背凹、腹垂、胴体中瘦肉偏少。体型上“北大南小”，毛色上“北黑南花”，产仔数以长江中下游的太湖猪最高，向北、向南、向西均有降低的趋势。

猪地方品种母性好，产仔率高，耐粗饲，抗病力高；但是瘦肉率不高，生长速度慢。

二、常见的杂交组合模式

我国地域辽阔，地理、气候条件差异很大，猪的地方品种繁多，多达数十个。从肉质划分，有脂肪型、瘦肉型，肉脂兼用型猪。脂肪型猪一般是指国内的地方品种，瘦肉占胴体35%～45%，如滇南小耳朵猪、全华猪、内江猪、两广小花猪；瘦肉型猪是指从国外引进的优良品种，瘦肉占胴体60%～65%，如长白猪、大白猪、杜洛克猪；肉脂兼用型猪指用进口的良种猪作父本，地方良种母猪作母本杂交产下的后代，即杂交猪，目前山西省农村饲养的猪大部分属于此类型。这种猪抗病力强、生长快，饲料转化率高，瘦肉多。具体选苗时，要挑选个大、脚高，体格匀称，用手触摸耳根无发热，身上无红点，无腹泻，采食正常的健康猪。

随着市场经济发展，人民生活水平不断提高，对瘦肉率高、生产性能优良、饲料转化率高的品种备受消费者欢迎。

能力转化

1. 简述当地猪的品种及主要生产性能和外貌特性。

2. 简述我国主要引进品种猪的产地、外貌特征和生产性能。

3. 请调查当地主要的猪的杂交品种。

项目二 猪的营养

教学目标

1. 了解猪的营养需要。
2. 掌握一定的配方技术。

任务1 了解猪的营养需要

任务目的

知识：1. 了解猪的营养需要。
2. 了解猪的饲料类型。

技能：初步认识猪的营养需要和饲料类型。

情感：培养科学养猪的意识。

知识准备

一、饲养标准和营养需要

1. 饲养标准的概念 根据大量饲养实验结果和家畜生产实践的经验总结，对各种特定家畜所需要的各种营养物质的定额作出的规定，这种系统成套的营养定额就称为饲养标准。

2. 营养需要的概念

（1）营养需要量。指动物在最适环境条件下，正常、健康生长或达到理想生产成绩，对各种营养物质种类和数量的最低要求。

（2）营养供给量。结合生产实际的人为供应量，以高额为基础，能保证群体大多数家畜需要的营养物质都能满足。

3. 饲养标准的作用 合理的饲养标准是养殖生产工作的技术标准，是由国家主管部门颁布的，对生产具有指导作用，它能促使饲养科学化和标准化。饲养标准的用处主要是作为校正日粮及饲料产品质量检验的依据。校正日粮这个基本环节，对饲养生产计划的拟定和审核起着重要的作用，是养猪生产及提高配合饲料质量的依据。猪通用饲养标准见表 1-1。

表 1-1　猪通用饲养标准（每千克日粮营养含量）

	≤7 kg	7～15 kg	15～30 kg	30～60 kg	60～90 kg	妊娠母猪	哺乳母猪
消化能（MJ/kg）	14.2	14.2	13.8	13.4	13.4	12.9	12.9
粗蛋白质（%）	26	21	18	16	15	14	16
钙（%）	1.0	0.8	0.7	0.6	0.6	0.75	0.75
磷（%）	0.7	0.65	0.6	0.5	0.5	0.6	0.6

二、猪的饲料类型及来源

1. 能量饲料　猪的生长、发育、繁殖、生产和维持体温等一切生理活动都需要能量。饲料中有 3 种有机成分可提供能量，它们是碳水化合物、脂肪和蛋白质。最主要的是碳水化合物，能量饲料又称精饲料或粮食饲料。主要能量饲料有以下几类：

（1）谷物。玉米、大麦、高粱、燕麦、稻米、小麦等。

（2）加工下脚料。麦麸、米糠、玉米皮等。

（3）其他能量饲料。干甜菜、柑橘渣、乳清粉、马铃薯、甘薯、饲用油脂。

2. 蛋白饲料　蛋白质是关键性营养物质，特别对幼猪、怀孕、哺乳猪更为重要。蛋白质饲料都含有 20%以上的粗蛋白质。

（1）植物蛋白饲料。大豆粕（饼）、棉籽粕（饼）、花生粕（饼）、亚麻仁粕、向日葵粕、菜籽粕（饼）、芝麻粕（饼）、玉米蛋白粉料等。

（2）动物蛋白饲料。肉粉、肉骨粉、血粉、鱼粉、其他动物加工下脚料。

（3）新蛋白资源。家畜粪便、藻类、石油酵母、非蛋白氮。

3. 粗饲料　粗饲料中粗纤维含量高，蛋白和能量的消化率低。主要有牧草、干草、谷物下脚料、青刈饲料、青贮料。

4. 矿物质饲料

（1）常量元素　钙、磷、镁、硫、钾、钠、氯等。

（2）微量元素　铁、钴、铜、锰、碘、锌、硒等。

5. 维生素饲料　鱼肝油、合成维生素、胚芽、酵母、发酵产品等。

6. 氨基酸、抗生素、生长促进剂。

三、猪场常用饲料营养成分

猪场常用饲料常规成分及钙、磷含量见表 1-2。

表 1-2 常用饲料常规成分及钙、磷含量

饲料名称	干物质（%）	粗蛋白质（%）	粗脂肪（%）	粗纤维（%）	无氮浸出物（%）	钙（%）	磷（%）
玉米	86	8.0	3.3	2.1	71.2	0.02	0.27
高粱	86	9.0	3.4	1.4	70.4	0.13	0.36
小麦	87	9.0	3.4	1.4	70.4	0.13	0.36
大麦（皮）	87	11.0	1.7	4.8	67.1	0.09	0.33
稻谷	86	7.8	1.6	8.2	63.8	0.03	0.36
碎米	88	10.4	2.2	1.1	72.7	0.06	0.35
次粉	87	13.6	2.1	2.8	66.7	0.08	0.52
小麦麸	87	15.7	3.9	8.9	53.6	0.11	0.92
米糠	87	12.8	16.5	5.7	44.5	0.07	1.43
豆饼	87	40.9	5.7	4.7	30.0	0.3	0.49
豆粕	87	43.0	1.9	5.1	31.0	0.32	0.61
棉籽饼	88	40.0	7.0	9.7	24.7	0.21	0.83
棉籽粕	88	42.5	0.7	10.1	28.2	0.24	0.97
菜籽饼	88	34.3	9.3	11.6	25.1	0.62	0.96
菜籽粕	88	38.6	1.4	11.8	28.9	0.65	1.07
花生仁饼	88	44.7	7.2	5.9	25.1	0.25	0.53
花生仁粕	88	47.8	1.4	6.2	27.2	0.27	0.56
葵粕	88	33.6	1	14.8	33.3	0.26	1.03
玉米蛋白粉	90	51.0	7.8	2.1	28.0	0.06	0.42
进口鱼粉	88	62.8	9.7	1.0		3.87	2.76
血粉	88	82.8	0.4		1.6	0.29	0.31
乳清粉	94	12.0	0.7		71.6	0.87	0.79
啤酒糟	88	24.3	5.3	13.4	40.8	0.32	0.42

能力转化

1. 简述猪的饲料类型及来源。
2. 请调查当地可以用作猪饲料的作物品种和替代品。

任务2　了解猪配合饲料

任务目的

知识：1. 了解猪配合饲料设计的基本原则。
　　　2. 掌握通用猪饲料配方。
技能：初步了解猪配合饲料。
情感：培养科学养猪的意识。

知识准备

一、猪饲料配方设计基本原则

猪的饲料配合首先应根据猪对各种营养素的需求量，即“饲养标准”和猪常用饲料的营养成分及营养价值表，结合当地饲料资源进行。只要不受体积的限制，猪都能获得每天所需的能量和各种营养素，只不过是采食量不同而已。配合饲料时应根据以下基本原则：

1. 应选用适宜的饲养标准和饲料成分表　我国已经有的饲养标准可以参照使用，如有地区性标准则以地区性标准为准，并在养殖实践中根据猪的生长发育及生产性能等酌情修正，灵活使用。

2. 营养水平要适宜　因猪生长快，瘦肉率高，要求营养水平较高，在配制猪料时，要使各营养素之间达到平衡，其中要特别注意必需氨基酸的平衡。这样才能收到良好的效果。

3. 注意猪的采食量与饲料体积大小的关系　若配料体积过大，猪往往吃不完，若体积过小，则又吃不饱。

4. 控制饲料粗纤维含量　乳猪、仔猪饲料粗纤维不超过4%，生长育肥猪不超过6%，种猪不超过8%，否则影响猪饲料利用率。

5. 要考虑饲料的适口性　适口性好的饲料多用些，差的少用些。

6. 发霉变质有毒性的饲料，不能用作饲料　否则影响猪的生长和饲料利用率，甚至中毒。

7. 要求做到多样化，做到多种饲料合理搭配，发挥各种营养互补作用，提高利用率。

二、猪场通用饲料配方

猪场常用饲料配方见表1－3。

表 1-3　猪场常用饲料配方（仅供参考）

	玉米	麸皮	豆粕	乳清粉	酸化剂	进口鱼粉	预混剂
7 日龄至 15 kg	52		30	7.5	1.5	5	4
15～30 kg	68		26			2	4
30～60 kg	72	2	22				4
60～90 kg	72	8	16				4
妊娠前期	62	18	14			2	4
妊娠后期及哺乳	61	12	20			3	4

三、配制饲料时的注意事项

1. 应选择信誉度高、质量好且稳定，售后服务完善的预混饲料或浓缩饲料供应商。

2. 预混饲料保存期不超过 3 个月，应保存在通风干燥和阴凉的库房里。

3. 自有饲料如玉米、豆粕、麸皮等的质量应保证在国家二级以上，无霉烂、无变质。

4. 严格按配方配制饲料，称准、拌匀。

5. 配好的料，保质期为夏季 60 d、冬季 90 d。

能力转化

1. 简述猪配合饲料设计的基本原则。

2. 掌握通用猪饲料配方。

项目三　猪舍建筑

教学目标

掌握猪舍的场地选择和建筑要求。

任务　初步掌握猪舍的场地选择和建筑要求

任务目的

知识：1. 猪舍的场地选择和建筑要求。

2. 灵活应用养猪各种栏位需要量。

技能：初步掌握猪舍的场地选择和建筑要求。

情感：培养科学养猪的意识。

知识准备

一、场址选择

我国地域辽阔，南北温差较大，因此建造猪舍要因地制宜，山西省属于黄河以北，应以防寒保温、防潮除湿为重点。

猪场场址应考虑当地具体情况，根据猪场性质、规模和任务，选择地势高燥、平坦、背风向阳、水源充足、水质良好、排水及排污方便、无污染、电源和交通方便的地方，以保证冬暖夏凉、干净、干燥。猪场应远离铁路、公路、河道、城镇、居民区和其他公共场所。特别应远离其他养猪场、屠宰场、畜产品加工厂、牲畜交易场所、垃圾和污水处理场所，风景旅游区等 1 000 m 以上，场周围有围墙或防疫沟。

二、场地规划与布局

猪场布局应以有利于防疫，方便饲养管理，利于控制场区小气候，节约用地为原则，考虑当地气候、风向、地形、地势等，要求生产区、生产管理区、生活区和隔离区、饲料加工区、消毒间等严格分开。生产区要建在地势较高，离生活区、生产管理区 100 m 以外的上风处。生产区大门应在生产区下风头，生产区不同猪群也应相距一定距离，各栋猪舍也应保持一定距离。

三、建筑设计与建筑要求

猪场设计与建筑应符合工厂化生产工艺流程。按照工厂化养猪的不同阶段来设计建造种猪舍、产仔舍、保育舍和育肥舍。产仔舍、保育舍以小单元设计为最好，每单元设置 10～14 个产床或保育床。这样有利于全进全出和消毒，并且能较好的通风、保温。

四、工厂化养猪各种栏位需要量

流水线或生产工艺是否畅通，关键在于各专用猪舍和设备是否充足，以及是否均匀配种。在设计时应根据设计规模，准确计算出各种专用猪舍及栏位的需要量。在计算标准需要量时，应根据工艺参数和具体情况确定有关数据：

1. 公猪舍 公猪一般应单独饲喂，公母比例为 1∶25，公猪的数量应为基础母猪数量的4%。每个公猪栏的面积应不少于8～12 m^2。

2. 后备母猪舍　工厂化养猪每年正常淘汰母猪的数量为30%，因此每年应有约30%的后备母猪补充。现阶段后备母猪的饲养多以小群饲养为主（每栏4头），但由于后备母猪占栏时间较短（2～3个月），因此有些猪场在设计时没有单独设计后备猪舍，而只将少量的母猪安置在种公猪舍，一方面，节省建筑面积；另一方面，也可以起到刺激后备母猪尽快发情的作用。

3. 怀孕舍　怀孕母猪舍有多种，农户养猪不分妊娠与分娩，一猪一栏；集体养猪和中小规模猪场，多为2～3头母猪占用一个栏；规模化猪场多采用大小栏结合（群养单饲），少数猪场采用个体定位栏饲养，即1头母猪一个定位栏（限位栏）。定位栏的设计一般长210 cm，宽60～65 cm，高90 cm。

4. 产仔舍（床）　农户养猪产仔舍一猪一舍（妊娠产仔舍）。工厂化养猪应设计产仔床，产仔床的数量应为基础母猪的25%。

5. 保育床　工厂化养猪，仔猪断奶后进入保育床，保育至25～27 kg时进入育肥阶段。保育床长2 m，宽1.6～1.7 m，高60～70 cm，可饲养断奶仔猪10～12头（35～70日龄）。按流水线生产设计保育床的数量应为基础母猪的25%～28%。

6. 育肥猪舍　仔猪65～70日龄进入育肥舍，经过大约100 d的饲养直到出栏。育肥猪舍的需要量是按每头肥猪占用0.8～1 m^2，按每年周转3次计算，因此育肥猪舍的面积为年出栏总数的1/3，以平方米为单位。

五、农村养猪建造猪舍的注意事项

1. 猪场选址　猪场宜距公路100 m以上，应远离村庄和畜产品加工厂，来往行人要少，要在住房的下风向，地势高燥，避风向阳，土质坚实、渗水性强、未被病原微生物污染，水源清洁、取水方便。

2. 猪舍设计　安排猪舍时要考虑猪群生产需要，公猪舍应建在猪场的上风区，既与母猪舍相邻，又要保持一定的距离。哺乳母猪舍、妊娠母猪舍、育成猪舍、后备猪舍要建在距离猪场大门口稍近一些的地方，以便于运输。

3. 猪舍密度　猪舍过于密集，易导致环境污染及猪群间相互感染疾病。猪舍之间的距离应在8 m以上，中间可种植果树等。

4. 建筑模式　母猪舍、公猪舍、育肥猪舍模式都有各自的具体要求。例如，母猪舍需设护仔间，而其他猪舍就不需要；公猪舍墙壁须坚固些，围墙须高些等。

5. 猪舍窗户　有的猪场猪舍一个窗户也没有，有的虽有窗户，但窗户太小、太少，夏天不利于舍内通风降温。一般情况下，能养10头育肥猪的猪舍，后墙须留4个60～70 cm的窗户。

6. 忌粪便污水乱排、猪舍外无粪池 一是收集粪尿难，肥料易流失，肥力会降低；二是会影响猪舍清洁卫生。猪舍内污水沟应有足够的坡度，以利于污水顺利流到舍外，注意不要让污水在场内绕圈。猪舍外必须建造沤粪池或沼气池，沤粪池或沼气池的大小可根据养猪的规模而定。

7. 忌缮瓦多缮草少 农村猪场猪舍屋顶都是缮瓦多、缮草少。这样做的弊端，一是因为瓦比草贵，加大了养猪成本；二是缮瓦夏热冬冷，起不到防暑防寒的作用，不利于猪的生长，而缮草则冬暖夏凉，利于保温防暑，有利于猪只生长。

8. 饲槽规格 饲槽一般要依墙而建，槽底应呈“O”形，饲槽大小应根据猪的种类和猪的数量而定。

9. 水槽 缺少清洁饮水会影响猪的生长发育。所以，猪舍内必须设置水槽或自动饮水器。

10. 围墙 猪舍小围墙矮，不利于空气流通，猪舍的运动场围墙若太矮，猪会轻易越墙外逃，给管理带来麻烦。一般猪舍后墙应高 1.8 m 左右，围墙高 1.3 m 左右。

能力转化

1. 简述猪场场地规划和猪场建造的要求。
2. 简述农村建造猪舍的注意事项。

项目四　进猪前后的相关工作

教学目标

1. 掌握进猪前应做的准备工作。
2. 掌握一定的防疫、防病技术。

任务1　进猪前的准备工作

任务目的

知识：了解新进猪的准备工作。

技能：初步认识猪的生物学特性。

情感：培养科学养猪的意识。

知识准备

一、猪舍的清洁和消毒

1. 新猪圈应用清水冲洗干净，不留任何杂物。

2. 冲洗干净的猪圈用甲醛熏蒸消毒。

3. 封闭所有的门窗，包括天窗。

按每立方米高锰酸钾 7 g＋福尔马林 14 mL 进行熏蒸，操作时先放福尔马林，再加高锰酸钾，并且分多点投放。

4. 熏蒸 24 h 后再开门通风。

5. 至少通风 48 h。

6. 通风之后再干燥 5 d 方可进猪。

7. 另外，猪圈的周围及走道必须用 5%的火碱消毒，每栋猪舍门口放置一个脚浴盆，内放 5%的火碱。

二、猪舍面积的准备

1. 每头猪按 0.8 m^2 的面积，准备足够的猪栏。

2. 公猪要单独饲养。

3. 不同来源的猪不能饲养在同一栋猪舍内。

三、饲料的准备

按每头猪 2 kg/d 的采食量准备 15 d 的饲料（使用中猪料），尽量购买大公司的饲料，另外，准备小猪料一袋（适用于 15～30 kg 的猪）。

四、药品的准备

药品准备，名称及数量见表 1－4。

表 1－4　药品准备

药品名称	数量	药品名称	数量	药品名称	数量
青霉素	5 盒	痢菌净粉	50 kg	紫药水	3 瓶
氨基比林	20 盒	维生素 B_1	10 盒	卡那霉素	10 盒
痢菌净针剂	20 盒	维生素 C	10 盒	百毒杀	5 盒
土霉素粉	50 kg	维生素 K	5 盒	10%葡萄糖	10 盒
先锋Ⅴ号	10 盒	磺胺－6－甲氧针剂	10 盒		

五、简单医疗器械的准备

20 mL 金属注射器	3 把	输液管	10 根
16′25 的针头	10 盒	缝合针（小号）	10 根
16′38 的针头	10 盒	缝合线（羊肠线）	1 筒
12′25 的针头	10 盒	手术刀	2 把

六、疫苗的准备

疫苗：猪瘟（弱毒苗），口蹄疫（浓缩苗），伪狂犬病（灭活苗），细小病毒（灭活苗），蓝耳病（灭活苗），头份数根据进猪的头数来定。

七、工作服及器具

1. 工作服 每人一套，另外提供外来人员的服装。

2. 胶鞋（中等高度）。

3. 工具 扫把、铁锹及运粪车等。

能力转化

新进猪舍的卫生防疫准备工作有哪些？

任务2 新进猪的隔离与适应

任务目的

知识：了解新进猪的隔离和适应工作。

技能：初步认识猪的生物学特性。

情感：培养科学养猪的意识。

知识准备

一、隔离

隔离与适应程序是猪场保证猪只健康的一项必要措施，可以防止新进猪带来危害很大的疾病，对于猪场的稳定生产有重要意义。

隔离的距离要求：距原有猪群至少 100 m，与原有猪群没有任何接触。

隔离的时间：至少 2 周，目标 4 周。

隔离的具体操作：

1. 进猪前隔离舍要彻底冲洗消毒，并充分干燥。
2. 在进猪的第 1 周、第 2 周在饲料中加 500 mg/kg 的土霉素。
3. 隔离期间要求有单独的饲养员，专用清扫工具。
4. 注意观察猪是否健康，及时治疗患病猪只。

二、适应

1. 适应的目的　使新进的种猪能适应原有猪群的微生物环境；使新引进的种猪适应猪场的生产要求；使原有猪群能与新进猪在微生物环境上达到平衡。

2. 适应的地点　在隔离舍内（或新猪舍内）。

3. 适应的时间　隔离后即进入适应期。至少 2 周，目标 4 周，如果原有猪场为蓝耳病阳性，则需隔离 8 周以上。

4. 适应的具体操作　在适应的第 1 周可用 440 mg/kg 的土霉素；在适应的第 1 周用原猪舍的粪便与新猪接触；如果原猪场有猪痢疾，C 型魏氏梭菌，猪丹毒，球虫病，则不能用粪便进行接触感染；种猪场，可在适应的第 2 周用产房的胎衣、木乃伊拌料喂给新种猪吃；引进的种猪可在适应的第 3 周按（1∶5）～（1∶10）的比例与 30～40 kg 的育肥猪相邻关放，最好能通过猪栏进行接触；引进的种猪可在适应的第 4 周，按 1∶20 的比例和将淘汰的母猪混群饲养。如出现严重的不良反应，应立即停止接触。在适应期间开始免疫接种，注意细小病毒应在 180 日龄和 201 日龄进行两次接种。

能力转化

新进猪的隔离和适应工作有哪些？

项目五　猪的饲养管理

教学目标

1. 掌握猪的一般饲养管理原则、不同生理阶段猪的饲养管理要点。
2. 掌握猪的正确饲养方法和猪的科学管理技术。

任务1　掌握猪饲养管理的一般原则

任务目的

知识：1. 了解猪正确的饲养方法。

2. 了解猪的科学管理方法。

技能：初步认识猪的科学饲养和管理。

情感：培养科学养猪的意识。

知识准备

要提高猪的生产水平，就必须实行科学的饲养管理，最大限度地提高猪的生产潜力；要以科学的态度，认真对待每一个生产环节；要根据猪的生物学特性和不同阶段的生理特性有针对性地采取有效的饲养管理措施，才能获得较好的效果。

一、合理调制饲料，科学配置日粮

俗话说：同样的草，同样的料，不同的方法，不同的膘。常用的饲料加工调制方法有：将青绿多汁饲料切碎、切短、打浆，将高淀粉类饲料煮熟，将高能量的籽实饲料粉碎等方法。

猪体需要各种营养物质，各种饲料中所含营养物质的成分与含量不同，而在单一饲料中，往往营养物质不全面，不能满足猪的生长发育与繁殖等方面的需要。为此，必须选择多种饲料合理搭配，这样可以发挥蛋白质的互补作用，从而提高蛋白质的生物学价值。

二、正确饲养

1. 定时、定量、定质饲喂

（1）定时。就是每天喂猪的时间、次数要固定。定时饲喂可使猪的生活有规律，建立良好的条件反射，有利于消化液的分泌，从而提高猪的食欲和饲料转化率。

（2）定量。喂食一定要掌握好量，不可忽多忽少，以免影响猪只食欲，造成消化不良，降低饲料转化率。定量不是绝对的，要根据天气、饲料种类、猪的食欲、生理状态、食量等情况等随时调整。每次喂量以掌握在猪吃到八九成饱为宜，这样才能使猪在每次喂食时保持旺盛的食欲。

（3）定质。对于不同种类的猪，配合日粮时，首先要符合饲养标准，其次要科学的安排精、粗、青饲料的比例，而饲料的种类与比例要保持相对稳定，不可变动太大，这样才有利于提高猪的食欲和饲料转化率。禁止饲喂发霉、变质、腐烂及冰冻的饲料。

2. 合理的饲喂方法

（1）饲喂方式。根据所用饲料的理化性质不同，猪的饲喂方式可分为生喂和熟喂两种。

生喂：就是用生的饲料喂猪。优点是可提高饲料中蛋白质转化率，提高饲料中维生素的利用率，节省燃料，预防饲料中毒。缺点是淀粉类饲料的消化率低，易感染寄生虫病。

熟喂：就是将饲料加工成熟料饲喂。优点是可以用高温杀灭饲料中的寄生虫卵，软化饲料中的纤维素，提高淀粉类饲料的消化率。缺点是降低饲料中蛋白质的转化率，降低饲料中维生素的含量，浪费燃料。

（2）饲喂的料型。常用的有干粉剂、颗粒剂、湿拌剂、稀粥剂。

我国农村养猪多采用稀料熟喂的方式，现在提倡颗粒剂、湿拌剂、干粉剂、稀粥剂。

三、科学管理

1. 保障充足的饮水　水是猪体重要的组成成分，对饲料的消化、吸收，对营养的运输，体温的调节，猪体的新陈代谢以及生理功能的保持都起着重要作用。因此，每天必须供给充足而清洁的饮水。猪在夏季需水多，冬季需水少；喂干粉料需水多，喂稠料需水少。供水方法，一般是在圈内或运动场设置水槽，要勤换、勤刷、勤消毒。最好安装自动饮水器。

2. 精心管理猪群

（1）合理分群。一般掌握“留弱不留强”“拆多不拆少”“夜合昼不合”的原则。针对猪的视觉较差而嗅觉灵敏的特性，对并圈合群的猪可喷洒药液，消除气味差异，便于合群成功。

（2）加强调教，搞好卫生。促其养成“三点定位”的习惯，使猪吃食、睡觉和排粪尿的地点固定，猪圈应每天打扫，猪体要经常刷拭。

（3）适当运动。运动可以加快猪的新陈代谢，使肌肉更结实，促进其食欲，增强其体质。运动方式有：运动场内自由运动，驱赶运动，放牧运动，游水（洗澡）等。

3. 调控猪的生活环境　猪的生活环境主要是猪舍内环境，保持猪舍内适宜的温度、湿度、光照与空气鲜度，是提高猪生产性能的重要措施。

（1）温度。猪的生理特点是小猪怕冷、大猪怕热，且猪对过冷、过热的环境很敏感。猪舍温度过低，会增加饲料的消耗，猪的增重减慢，甚至发病或死亡。因此，在低温季节，猪舍应注意加热保温。猪在高温条件下会出现食欲下降、采食量减少等现象，甚至中暑，死亡。因此，在高温条件下，应采取防暑降温措施。气温过高过低，都会影响猪的增重与饲料转化率。

（2）湿度。如果猪舍内气温适宜，空气相对湿度的高低对肉猪增重与饲料转化率影响不大。但高温高湿或低温高湿对肉猪的健康、增重与饲料转化率有不良影响。低温高湿的影响更为严重。空气相对湿度过低也不利于猪只健康生长，会增加猪的呼吸道疾病与皮肤病。

（3）光照。猪舍的光照因光源不同可分为自然光照与人工光照。一般情况下，光照对肉猪的生产性能影响不大。但强烈光照会影响猪的休息与睡眠，所以育肥猪一般采取暗光照管理。

（4）空气新鲜度。猪舍要求设计合理，注意通风换气，特别是封闭式猪舍更应如此，猪舍要每天清扫，以保持猪舍空气新鲜。

4. 合理安排圈舍的饲养密度 猪虽然是群居性动物，可以群养，但如果群体饲养密度过大，每一头猪在群体中的位置就不稳定，致使猪群争咬不断，直接影响猪的生长发育。因此，确定一个较为合理的饲养密度是养好猪的基础之一。一般是小猪为20～30头一群，肥育阶段为10～12头一群。

5. 建立可靠的防疫治病程序 猪生长发育好坏的另一个关键是猪的健康状况，猪患病时，不能正常展示原有的生产能力，不能发挥自身的生产潜力。因此，应防止猪发生疾病，特别是传染病。

6. 稳定的饲养管理制度 猪的饲养管理制度是猪场饲养管理工作的根本依据，一旦确定，不得随意更改和变动，饲养员必须认真遵守，严格执行（表1-5）。

表1-5 饲养管理出勤表

夏季（5月至9月）		冬季（10月至翌年4月）	
5:30～7:00	起床，清理圈舍，早饲配种	6:00～7:30	起床，清理圈舍，早饲配种
7:00～8:00	早饭，喂断奶仔猪	7:30～8:30	早饭，喂断奶仔猪
8:00～9:00	饮水，公猪运动	8:30～9:30	公猪运动
9:00～10:00	喂青料，清粪便，刷拭公猪	9:30～10:30	喂青料，清粪便，刷拭公猪
10:00～11:00	喂哺乳母猪和断奶仔猪	10:30～11:30	喂哺乳母猪和断奶仔猪
11:00～12:00	午饲母猪（除哺乳母猪）、公猪、肥猪、后备猪	11:30～12:30	午饲母猪（除哺乳母猪）、公猪、肥猪、后备猪
12:00～14:30	午饭、午休	12:30～14:00	午饭、午休
14:30～15:30	饮水，喂哺乳母猪和断奶仔猪	14:00～15:00	喂青料
15:30～16:00	喂青料	15:00～16:30	清理圈舍，为哺乳母猪和断奶仔猪
16:00～17:00	清理圈舍	16:30～17:00	配种

（续）

夏季（5月至9月）		冬季（10月至翌年4月）	
17:00～18:00	喂断奶仔猪，配种	17:00～18:00	晚饲母猪（除哺乳母猪）、公猪、肥猪、后备猪
18:00～19:00	晚饲母猪（除哺乳母猪）、公猪、肥猪、后备猪	18:00～19:30	晚饭
19:00～20:00	晚饭	19:30～20:30	为哺乳母猪和断奶仔猪
20:30～21:00	喂断奶仔猪	22:00～22:30	为哺乳母猪、妊娠猪、断奶仔猪和肥猪

能力转化

1. 简述猪的正确饲养方法。
2. 简述猪的科学管理方法。

任务2　种猪的饲养管理

任务目的

知识：掌握种公猪和种母猪的饲养管理技术。

技能：种公猪和种母猪的选择、饲养及管理技术。

知识准备

种公猪和种母猪是用来做繁殖后代的亲本，在生产上一般数量较少，但要求的质量却很高。俗话说“母好好一窝，公好好一坡”。这充分说明了种猪的作用巨大。

一、种公猪的饲养管理

饲养种公猪的目的是使种公猪保持良好的种用体况及具有较强的配种能力，即精力充沛，性欲旺盛，能产生量多质优的精液，提高母猪受胎率，获得数量多、质量好的仔猪。在自然交配的情况下，1头公猪1年可配母猪40～60头。繁殖仔猪500～600头或更多；如采用人工授精技术，1头公猪1年可配母猪600～1 000头或更多，繁殖仔猪6 000～10 000头或更多。这充分说明公猪在生产上作用巨大。因此，对种公猪必须进行科学饲养管理与合理利用，使“营养、运动与利用”三者之间保持相对平衡，充分发挥种公猪的种用价值。

(一) 种公猪的选择

种公猪要求具有良好的繁殖力，产肉能力和健康的体质，所以必须从具有育种资料完整、饲养管理环境好、卫生防疫规范的种猪场引进，以防其遗传性能不稳定和有疾病的潜在威胁；其次，挑选的公猪必须具有雄相，身体健康，体质紧凑，背腰稍短而深广，后躯充实，四肢强健粗壮，睾丸发育良好。患有疝气、单睾和包皮积尿的公猪不宜做种猪用。

总之，优良的种公猪应具备两个最基本的能力：一是要有产生优良精子的能力；二是要有旺盛的性欲。二者缺一不可。

(二) 种公猪的饲养

为使种公猪保持良好的种用膘情——中上等膘、健康结实、精力充沛、性欲旺盛、精液优良，应进行科学的饲养。

1. 种公猪的生理特点

(1) 射精量大。一次约 250 mL。

(2) 交配时间长。一般为 5～10 min。

(3) 精液组成。精子占 2%～5%，水分约占 97%。

2. 营养需要 首先应供给种公猪适当的能量，但能量也不可供应过多。否则，易导致公猪体质过肥，对其繁殖性能极度不利。

(1) 蛋白质对公猪的作用很大。如果日粮中蛋白质不足，会造成公猪精液量少、精子密度低、发育不完全、活力差、受胎率下降，甚至丧失配种能力。

(2) 种公猪对维生素的需要不多，但维生素与种公猪的健康和精液品质密切相关。日粮中缺乏维生素 A，公猪性欲不强，精液品质下降，不产生精子；缺乏维生素 D，会影响公猪对钙、磷的吸收，间接影响精液的品质；缺乏维生素 E，睾丸发育不良，精子衰弱或畸形，公猪性欲降低，缺乏维生素 B_1，维生素 B_2，引起睾丸萎缩与性欲减退。

(3) 矿物质对种公猪的精液品质影响较大。缺钙，精子发育不良；精子活力低下；缺磷，生殖机能衰退；缺锰，精子畸形；缺锌，睾丸发育不良，精子生成停止；缺硒，精液品质下降，睾丸萎缩退化。

3. 日粮供应与饲喂技术 采用季节性繁殖的猪场，在配种前 45 d 要逐渐提高营养水平，以改善猪体状况，提高配种能力。配种季节过后，可适当降低营养水平，但应供给维持种用体况的营养物质，种公猪的饲喂一般采用限量饲喂方式，常用的料型有湿拌料、干粉料，颗粒料等，每天喂 2～3 次，注意供给充足清洁的饮水，禁止喂发霉、变质、有毒的饲料。

(三) 种公猪的管理

1. 运动 每天应进行 1～2 次圈外驱赶运动或在跑道中运动，每次约 1 h，距离 1.5 km，速度不可太快。

2. 保持猪体清洁　每天应用硬毛刷刷拭一次。

3. 定期称重　了解猪只体重变化，以便调整日粮水平。

4. 定期检查精液品质　特别是在配种准备期与配种期，应每天检查 1 次精液品质，以便调整猪只营养、运动及配种强度。

5. 防止公猪咬架　公猪咬架时应迅速用木板将其隔开，也可用水猛冲其眼部将公猪撵走。

6. 防寒防暑　最适宜的生长温度是 18～20 ℃。

二、种母猪的饲养管理

种母猪是用来做繁殖后代的母本，在生产上一般要求数量多、质量好。

（一）配种前母猪的饲养管理

母猪从仔猪断奶再到发情配种这段时间称空怀期，这段时间母猪体能消耗很大，多数母猪膘情较差，急需营养补充，产后的后备母猪本身还没有达到体成熟，自身还在生长，又要为仔猪的生长发育和泌乳做准备，对营养的需求也很大。因此，应该加强此期的饲养管理，促使空怀母猪及早发情排卵。

1. 配前优饲

（1）短期优饲。即后备母猪配种前 10～14 d，在原日粮的基础上适当增加精料，尽可能减少每圈饲养头数，以防抢食，引起母猪体况的肥瘦不同。同时，每天坚持刷拭猪体（母猪性情温驯，易于接近）。

（2）配种优饲。可采用配种优饲，即配种前要加强营养，适当多喂饼类饲料与青绿多汁饲料，以利于增膘复壮，早发情，多排卵，及时配种，时间约为 1 个月，甚至更长。

2. 正确管理　空怀母猪有单栏饲养和群养两种方式。单栏饲养是近年来工厂化养猪生产中的一种形式。即将母猪固定在限位栏内饲养，活动范围小。小群饲养是将同期断奶的母猪饲养在同一栏内，可以自由运动。由于爬跨和外激素的刺激，可引诱其他空怀母猪发情。这样便于根据爬跨等行为表现，鉴别母猪是否发情。

3. 促进母猪发情排卵的措施

（1）改善饲养管理。加强营养，供给平衡日粮。

（2）诱情。用试情公猪追逐、爬跨、刺激母猪。

（3）乳房按摩。每天早晨喂食后进行。

另外，将不发情的母猪放入大圈内饲养，增加其活动空间和范围，或驱赶运动，可促进新陈代谢，改善膘情，有利于发情排卵。

（二）母猪的配种

种猪的配种是提高母猪繁殖率和衡量猪场生产力水平及经济效益最关键的生产环节。

1. 母猪的发情与排卵规律

（1）母猪发情规律。

① 发情周期。母猪发育到一定年龄时所表现的性活动现象称为发情。性成熟而未妊娠的母猪，在正常情况下，每隔一定时间，就会发情，直至衰老为止。这种有规律的性周期称为发情周期。如我国地方猪品种发情周期一般为18～19 d，杂种猪为19～20 d，国外品种（如约克夏猪）为20～23 d。

② 发情持续期。母猪发情持续期为2～5 d，但因季节、品种、年龄而异。

③ 产后发情。仔猪断奶后，多数母猪在3～10 d发情。

（2）母猪发情表现。开始时，发情母猪表现为兴奋不安，有时哼叫，阴部微充血肿胀，食欲减退。之后跳栏、爬跨、喜欢接近公猪，当公猪爬上其背时则安静不动。

（3）适时配种。技术人员或饲养人员用手压母猪背部或臀部，母猪呆立不动，或用试情公猪爬跨母猪，母猪呆立不动，即老百姓通常所说的“木马反射。”

（4）配种方法。有自然交配（本交）与人工授精两种。

① 人工辅助交配。

② 人工授精。人工授精可提高优良种公猪的利用率，减少公猪的饲养头数，可克服公、母猪体重相差过大进行本交的困难，有利于杂交改良；有利于防止生殖道疾病的传播；有利于精液远距离运输；如果再行精液冷冻技术，还可长期保存优秀种公猪的精液。

（5）配种方式。在生产中，常用的配种方式有以下3种。

① 单次配种。在母猪的一个发情期内只用1头公猪交配1次，此方式在适时配种的情况下，也能获得较高的受胎率，并减轻了公猪的负担。其缺点是十分不保险，一旦配种时期掌握不好，受胎率与产子数都会下降。在生产中一般不提倡使用该配种方式。

② 重复配种。在母猪的一个发情期内，用同一头公猪先后交配2次，间隔8～24 h。例如，8：00配1次，16：00再配1次，间隔8 h；或16：00配1次，第2天8：00再配1次，间隔16 h；或8：00配1次，第2天8：00再配1次，间隔24 h。

这种方式比单次配种的受胎率、产仔数都高。这是由于在母猪整个排卵期内，输卵管内经常有活力的精子，使卵巢排出的卵子都能得到受精机会，在生产中，大多数猪场对经产母猪都采用此种方式。

③ 多次配种。在母猪的一个发情期内，用同一头公猪交配 3 次或 3 次以上。在生产中，3 次配种适合于初产母猪，或某些刚引入的国外品种，3 次以上配种并不能提高产仔数，原因是配种次数过多，造成公、母猪过于劳累，从而导致其性欲与精液品质均降低。据试验证明，在母猪的一个发情期内配种 1～3 次，产仔数随配种次数的增加而增加；交配 4 次以后，产仔数就会明显下降，交配 5 次以上，产仔数明显下降。

（三）妊娠母猪的饲养管理

从配种受胎到分娩这一段过程称为妊娠。妊娠母猪饲养管理的基本任务是根据胚胎生长发育的需求，调整母猪的营养，以保证胚胎在母体子宫内正常发育，防止死胎与流产现象的发生，从而获得数量多、初生重大而健壮的仔猪；保证母猪在妊娠后期有良好的膘情，为产后哺育仔猪做好准备，对初产母猪还应注意其自身的生长发育。

1. 妊娠诊断

（1）外部观察法。母猪配种后经 21 d 左右，如不再发情，贪睡、食欲旺盛、易上膘、皮毛光、性温驯、行动稳、夹尾走、阴门缩，则表明已妊娠。个别母猪妊娠后有时会表现发情，此种发情称为假发情。

（2）激素测定法。测定母猪血浆中孕酮或胎膜中硫酸雌酮的浓度来判断母猪是否妊娠，一般血样可在 19～23 d 采集测定，如果测定的值较低则说明没有妊娠，如果明显高，则说明已经妊娠。

（3）超声波诊断。用超声波测定仪在母猪配种后 20～29 d 进行诊断，其原理是利用超声波感应效应，测定母猪的胎儿心跳数，从而进行早期妊娠诊断。试验证明，配种后 20～29 d 诊断的准确率约为 80%，40 d 以后的准确率为 100%。

2. 妊娠母猪的饲养

（1）抓两头带中间饲养方式。这种方式适合配种时较瘦弱的经产母猪，妊娠前期，一般在妊娠后的 20～40 d，可适当增加含蛋白质较多的精饲料，使母猪尽快恢复体力与膘情。妊娠中期可适当增加一些品质好的青绿多汁饲料与粗饲料。妊娠后期，胎儿生长十分迅速，母猪体重也增加较快，此时，应把精料量加到最大。这样，在整个妊娠期形成了一个“高—低—高”的营养水平。例如，某养猪场的精料给量如下：妊娠前期（1～40 d）每头每天 1.25 kg，妊娠中期（41～90 d）1 kg，妊娠后期（91～114 d）2 kg。

（2）前粗后精饲养方式。这种方式适于配种前膘情较好的经产母猪。因为妊娠前期胚胎发育较慢，母猪膘情又好，不需要另外增加营养，此时可按一般的营养水平饲喂，青、粗饲料可以多一些。妊娠后期为了满足胎儿迅速生长发育的需要，可适当增加精料。这样，在整个妊娠期就形成了一个“低—高”的营养水平。例如，某养猪场的精料给量如下：妊娠前期每天每头 0.75 kg，妊娠后期每天每头 1.25～1.5 kg。

（3）步步登高饲养方式。这种方式适合初产母猪与繁殖力特别高的母猪。因为初产母猪不仅需要维持胚胎生长发育的营养，而且还要供给本身生长发育的营养需要。另外，繁殖力特别高的母猪，不仅胚胎需要营养物质较多，而且还要为泌乳做必要的储备。整个妊娠期内的营养水平，是根据胚胎的生长发育与母猪的体重增长而逐步提高的，到后期增加到最高水平。这样，在整个妊娠期形成了一个“低—高—高”的营养水平。例如，某养猪场精料给量如下：妊娠前期每天每头 1.25 kg，妊娠中期 1.5 kg，妊娠后期 2 kg。值得注意的是：如果妊娠期营养过于丰富，猪体过度肥胖，则会降低哺乳母猪的泌乳量。总之，应根据生产中的具体情况，采取不同的饲养方式以提高养殖效益。

3. 妊娠母猪的管理 妊娠母猪管理的中心任务是做好保胎工作，防止机械性流产，这在妊娠后期尤为重要。

（1）单栏或小群饲养。单栏饲养时从妊娠到产仔前，母猪均饲养在限位栏内，特点是采食均匀但不能自由运动，肢蹄病较多，小群饲养时将配种期相近，体重大小、性情、强弱相近的 3～5 头母猪，在同一栏内饲养，特点是母猪能自由运动，采食时因争抢可促进食欲，但若分群不当，有些母猪的采食会因胆小而受到影响。

（2）适当运动。妊娠中后期适当运动，有利于增强母猪体质和胎儿发育，但产前 1 周要停止运动。

（3）注重青绿多汁饲料的供应。在广大农村，青绿多汁饲料的来源非常广，价格便宜，猪也喜欢吃，所以，在农村养猪，要适当利用这些资源。经验证明，在满足能量饲料和蛋白质饲料供给的同时，给予适量的青绿多汁饲料，可以补充饲料中维生素和矿物质的不足，从而获得良好的饲养效果。此外，青绿多汁饲料还可以代替部分精饲料，降低饲料成本。但要注意，因为青绿多汁饲料中水分多、干物质少，大量采食容易造成能量不足，营养失衡。

（4）供给充足的饮水。要保证母猪充足的饮水。自动饮水器安装简单、花钱少、使用方便、卫生节水、效益高，猪可以随时喝到干净的水。有自来水条件的地方可以安装。

（5）做好日常管理，防止流产。饲养员对妊娠母猪要温和，避免惊吓、大骂，经常触摸其腹部，为将来接产创造条件。每天刷拭猪体，保持皮肤清洁。特别是对初产母猪，产前应进行乳房按摩。另外，应每天观察母猪的采食、饮水、粪尿和精神状态的变化，预防疾病和机械刺激的发生，如挤、斗、咬、跌倒等，防止流产。

（四）母猪的分娩、接产及仔猪的护理

1. 母猪的分娩　母猪分娩是养猪生产中最繁忙、最细致、最重要、最易出问题，也是决定猪场效益高低的重要环节。为了保证每头母猪安全分娩，使初生仔猪成活率高，必须加强母猪分娩前后的饲养管理。

（1）预产期的推算。母猪妊娠期平均为 114 d，一般为 111～117 d。

①“三三三”推算法：即 3 个月 3 周零 3 d。

② 计算方法。此法根据 3 个原则，完全根据公历来计算，因为公历闰年时只闰 2 月，既 2 月为 29 d，平年为 28 d，根据妊娠期为 114 d 来计算预产期。为此，在生产中应在预产期的前 2 d 做好接产准备；如果日期不够减，再借 1 个月，不管 2 月是否是大月，1 个月按 30 d 借，计算口诀是月份加 4 d，日期减 6 d，再减大月数，过 2 月加 2 d。

（2）母猪的临产表现。产前 15～20 d，母猪乳房下垂、膨大、挺直，产前 24 h 出现絮窝、拱地、起卧不安、经常翻身、阴门红肿、频频排尿、乳房有光泽等征兆，用手挤第 1 对乳头可挤出乳汁，当最后 1 对乳头挤出乳汁时约 6 h 分娩，当母猪四肢伸直、阵缩时间逐渐缩短、呼吸急促时，说明即将产仔。

（3）母猪分娩前的准备工作。产房的准备、接产用具的准备、猪体的清洁与消毒。

2. 接产及仔猪护理

（1）接产技术。接产人员应剪掉指甲、磨平、洗净，再用 2%的来苏儿消毒。还应做到：三擦一破、断脐、剪除犬齿、及早吃初乳、注意胎衣是否排尽、及时清理垫草。如遇仔猪冻僵可以用火取暖、口服或腹腔注射高渗葡萄糖溶液 20 mL。

（2）假死仔猪的急救。仔猪产后呼吸基本停止，但心脏与脐动脉仍在跳动，这种现象称为假死。

① 初生仔猪假死的原因。仔猪在母猪产道内停留时间过长，吸进产道内的羊水与黏液，从而造成暂时性窒息。

② 急救技术。将仔猪口、鼻内的黏液与羊水用力甩出（或捋出）并擦干后再进行急救，且急救速度要快，否则假死会变成真死。方法有：

人工呼吸法：用左手托起，用右手屈伸两前肢或前后肢，促其呼吸。

吹气法：即向假死仔猪鼻内或嘴内用力吹气，促其呼吸（吹气时，最好用一个塑料小漏斗，这样，人的嘴就不会碰到猪嘴了）。提起仔猪的两后腿，拍胸或拍背，促其呼吸。

（五）哺乳母猪的饲养管理

猪的哺乳期一般为 30～42 d。饲养泌乳母猪的基本任务是提高母猪的泌乳

量，保证仔猪正常发育，以获得较大的断奶窝重。同时，还要使母猪在哺乳后期保持一定的膘情（六七成膘），以使母猪在仔猪断奶后能正常发情与排卵，进而达到断奶后及时配种的目的。

1. 哺乳母猪的饲养

（1）母猪产后前几天，不宜喂得过多、过饱。

（2）饲料配合应多样化。

（3）适量喂给动物性饲料。

（4）饲料品质要优良。

（5）供给充足饮水。

（6）仔猪断奶前后进行相应处理。

2. 哺乳母猪的管理

（1）安静舒适的环境。

（2）适当运动。

（3）每天清点仔猪。

（4）注意保护母猪乳房。

能力转化

1. 简述种公猪的饲养与管理。
2. 简述种母猪的饲养与管理。

任务3　仔猪的培育

任务目的

知识：1. 哺乳仔猪的生理特点。
　　　2. 哺乳仔猪的饲养管理。
　　　3. 断奶仔猪的饲养管理。

技能：1. 哺乳仔猪的饲养管理技术。
　　　2. 断奶仔猪的饲养管理技术。

知识准备

一、哺乳仔猪的饲养管理

1. 哺乳仔猪的生理特点　生长发育快，物质代谢旺盛；体温调节机能不健全，抗寒力差；消化道不发达，消化机能不完善；缺乏先天性免疫力，容易得病；体内含铁少，易贫血。

2. 饲养哺乳仔猪的措施　养好哺乳仔猪要抓二食（奶食、料食）、过三关（初生关、补料关与断奶关）。

（1）抓奶食，过好初生关。

① 让仔猪及时吃上初乳，增强其适应能力，促进胎粪排出，以利于消化道活动。吃初乳前应将母猪乳头中的乳汁挤去，并在每次吃奶前（尤其是生后3 d内）用0.1%～0.2%高锰酸钾水溶液擦拭乳房。

② 固定乳头。

③ 防冻、防压。

防冻：仔猪出生时的适宜温度是32～34 ℃。可采取以下保温措施：如果常年产仔，可采用红外线灯加热，应用保温箱、红外线烤灯或电热板。初生仔猪在1周龄内，环境温度应达到25～28 ℃，低于25 ℃仔猪腹泻明显。农村养猪，建议使用保温箱保温，保温箱大小为90 cm×80 cm×70 cm，应使用垫草和加温灯保温。

防压：一般体大、过肥、行动不便、腹大下垂、年老耳聋及初产无护仔经验的母猪易压死仔猪。防护措施是：加强对仔猪的护理，栏圈内设护仔间，栏圈内设护仔栏，采用高床网上分娩栏。

④ 仔猪寄养。当母猪产仔太少或者因疾病而丧失泌乳能力时，把仔猪送给同期分娩的其他母猪哺乳。寄养时要注意以下几点：分娩时间相差不能超过2 d，被寄养仔猪一定要吃过初乳，要用来苏儿或者寄养母猪的尿涂擦仔猪全身，使其气味相同，选择的寄养母猪应性情温和、泌乳能力强、乳头数多。寄养原则：留弱不留强、拆多不拆少、夜并昼不并。

（2）抓料食，过好补料关。

① 开始补料的时间，以7日龄左右较好。

② 补料方法。仔猪开始补料，必须抓好以下3个时期：

调教期：从5～10日龄这一时期，将煮熟的黄豆、高粱、破碎玉米等混合料撒在圈内由母猪带领仔猪吃食，俗称“以老带少”。

适应期：从10～20日龄这一时期为仔猪正式吃料时期，吃湿拌料，每天喂4～6次。在2次湿料之间，再撒1次粒料。

旺食期：从30～45日龄为仔猪大口吞食期，此时仔猪全部吃湿拌料，喂量一定要加大，每天喂4～6次，夜间加喂一次效果更好。

③ 补料期间应注意的问题。饲料必须清洁、新鲜，不喂霉烂、变质饲料；食槽、水槽与用具要经常洗刷、消毒；做到少喂勤添，以防仔猪饥饱不匀；补料与补水同时进行，有的猪场补水比补料更早些。

④ 铁、铜、硒的补充。

(3) 断奶关。哺乳仔猪到了一定年龄，离开母猪不再吃奶，称为断奶。

① 断奶日龄。猪自然断奶时间为8～12周龄。

② 断奶方法。一次断奶、分批断奶、逐渐断奶、早期断奶。

③ 断奶应激控制。断奶是一种生理和心理应激过程，是仔猪一生中最大的应激，往往在仔猪断奶后1周之内发生，主要表现为腹泻、生长迟缓，甚至体重下降，常继发消化道、呼吸道和其他疾病，病后变成僵猪，影响后期生长，甚至导致死亡，是猪生长过程中第2个死亡高峰。

抓好断奶关要求做到三减（母猪饲喂量、乳猪哺乳量、母猪相处时间），二过渡（饲养管理，居住环境），一不变（乳猪料）。

a. 断奶前后避免额外的应激，如阉割、换料、降温、免疫注射等。

b. 从断奶的前1 d开始，料中加入断奶安，连用5 d。

c. 温度。断奶仔猪舍应做到干净、干燥、温度恒定，昼夜温差要小于3 ℃，否则仔猪会腹泻而导致生长不良。

d. 微生态制剂。调节肠道正常菌群平衡，预防仔猪断奶后腹泻，如促康生、益生素。

e. 酸化剂。断奶仔猪饲料中添加酸化剂（柠檬酸2%或复合酸1%），连用7 d，维持肠道pH小于4，可有效预防断奶后腹泻。

f. 料中添加2.5%的沸石及具有吸附作用的物质，减少腹泻。

g. 合理调配断奶仔猪饲料。可在断奶仔猪饲料中添加大豆磷脂或油脂，并适当降低蛋白饲料的用量，尤其是断奶后10 d之内。防止蛋白质水平过高引起腹泻和水肿病。

此外，仔猪出生后，还应剪牙，以防止仔猪争奶而咬伤乳头；断尾，以防止咬尾和方便配种；去势，仔猪初生后1周内，将不做种用的小公猪去势。

二、断奶仔猪的饲养管理

从断奶到4月龄的仔猪称为断奶仔猪。饲养断奶仔猪的主要任务是：力争仔猪断奶后全活、全壮，并获得较高的日增重，既为培育后备猪打下基础，又为肥育打下基础。

1. 断奶仔猪的营养需要

(1) 能量。12～20 kg的断奶仔猪每天每头需消化能12.59 MJ。

(2) 矿物质。仔猪断奶后，骨骼发育快，必须供给充足的矿物质，主要是钙、磷，其次是硒、锌、碘。

(3) 蛋白质。断奶仔猪肌肉生长快，蛋白质代谢也很旺盛，为此必须供给充足而优质的蛋白质饲料。

（4）维生素。骨骼与肌肉的生长都需要维生素参与，特别是维生素 A、维生素 D、维生素 E 等较为重要。青绿多汁饲料不仅适口性好、易消化、营养价值较高且富含维生素。因此，在断奶仔猪日粮中应补充适量品质好的青绿多汁饲料，但不能过多，否则会引起仔猪腹泻。另外，让仔猪多晒太阳，以获得维生素 D。

2. 断奶仔猪的饲养　少喂勤添，定时定量；供给充足、清洁的饮水。

3. 断奶仔猪的管理

（1）合理分群。应使体重相差不超过 2～3 kg 的仔猪合为一群；体重小，体质弱的仔猪应单独组群，给予细致护理。

（2）创造舒适的小环境。利用仔猪培育栏，减少冬季地面传导散热损失，有利于取暖，粪尿、污水能随时通过漏粪板进入粪尿沟中。传统的仔猪圈必须阳光充足、温度适宜（22 ℃左右）、清洁干燥。

（3）有足够的占地面积与饲槽。断奶仔猪的占地面积以每头 0.5～0.8 m^2 较好，每群一般以 10 头左右为宜，并设有足够的食槽与水槽，让每头仔猪都能吃饱饮足，不发生争食现象。

（4）防寒保温。在入冬前要维修好猪圈，必要时圈前、圈后挂草帘或生火炉等。

（5）细心调教。训练仔猪定点排便、采食、睡卧的“三点定位”。

（6）预防水肿病。主要预防措施是减少应激，特别是断奶 1 周内尽量不更换日粮。在日粮中加喂抗生素和各种维生素及微量元素进行预防。

4. 断奶仔猪的选择　在选择断奶仔猪留种时，应从其父母品质优秀，同窝仔猪多而均匀、断奶窝重大的窝内选留初生体重与断奶体重大的个体留种。

课后小结：我们这节课学习哺乳仔猪的生理特点、哺乳仔猪的饲养管理、断奶仔猪的饲养管理。内容较多，掌握有一定难度。

能力转化

1. 哺乳仔猪的生理特点是什么？
2. 简述哺乳仔猪的饲养管理技术。
3. 简述断奶仔猪的饲养管理技术。

任务 4　肥育猪生产

任务目的

知识：1. 了解猪的生长规律。

2. 了解影响猪只生长肥育的因素。

3. 生产中常用的肥育方式及肥育猪的饲养管理。

技能：1. 了解影响猪只生长肥育的因素。

2. 生产中常用的肥育方式。

3. 肥育猪的饲养管理。

知识准备

商品肉猪的饲养管理是养猪生产中的最后一个环节，也是最重要的环节。主要任务是利用最少的饲料与劳力，在尽可能短的时间内，获得大量成本低、质量好的猪肉。在养猪生产中，肉猪的数量占养猪总头数的80%以上。而饲料成本又占养猪总成本的60%～80%。为此，提高商品肉猪的增重速度，降低饲料消耗，特别是降低精料的消耗是提高养猪生产经济效益的关键。

一、猪的生长规律

1. 猪体重的变化规律 随日龄增长而增长，表现为不规则的抛物线，呈现“慢—快—慢”的趋势。

2. 骨骼的生长发育规律 在胚胎期，猪的中轴骨生长慢，外围骨和头骨生长快，所以猪出生后显得身体短、高、窄、头大，出生后中轴骨生长快，外围骨和头骨生长相对较慢，所以体型显得越来越长、矮、宽。

3. 体躯各组织生长顺序及化学成分变化规律 骨骼、肌肉、脂肪的化学成分变化：水分、蛋白质、矿物质随年龄的增加而相对减少，脂肪则逐渐增多。在整个肥育过程中，增重成分前后不一，前期水分、蛋白质和灰分增加较多，中期渐减，而后期更少。脂肪则前期增加很少，中期渐多，后期最高。

二、影响生长肥育的因素

1. 品种与经济类型 引进品种在精饲料、高营养水平的饲养条件下，其肥育结果比地方品种好。

2. 经济杂交 利用杂种优势是提高肥育猪效果的有效措施之一。

3. 仔猪初生体重与断奶体重 仔猪初生重、断奶重与肥育期增重期间增重之间呈正相关。

4. 营养水平与饲料品质

（1）营养水平。能量的供给水平与增重和肉质成分有密切关系。一般来说，能量摄取越多，日增重越快，饲料转化率越高，屠宰率、胴体脂肪含量也越高。蛋白质对肥育也有影响，在一定范围内，日粮蛋白质水平越高，猪只增重越快。此外，应注意在日粮中补充矿物质、维生素。

（2）饲料品质。在肥育猪的日粮结构上要注意饲料品种及其合理搭配。

5. 环境条件 环境因素中，温度（15～25 ℃）、湿度、光照、风速和猪舍内有害气体的浓度对猪的影响较大。

6. 性别与去势 公、母猪经去势后有利于肥育，能更好地利用其所吸收的营养，提高增重速度，改善肉的品质。

三、肥育方式

我国常用的肥育方式有：生长猪肥育法，包括一贯肥育法和阶段肥育法；淘汰种猪肥育法。

1. 生长猪肥育法

（1）一贯肥育法。又称一条龙肥育法。从仔猪断奶到肥育结束，全程均采用较高的饲养水平，实行均衡饲养的方式。一般 5～6 月龄体重可达 90～100 kg。具体实施过程要做好以下几点：

① 日粮配合要求多样化，营养物质较为全面。

② 饲喂方法。小猪阶段适当增加饲喂次数，随着日龄和体重的增加，可减少日喂次数。在整个肥育期，应注意供给青饲料，否则将会造成维生素缺乏，影响增重效果。

（2）阶段肥育法。又称吊架子肥育法或分期肥育。即把猪分为幼猪、架子猪和催肥 3 个阶段。采用一头一尾精细喂，中间时间吊架子的方式。其 3 个阶段大体划分是：

① 幼猪阶段。断奶到体重 25 kg 左右，饲养期约 2 个月。此阶段幼猪生长快，因而日粮中精料比重较大，日增重要求达到 200～250 g。

② 架子猪阶段。体重从 25～50 kg 起，饲养 4～5 个月。此阶段以青、粗饲料为主，适当搭配部分精料，可使骨骼和肌肉得到充分发育，使其长一个大架子，且锻炼了消化机能，为催肥期打下良好基础。

③ 催肥阶段。体重从 50 kg 左右到出栏，饲养期约 2 个月。此阶段主要沉积脂肪，要集中饲喂精料特别是能量饲料，加快肥育。

除抓好以上 3 个饲养管理方面之外，还应实行两过渡，即幼猪进入架子猪阶段，架子猪进入催肥阶段两次过渡，以防止因突然增减精粗饲料喂量而导致消化不良和增重减少。

2. 淘汰种猪肥育法 是利用淘汰的成年种公猪、母猪育肥。为了改善肉的品质，并使猪只变得安静，一般需去势处理后进行肥育。

四、肥育猪的饲养管理

1. 合理分群 按杂交组合分群；按体重大小、体质强弱分群；组群后，猪群要相对稳定。

合理分群的习惯做法是：留弱不留强，拆多不拆少，夜并昼不并。

2. 饲料调制和饲喂

（1）饲料调制。育肥猪的饲料调制一般要求缩小饲料容积，提高适口性和利用效率，青饲料常切碎、打浆生喂，粗饲料可粉碎、浸泡、发酵后饲喂。

（2）饲喂方法。

① 限量饲喂与不限量饲喂。限量饲喂是每天定量给猪饲喂日粮。不限量饲喂，一种方法是将日粮装入自动饲槽，任猪自由采食；另一种方法是按顿饲喂，不限量，每顿吃到稍有剩余为止。

② 日喂次数。要根据猪的年龄和日粮组成来掌握。幼猪阶段，每天宜喂3～4次。中猪和大猪阶段，可每天饲喂2～3次。

3. 供给充足清洁的饮水 水是生物体细胞的重要组成部分，对体温调节，养分运输、消化、吸收和废物的排泄等有重要作用。

4. 创造适宜的小环境 肥育猪舍的环境应清洁干燥、空气新鲜、温度适宜。

5. 调教 使其养成在固定位置排便、睡觉、采食和饮水的习惯。

6. 去势 肥育的小公猪去势的时间一般在出生后7日龄内。

7. 防疫、驱虫

（1）防疫。防疫工作涉及的内容很多，除了要采取圈舍环境的卫生消毒、“封闭式饲养”“自繁自养”“全进全出”等措施以外，还必须认真检疫，药物防治，更重要的是一定要做好免疫接种工作。免疫接种是控制疫病流行的措施。

（2）驱虫。猪的体内外寄生虫种类多，传播面广，几乎各类猪群都普遍发生。对肥育猪威胁较大的是蛔虫、绦虫、姜片吸虫等体内寄生虫。因此，在整个肥育期间应驱虫2次，第1次在断奶后1周左右进行，第2次在肥育中期进行。

五、适时出栏

1. 市场的要求 肉猪出栏体重宜控制在90～110 kg。

2. 以经济效益和胴体品质来确定适宜出栏期。

3. 不同品种和杂交类型的肥育猪，出栏期也不相同。

六、外购仔猪注意事项

农村的散养户中，自繁自养者较少，主要是通过外购仔猪进行育肥。所以选择优质的仔猪尤为重要。提高外购仔猪成活率的要点：

1. 挑选健康无病的仔猪。

2. 入场前栏舍处理 进猪之前，彻底清扫和消毒猪舍，以防止交叉感染。

3. 合理分群 根据体重大小分群，每圈以不超过 15 头为宜。每头占栏面积不小于 0.37 m^2。

4. 三角定位 猪入栏后几天内，猪舍温度应保持在 21～24 ℃。同时，养成好的吃、拉、睡的生活习惯。

5. 入栏第 1 天最好不要喂料。

6. 入栏第 2 天，可以喂料，料中应加氟哌酸等防治腹泻的药物，维生素 C等防治应激的药物及碳酸氢钠，并应用微生态制剂调节胃肠功能。连加 3～5 d。

7. 第 5～6 天接种猪瘟疫苗，每头猪 4 头份＋维生素 C 2～3 mL。

8. 入栏后的 1 周内要限料。

9. 第 8 天，最好用伊维菌素等驱虫；第 10 天每头猪 15 g 碳酸氢钠洗胃；第 12 天用大黄苏打片等健胃。

能力转化

1. 掌握影响生长肥育的因素。
2. 简述生产中常用的肥育方式。
3. 简述肥育猪的饲养管理。
4. 简述肥育猪的卫生防疫。

单元二

农村肉羊舍饲实用技术

项目一　肉羊舍饲

教学目标

1. 了解羊的生活习性。
2. 了解目前肉羊养殖业发展趋势。

任务1　了解羊的生活习性

任务目的

知识：了解羊的生活习性，为科学养羊打下基础。
技能：初步认识羊的生活习性。
情感：培养科学养羊的意识。

知识准备

一、喜好清洁

俗话说“泥猪净羊”，就是讲羊需要有一个比较干净的生活环境，平时应该多注意羊舍的清洁卫生，做好羊粪尿的清理工作，至少每周清理1次。另外，饲料及饮水等应做到干净卫生，勤清理、勤换水，一经污染或有异味，羊只便不愿采食。

二、喜干燥、怕湿热

羊只喜欢在干燥凉爽的环境中生活，羊舍潮湿、闷热容易导致羊健康状况下降，腐蹄病增多。羊的汗腺不发达，散热机能较差，在炎热的夏天应避免湿热，建议在羊舍中使用羊床或漏缝地板。

三、食性广、适应性强

羊只采食植物的种类是所有家畜中最多的，各种牧草、灌木枝叶、作物秸秆、农副产品及食品加工副产品均可采食，所以可以使用较为廉价的饲料来搭配制成羊饲料进行饲喂，而且只要做好羊只的应激防护工作，羊只能够很快地适应新环境。

四、嗅觉、听觉灵敏

羊嗅觉较为灵敏，一般靠嗅觉来辨别羔羊。对于饲料及饮水也是先闻过之后再吃，如果嗅出有异味，羊只宁肯饿着也不会去吃有异味的饲料及饮水。羊只的听觉也非常好，有时候胆小怕惊，所以应该尽量避免在羊舍附近突然喧哗或者吵闹。

五、绵羊温驯老实，山羊活泼好动

绵羊一般比较安静，不喜动。而山羊则较为活泼，有时会在圈中站立，前肢腾空，或踩着护栏而上。所以在建设羊舍及羊的运动场时应考虑有一定的高度。

六、抗病力强

即一般所说的“皮实”，不容易得病。而且一般羊只生病都会在病情发展到一定程度后才会表现出来，对羊病的及时预防造成一定的难度，所以饲养时一定要细心观察，及时发现病情。

能力转化

简述羊的生活习性。

任务2　了解肉羊养殖发展趋势

任务目的

知识：了解肉羊养殖发展趋势。

技能：初步认识肉羊养殖发展趋势。

情感：培养科学养羊的意识。

知识准备

肉羊并不是一个羊品种，而是在羊只生产中逐渐发展来的具有多胎、生长快、出肉率高等一系列特征的一类羊。这些羊能够较好地满足人们对羊肉的需求。肉羊饲养业起始于20世纪50年代，到80年代初，肉羊生产体系及配套技术日趋完善。其基本特征是结合我国实际，提高良种化程度，建立肉羊生产模式，改进饲养管理技术，推广羔羊早期断奶、颗粒饲料育肥及胴体分级等技术，实现了肉羊的规模化饲养。

我国肉羊饲养业尚处于发展初期，肉羊生产体系尚未建立，长期以来主要利用淘汰的老弱病残羊和去势公羊生产羊肉，经营方式落后，生产力水平低，远不能满足市场需求。近年来，随着对羊肉生产尤其是羔羊肉生产优势的认识，肉羊生产技术成果的不断积累，我国肉羊业的发展到了一个新水平。而在这种局势下，传统的养羊模式必将被更为科学合理的肉羊舍饲育肥技术所代替。而且，随着一系列的封山禁牧等政策的出台，传统放牧模式的生存空间已经越来越小，很多以前放牧的养殖户也因为没有草场而被迫转向舍饲养殖的模式。目前，舍饲养殖已经在山东、江苏、河北、浙江、河南等农区省份普及开来，而且规模逐渐趋于扩大化，甚至有的地方出现了万头羊场。相信随着市场的发展，我国中东部的农牧地区将会被规模化养羊占领，传统养羊业的生存空间将会进一步减小。

山西省属暖温带气候，是多山省份，立体气候明显，处于森林向草原、传统农区向牧区的过渡交错带。山西养羊历史悠久，品种资源丰富，劳动力充足，具有发展肉羊产业的良好基础。2001年以来，山西省通过建立雁门关生态畜牧经济区，在区内实施退耕还草还林政策，大力发展以牛羊为主的草食畜牧经济，带动了肉羊产业迅速发展，肉羊养殖、饲草、屠宰加工等各环节资源条件不断改善。

截至2008年年底，山西省羊存栏量1 159.39万只、出栏羊739.38万只、羊肉产量11.31万t。从历史发展趋势来看，2008年山西省羊存栏、出栏和羊肉产量分别比2000年增长了9.54%、54.42%和60.88%。在此期间，由于受到封山禁牧政策的影响，从2006年起养羊业出现滑坡，羊存栏为1 140.7万只，比2005年减少55.7万只，减少了4.65%，但羊肉产量继续保持增长，达到10万t。山西省羊生产发展情况见图1-1，羊的出栏量一直保持着增长势头，羊产业总体保持稳步发展态势。

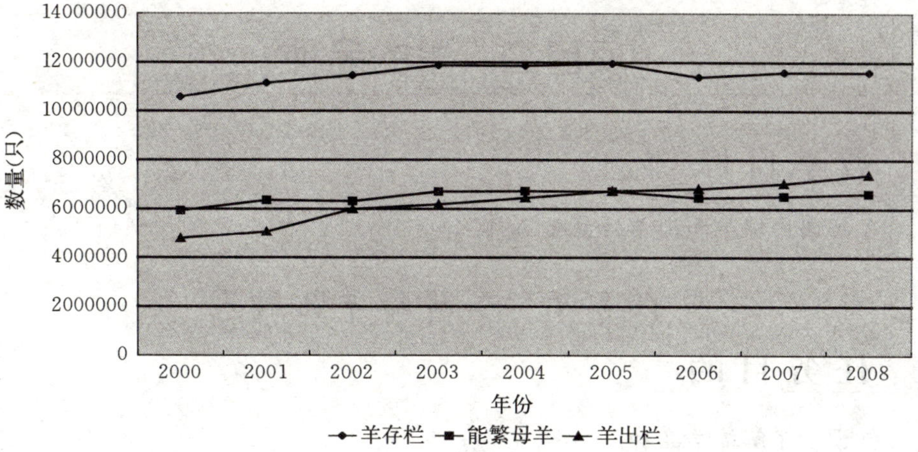

图 1-1　2000—2008 年山西省羊生产情况趋势图

山西省养羊生产区域结构调整步伐加快，生产布局不断优化，养羊业正逐步向雁门关生态畜牧经济区等优势区域集中。雁门关生态畜牧经济区 2008 年羊存栏达到 543.8 万只、出栏肉羊 410.89 万只，占全省羊存栏量的 46.9%、出栏量的 55.57%；羊肉产量达到 5.17 万 t，占到全省羊肉产量的 50.2%；羊绒产量 499 t，占全省绒产量的 63.5%。在肉羊优势区域内养殖方式加快转变，肉羊生产正在由传统养殖向现代养殖过渡，肉羊产业已成为当地农业发展的支柱产业。从各地市肉羊出栏数量分布趋势图可以看出：忻州市、大同市、朔州市等地处雁门关生态畜牧经济区的地市羊出栏数量在全省所占的比重越来越大。

山西省本地羊品种有蒙古羊、广灵大尾羊、太行青山羊、吕梁黑山羊；引入羊品种有小尾寒羊、乌珠穆沁羊、杜泊羊、特克赛尔羊、德国美利奴、波尔山羊。绵羊生产以蒙古羊与引入品种杂交的各种杂交羊为主。体型较大，繁殖力高，肉用性能好。当地肉羊生产主要是皮肉兼用，受欢迎的三元杂交组合是蒙古羊×小尾寒羊×杜泊羊。本地蒙古羊或其各代杂种羊的板皮厚实，市场价格为 60～70 元/张，而细毛羊及其杂种羊的皮仅售 15～20 元/张。所以，在繁育体系中蒙古羊具有提高综合生产效益的重要作用。山羊生产以本地山羊、波尔山羊杂交本地山羊的杂种山羊育肥为主。

能力转化

简述肉羊养殖的发展趋势。

项目二　羊的品种

教学目标

了解国内绵羊和山羊的主要品种。

任务1　了解绵羊品种

任务目的

知识：了解绵羊品种。

技能：初步认识羊的品种。

情感：培养科学养羊的意识。

知识准备

一、国内品种

1. 小尾寒羊　小尾寒羊分布于河南新乡、开封地区，山东的菏泽、济宁地区，以及河北南部、江苏北部和淮北等地。具有体大、生长发育快、早熟、繁殖力强、性能稳定、适应性强等优点。

小尾寒羊体型结构匀称，侧视略成正方形，鼻梁隆起，耳大下垂，脂尾呈圆扇形，尾尖上翻，尾长不超过飞节，胸部宽深，肋骨开张，背腰平直，身体呈圆桶状，四肢高，健壮端正。公羊头大颈粗，有螺旋形大角。母羊头小颈长，有小角或无角。被毛白色，异质，少数个体头部有色斑。

3月龄公羊断奶体重22 kg以上，母羔20 kg以上；6月龄公羔38 kg以上，母羔35 kg以上；周岁公羊75 kg以上，母羊50 kg以上；成年公羊100 kg以上，母羊55 kg以上。成年公羊剪毛量4 kg，母羊2 kg，净毛率在60%以上。8月龄公、母羊屠宰率在53%以上，净肉率在40%以上，肉质较好；18月龄公羊屠宰率平均为56.26%。母羊初情期5～6个月，6～7个月可配种怀孕，母羊常年发情，初产母羊产羔率在200%以上，经产母羊270%。经过试验，采用羊全混合日粮颗粒饲料舍饲育肥，可以使小尾寒羊及其杂交品种的日增重达到300 g/d，最高可达500 g/d。

2. 大尾寒羊　大尾寒羊主要分布于黄河下游的河南、河北、山东三省相邻的平原农业区，为我国优良地方品种。其特点是尾大、多胎，生长发育快，繁殖率高，羊毛和裘皮质量较好。

大尾寒羊头稍长，鼻梁隆起，耳大下垂，公、母羊均无角，体躯较矮小，胸窄，后躯发育良好，尻部倾斜，脂尾肥大，超过飞节，个别拖及地面。尾重平均 8 kg 左右。被毛多为白色，杂色甚少。

成年公、母羊体重平均为 72.0 kg 和 52.0 kg。成年公、母羊剪毛量平均为 2.5 kg 和 1.9 kg。同质毛型又分为 A 型和 B 型，母羊的产羔率为 190%左右，成年公羊屠宰率平均为 54%。

3. 湖羊　湖羊是太湖平原重要的家畜之一，为稀有白色羔皮羊品种，具有早熟、四季发情、多胎多羔、繁殖力强、泌乳性能好、生长发育快、产肉性能好、肉质好、耐高温高湿等优良性状，分布于我国太湖地区，终年舍饲。湖羊属于蒙古羊类群的短脂尾羊，畜牧学分类上为羔皮、肉食兼用的粗毛羊。湖羊在太湖平原的育成和饲养已有 800 多年的历史。由于受到太湖的自然条件和人为选择的影响，逐渐育成独特的一个稀有品种，所以称为湖羊。

湖羊体格中等，公、母均无角，头狭长，鼻梁隆起，多数耳大下垂，公、母羊均无角，颈细长，体躯狭长，背腰平直，腹微下垂，尾扁圆，尾尖上翘，四肢偏细而高。被毛全白，腹毛粗、稀而短，体质结实。

羔羊生长发育快，3 月龄断奶体重公羔 25 kg 以上，母羔 22 kg 以上。成年羊体重公羊 65 kg 以上，母羊 40 kg 以上。屠宰率 50%左右，净肉率 38%左右。一般湖羊的增重效果都不怎么理想，但是采用羊 TMR 颗粒饲料后，湖羊的平均日增重能够达到 280 g，最高能够达到 320 g。这在湖羊是一个非常好的增重效果。

湖羊性成熟早，四季发情、排卵，终年配种产羔。在正常饲养条件下，可年产二胎或两年三胎，每胎一般二羔，经产母羊平均产羔率 220%以上。

湖羊毛属异质毛，每年春、秋两季剪毛，公羊 1.25～2 kg，成年母羊2 kg，被毛中干死毛较少，平均细度 44 支，净毛率 60%以上。适宜织地毯和粗呢绒。羔羊生后 1～2 d 宰杀剥制、加工的羔皮（小湖羊皮）质量最优，毛纤维束弯曲呈水波纹花案，弹性强，洁白美观，是制作皮衣的优质原料，誉为软宝石。

4. 中国美利奴羊　该羊主产区是内蒙古的嘎达苏种畜场、新疆的巩乃斯种羊场和紫泥泉种羊场、吉林的查干花种羊场。由上述 4 个羊场育成的中国美利奴羊新品种，其父本是澳洲美利奴羊，母本分别是波尔山羊、新疆细毛羊、军垦细毛羊和东北细毛羊。

中国美利奴羊体呈长方形，公羊有螺旋形角，母羊无角，公羊颈部有 1～2 个横皱褶或发达的纵皱襞。鬐甲宽平，胸宽深，背长直，尻宽平，后躯丰满，肷部皮肤宽松。四肢结实，肢势端正。羊毛密，呈明显大、中弯曲。油汗白色或乳白色。头毛、腹毛和四肢毛着生良好。成年公羊体重 92 kg，母羊

43 kg；育成公羊 69 kg，母羊 37.5 kg。2.5 岁羯羊（阉割公羊）屠宰率为 44%，净肉率为 34.8%。产羔率为 117%～128%。

中国美利奴羊的生产性能已达到国际同类细毛羊的先进水平，且遗传性稳定，对提高我国现有细毛羊的羊毛品质和产毛量具有重大影响。它不仅适应牧区条件，并且对各种自然生态条件均有良好的适应性。

5. 新疆细毛羊 新疆细毛羊育成于新疆伊犁巩乃斯羊场，是我国培育的第 1 个毛肉兼用型细毛羊品种，具有适应性强、耐粗饲、产毛多、毛质好、体格大、繁殖力强、遗传性稳定等优点。

新疆细毛羊具有一般毛肉兼用细毛羊的特征，身体结构好，体质健壮，骨骼结实。头较宽长，公羊有螺旋形大长角，母羊无角，颈下有 1～2 个皱褶，鬐甲和十字部较高，四肢强健，高大端正，蹄质致密结实。

新疆细毛羊剪毛后的周岁公羊平均体重为 45.0 kg，母羊 37.6 kg；成年公羊平均为 93.0 kg，母羊 46.0 kg。周岁公羊平均剪毛量为 5.4 kg，母羊为5.0 kg；成年公羊平均为 12.2 kg，母羊为 5.5 kg。净毛量，周岁公羊平均为 2.8 kg，母羊平均为 2.6 kg；成年公羊为 6.1 kg，母羊为 3.0 kg。净毛率，周岁公羊平均为 50.9%，母羊平均为 51.1%；成年公羊为 49.8%，母羊为 54.0%。羊毛长度，周岁公羊平均为 8.9 cm，母羊为 6.9 cm；成年公羊为 10.9 cm，母羊为 8.8 cm。羊毛细度为 58～70 支，以 64 支和 60 支为主。母羊的产羔率平均为 135%左右。成年羯羊屠宰率平均为 49.5%，净肉率平均为 40.8%。

二、引进品种

1. 夏洛来羊 20 世纪 80 年代末、90 年代初从法国引入，目前主要在华北地区、东北地区和西北地区饲养。全身被毛白色，头部皮肤粉红色或灰色，无毛额宽，耳大而长，唇端或耳缘有的带有黑色斑点。公、母羊均无角，体躯圆桶状，肉用体型良好。

成年公、母羊体重分别为 110～140 kg 和 80～100 kg，毛细而短，56～60 支，毛长 7 cm 左右。70 日龄活重，单羔公、母羊分别为 26.53 kg 和24.17 kg，双羔分别为 22.32 kg 和 21.26 kg；4 月龄活重，公、母羊分别为 36.96 kg 和33.68 kg；6 月龄活重，公、母羊分别为 48～53 kg 和 38～43 kg；7 月龄活重，公、母羊分别为 50～55 kg 和 40～45 kg。4 月龄羔羊胴体重 20～22 kg，屠宰率 55%以上。

6～8 月龄期间性成熟，一般母羊体重达 45 kg 以上即可配种，为季节性发情。气候条件好的地方可达到 2 年 3 胎或 1 年 2 胎。产羔率 180%～234%。

羔羊出生后，即可随母羊在天然草场上放牧，断奶后可利用夏秋丰盛的牧草抓膘，此时不加补饲。当牧草枯黄时，可采用放牧加补饲或完全舍饲的方式进行短期育肥。补饲或舍饲的饲草、饲料，可因地制宜，因户而异，就地取材，利用农作物秸秆、青干草和农副产品以及适量的精料。夏洛来与河北本地绵羊杂交一代，8 月龄胴体重为 20.76 kg，比本地同龄绵羊增重 6.79 kg，提高 48.60%；夏洛来与湖羊杂交一代 9 月龄体重达 21.34 kg，比本地湖羊增重 7.63 kg，提高了 55.65%；夏洛来与甘肃细毛羊杂交一代，10 月龄胴体重达 28.41 kg，比细毛羊增重 13.82 kg，提高了 94.72%。

2. 杜泊绵羊　杜泊绵羊，原产地在南非，由角陶赛特羊和波斯黑头羊杂交育成，最初在南非较干旱的地区进行繁殖和饲养，因其适应性强、早期生长发育快、胴体质量好而闻名。杜泊羊分为白头和黑头两种。杜泊绵羊主要用于羊肉生产，它能十分有效地满足羊肉生产各方面的要求。

杜泊羊全年发情不受季节限制，母羊生产具有多胎性，在良好的饲养管理条件下，一般产羔率能达到 150%，初产母羊一般产单羔。如果假定产羔率为 150%，管理上能达到 2 年 3 胎，那么以一年计，1 只母羊 1 年可产 2.25 只羊。

杜泊羔羊增重迅速，断奶体重高，这一点有肉用绵羊生产的重要经济特性，3 月龄的杜泊肥羔体重可达 36 kg，屠宰胴体约为 18 kg，品质优良。羔羊不仅生长快，而且具有早期采食的能力。一般条件下，平均日增重 300 g。3～4 月龄的断奶羔羊体重可达 38 kg，胴体重 16 kg，肉骨比为（4.9～5.1）∶1，屠体中的肌肉约占 65%，脂肪 20%，优质肉占 43.2%～45.9%，肉质细嫩可口，特别适合绵羊生产肥羔，肉质细嫩可口，被国际上誉为钻石级绵羊肉。

3. 萨福克羊　原产于英格兰东南的萨福克、诺福克、剑桥和艾塞克斯等地，系大型肉用品种。以南丘羊为父本，当地体大、瘦肉率高的黑脸有角诺福克羊（Norflk Horn）为母本杂交培育而成，是 19 世纪初期培育出来的品种。在英国、美国用作终端杂交的主要公羊。

公、母羊无角，颈粗短，胸宽深，背腰平直，后躯丰满。成年羊头、耳及四肢为黑色，被毛白色，但毛丛间含有色纤维，纺织价值低。四肢粗壮结实。

成年公羊体重 100～110 kg，母羊 60～70 kg。平均日增重 250～300 g，3 个月龄羔羊胴体重达 17 kg，肉嫩脂少。剪毛量 3～4 kg，毛长 7～8 cm，毛细 56～58 支，净毛率 60%。产羔率 130%～140%。

我国新疆维吾尔自治区于 1989 年从澳大利亚引入百多只，除进行纯种繁殖外，还与当地粗毛羊杂交生产肉羔。该品种在澳大利亚与细毛羊杂交培育成南萨福克羊。

4. 无角陶赛特羊　无角陶赛特羊产于英国，但在澳大利亚和新西兰饲养很多。由雷兰羊和有角陶赛特羊为母本、考力代羊为父本，再用有角陶赛特公羊回交选无角后代培育而成。我国于 20 世纪 80 年代末、90 年代初引入，主要用作经济杂交生产羔羊的父本。该品种羊具有早熟，生长发育快，全年发情和耐热及适应干燥气候等特点。

无角陶赛特羊公、母羊均无角，颈粗短，体躯长，胸宽深，背腰平直，体躯呈圆桶形，四肢粗短，后躯发育良好，全身被毛白色。

成年公羊体重 90～100 kg，母羊 55～65 kg。胴体品质和产肉性能好，4 月龄羔羊胴体 20～24 kg，屠宰率 50%以上。母羊全年均可发情配种，产羔率为 130%～180%。成年羊剪毛量 2～3 kg，毛长 7.5～10 cm，细度为 48～58 支。国内引进无角陶赛特羊纯繁所产公羔平均初生重为 3.75 kg，105 日龄平均日增重为 319.05 g，平均体重为 37.25 kg，母羔平均初生重为 3.8 kg，96 日龄平均日增重为 286.15 g，平均体重为 31.27 kg。

无角陶赛特羊遗传力强，是理想的肉羊生产的终端父本之一。无角陶赛特羊具有产肉性能好、胴体品质好、早熟、生长发育快、全年发情、耐热和对气候干燥地区适应能力较强的特点。

5. 特克塞尔羊 原产于荷兰特克塞尔岛。20 世纪初用林肯羊、来斯特羊与当地马尔盛夫羊杂交，经过长期的选择和培育而成。

特克塞尔羊头大小适中，公、母羊均无角，耳短，鼻部黑色。颈中等长、粗。体型大，胸圆，鬐甲平，也有鬐甲略微凸起的个体。背腰平直、宽，肌肉丰满，后躯发育良好。

特克塞尔羊寿命长，产羔率高，母性好，对寒冷气候有良好的适应性。成年公羊体重 115～130 kg，成年母羊 75～80 kg。成年公羊剪毛量平均为 5 kg，成年母羊 4.5 kg，净毛率 60%，羊毛长度 10～15 cm，羊毛细度 48～50 支。该品种母羊泌乳性能良好，产羔率 150%～160%。早熟，羔羊 70 日龄前平均日增重为 300 g，在最适宜的草场条件下 120 日龄的羔羊体重 40 kg，6～7 月龄达 50～60 kg，屠宰率 54%～60%。

羔羊肉品质好，肌肉发达，瘦肉率和胴体分割率高，市场竞争力强。因此，该品种已广泛分布到比利时、卢森堡、丹麦、德国、法国、英国、美国、新西兰等国家，是这些国家推荐饲养的优良品种和用作经济杂交生产肉羔的父本。

自 1995 年以来，我国黑龙江、宁夏、北京、河北和甘肃等省份先后引进。黑龙江省大山种羊场 1995 年引进特克塞尔品种绵羊 60 只，其中公羊10只，母羊 50 只。14 月龄公羊平均体重 100.2 kg，母羊 73.28 kg。母羊产羔率 200%。30～70 日龄羔羊的日增重为 330～425 g。母羊平均剪毛量 5.5 kg。

能力转化

简述小尾寒羊的生活习性。

任务2　了解山羊品种

任务目的

知识：了解山羊的主要品种。

技能：初步认识羊的品种。

情感：培养科学养羊的意识。

知识准备

一、国内品种

1. 关中奶山羊　该品种体质结实，毛短色白，皮肤粉红色，乳用型明显。母羊乳房大，呈方圆形，质地柔软，乳头大小适中。公羊头大颈粗，颈下有肉垂，有的有角和髯。胸部宽深，腹部紧凑，外型雄壮。

关中奶山羊优良个体平均产奶量为：一产 450 kg，二产 520 kg，三产 600 kg。高产个体在 700 kg 以上。第 1 胎母羊以第 3 个月泌乳量最高，第 2 胎和第 3 胎母羊以第 2 个月泌乳量最高，鲜奶含脂率为 3.8%，总干物为 12%。成年公羊平均体重 78.6 kg，母羊为 44.7 kg。屠宰率为 49.7%，产羔率为 178%。

2. 崂山奶山羊　该品种羊体质结实，结构匀称。额部较宽，公、母羊多无角，颈下有肉髯。胸较深，背腰平直，肋骨丰满，腹大而不下垂。后躯及乳房发育良好。全身白色。

崂山奶山羊第 1 胎平均泌乳量为 557 kg，第 2 胎和第 3 胎平均为 870 kg。日产奶量平均为 3.5 kg，最高达 9.3 kg。泌乳期为 8～10 个月，乳脂率为 4.0%。成年公羊平均体重为 75.5 kg，母羊为 47.7 kg。成年母羊屠宰率为 41.6%，产羔率为 180%。

3. 槐山羊　槐山羊主要产区为河南省周口地区的沈丘、淮卫、项城、郸城 4 县。槐山羊所产板皮好，历史上多集中于沈丘县的“槐店镇”，因而命名为槐山羊。

槐山羊体格中等，分为有角和无角两个类型。公、母羊均有髯，额宽鼻直，面部凹，眼大有神，结构匀称，呈圆桶形，四肢端正，蹄质结实，呈蜡黄色，毛色以纯白为主，占 90%左右，也有黑、青、花色者。有角山羊具有三短特征，即颈短、腿短、腰身短；无角型山羊有三长特征，即颈长、腿长、腰身长。

成年公羊平均体重为 35 kg，母羊 26 kg。当年羔羊生长发育快，9 月龄可长到成年体重的90%左右。7～10月龄的羯羊平均体重为17.40 kg，屠宰率为48.7%，净肉重为39.02%。母羊初配年龄一般为5～6个月，产羔率为239%。通过使用羊TMR颗粒饲料，槐山羊的日增重可以达到295 g左右。

槐山羊板皮品质好，其板皮致密、柔软、韧性和弹性大，分层性好，每张板皮可分为6～7层，是世界上高级“京羊革”和“苯胺革”的原料。

4. 中卫山羊 中卫山羊主要产于宁夏的中卫及吴忠同心，甘肃的靖远、景泰及邻近地区，是我国历史悠久的裘皮羊品种。该羊终年在荒漠、半荒漠地带放牧饲养，适应性强。

中卫山羊体型中等，身短，近似方形。额部着生毛绺，垂到眼部，额下有髯；公羊有向上、向后、向外伸展的螺旋大角，母羊为镰刀形细角；被毛多为白色，少数纯黑或杂色。

成年公羊体重42.7～54.3 kg，母羊27.5～37.0 kg。成年公羊产绒量为164～200 g，母羊140～190 g。粗毛产量，公羊为400 g，母羊为300 g。成年羯羊屠宰率为45%左右，母羊产羔率为103%。

中卫山羊裘皮品质很好，初生羔毛股自然长度4.4 cm，羔羊生后35 d左右，毛股自然长度达7 cm以上，毛股坚实具有整齐的弯曲，形成美丽的花穗，此时宰剥的毛皮称为中卫山羊的二毛皮，皮板质地柔软而致密。

5. 成都麻羊 成都麻羊原产于四川省成都平原及附近山区，是乳、肉、皮兼用的优良地方品种。成都麻羊公、母羊多有角、有髯，胸部发达，背腰宽平，羊骨架大，躯干丰满，呈长方形。乳房发育较好，被毛呈深褐色，腹毛较浅，面部两侧各有一条浅褐色条纹，由角基到尾根有一条黑色背线，在鬐甲部黑色毛沿肩胛两侧向下延伸，与背线结成十字形。

成年公羊体重40～50 kg，母羊30～35 kg。成年羯羊屠宰率54%。成都麻羊性成熟早，一般3～4个月出现初情期，母羊初配年龄8～10个月，全年发情，产羔率210%。产奶性能也较高，一个泌乳期5～8个月，可产奶150～250 kg，含脂率6%以上。

6. 济宁青山羊 该品种为羔皮羊，是我国山羊中较小的一种。被毛由黑白二色混生而成青色，其角、蹄、唇也为青色，前膝为黑色，故有“四青一黑”的特征。由于被毛中黑白二色的比例不同，又分为正青色、粉青色和铁青色3种。公、母羊均有角、髯，角向后上方生长并向两侧微微交叉。公羊额部有卷毛覆盖，母羊额部多有粉青色白章。颈部较细长，背平，尻微斜，腹部较大，四肢短而结实。

羔羊生后3 d内宰杀剥取青猾子皮。青猾子皮毛细短，紧密适中，在皮板上构成美丽的花纹。花纹分波浪花、流水花、片花和平毛4种。波浪花为理想花纹类型。

该种山羊生长快，性成熟早。初情期一般在生后 2～3 月龄，4 月龄时即可配种。一般第 1 胎产双羔，第 2 胎后多为多羔，最多者一胎可产 6～7 羔，平均产羔率为 227.5%。在一般条件下可年产两胎。母羊泌乳性能良好。

二、引进品种

波尔山羊是目前世界上公认的专用肉用山羊品种，原产于南非，现已在澳洲、北美洲、德国以及一些非洲国家饲养。我国 1995 年初从德国引进含波尔山羊 94%血统的高代杂交羊，分别饲养在陕西和江苏。

波尔山羊短毛。颜色，一种全身为棕红色，有角、耳朵下垂；一种基本为白色，头部一般为红褐色并有白色条带，颈部、胸部及腹部有红褐色斑点（块）。一般有角，耳朵下垂。

体躯结构良好，背宽而平直，主要部位肌肉丰满，整个体躯圆厚而紧凑。

据加拿大测定，波尔山羊的平均日增重为：3 月龄前为 255 g，3～6 月龄为 225 g，6～9 龄为 205 g，9～12 月龄为 190 g。41 kg 活重羊屠宰率达 52.34%。

一般常年发情，1 年 2 胎或 2 年 3 胎，产羔率 180%～200%。母性良好，产奶量高，性情温和，使用寿命长，生育年限 10 年。

波尔山羊适应多种气候条件，性温驯，群居性强，易管理。波尔山羊可与绵羊、牛、马等一起放牧饲养。波尔山羊特别适宜灌木较高且稠密和草场比较贫瘠的地区，比其他山羊和绵羊利用粗纤维的能力强。

波尔山羊对普通山羊改良效果显著。据试验，3 月龄杂交一代公羔体重 16.85 kg，母羔 15.02 kg。5 月龄杂交一代公羔体重 25 kg，母羔 22.68 kg。

能力转化

简述波尔山羊的生活习性。

项目三　羊场建设与设备

教学目标

1. 掌握羊舍的选址和布局。
2. 了解羊舍的主要设备。

任务1　羊舍选址和布局

任务目的

知识：1. 了解羊舍的选址和布局要求。

　　　2. 了解羊舍的类型。

技能：掌握羊舍的建造布局。

情感：培养科学养羊的意识。

知识准备

一、选址要求

1. 羊舍要选择地势较高、南坡向阳、排水良好和通风干燥处建造。环境潮湿对羊的生长、繁殖、防病不利，忌在低洼涝地、山洪水道、冬季风口处建舍。舍址应远离居民点或其他种畜、禽场。

2. 要有足够的清洁水源，并有完备的电源设备。

3. 调查该地有无传染病、寄生虫病发生过，尽量选择四周无疫病的地方做场址。

4. 远离居民区等人口密集的地方及交通主干道，便于防疫。

5. 要考虑交通运输方便，道路通畅，便于饲料及羊只的运输。

二、羊舍布局

羊场要统筹考虑羊舍的布局。通常要考虑办公室、住房等生活区的位置。要求地势较高、排水良好，能看到全场的其他房舍。交通便利，房前房后均有通道。风向良好，生活区应安排在上风头处，房舍朝向有利于采光或遮光。肉羊肥育场主要有育肥羊舍、病羊隔离舍、饲料库、饲料加工车间、兽医室、贮粪池等，要合理布局，有利生产、防病。

三、羊舍类型

羊舍建设类型依气候条件、饲养要求、建筑场地、建材选用、传统习惯和经济实力等条件而定。在南方以防潮和隔热为目的，在北方以冬季保温为主要目的。所以羊舍的类型有很大不同。

1. 房屋式羊舍　此种羊舍使用者较多，多在北方平川地区及土质不好的地方使用，在建造时从保温方面考虑的多，主要为砖木结构，坐北朝南的长方形布局，前面有运动场和饲槽。

2. 棚式羊舍　棚式羊舍适宜在气候温和的地方使用，特点是造价低、光线充足、通风良好。该种羊舍三面有墙，羊舍的开口在向阳面，前面为运动场。

3. 塑料大棚式羊舍　塑料大棚式羊舍是将房屋式羊舍和棚式羊舍的羊舍屋顶部分用塑料薄膜代替而建设的一种羊舍。这种羊舍主要在我国的北方冬季寒冷的地方使用，具有经济适用、采光保温性能良好的特点。它可以利用太阳光使羊舍温度升高，又能保留羊体产生的温度，使羊舍的温度保持在一定范围内。

4. 楼式羊舍　楼式羊舍主要是在南方气候炎热和多雨潮湿的地方使用。夏季羊在楼板上休息活动，可以达到通风、凉爽、防热、防潮的目的；冬季羊可以在楼下活动和休息。

能力转化

羊舍选址要求有哪些？

任务2　了解常用设备

任务目的

知识：羊舍常用设备及功能。

技能：掌握羊舍常用设备及功能。

情感：培养科学养羊的意识。

知识准备

1. 饲槽和饲草架、饮水槽　饲槽和饲草架主要用于饲喂饲草、饲料或青贮饲料，要求能保护饲草饲料不受污染和减少浪费，有移动式、悬挂式、固定式和结合式4种。饮水槽可用铁皮或水泥做成，要便于加水、清洗。

2. 母仔栏　为母羊产羔、瘦弱羊隔离而设置。一般为两块栅板用铰链连接而成，将此活动木栏在羊舍角落（隅）成直角展开，并将其固定于羊舍墙壁上，可围成1.2 m×1.5 m的母仔间，供1只母羊及其羔羊单独用。母仔栏的数量一般为母羊数的10%～15%。

3. 羔羊补饲栏　将多个栅栏、栅板或网栏在羊舍或补饲场靠墙围成足够面积的围栏，在栏间插入一个大羊不能入内、羔羊能自由出入的栅门，内放食槽等。

4. 活动式分群栏 在大、中型肉羊饲养场内，为了提高羊只鉴定、分群、防疫注射、药浴、驱虫等工作的效率，通常要设有比较结实但可活动的分群栏。分群栏可用栅栏组成，通道的宽度比羊体稍宽，羊只在通道中只能单行前进而不能回头。

5. 磅秤及羊笼 为了定期称量羊只的体重，掌握饲养效果等情况，肉羊场应设置小型地秤，并在磅秤上装置木制或钢盘制的长方形羊笼。羊笼一般长1.4 m，宽0.6 m，高1.0 m左右，两端安置活动门供羊只进出。

6. 药浴池 为了防治疥癣及其他寄生虫病，每年要定期给羊群药浴。常用的药浴池是长方形，一般用水泥筑成，池深不小于1.0 m，长约10 m，池底宽30～60 cm，上宽60～100 cm。药浴池入口一端是陡坡，出口一端是台阶，并设置滴流台。

能力转化

羊舍的常用设备有哪些?

项目四　饲料与营养

教学目标

1. 了解羊的营养需要。
2. 掌握羊的饲料品种。

任务1　了解羊的营养需要

任务目的

知识：羊的各种营养需要。

技能：初步认识羊的营养需要。

情感：培养科学养羊的意识。

知识准备

根据羊在不同的生长时期所需要的营养水平不一样，将羊只的生长育肥阶段划分为3个时期，即前期、中期、后期。当羊只体重为10～20 kg时为生长前期，体重为 20～30 kg 时为生长中期，体重为 30 kg 以后为生长后期。此阶段划分方法已经被大家所广泛采用，南京农业大学羊业科学研究所根据此阶段划分研究出了羊只在此 3 个时期的营养需要，在这 3 个时期羊只的营养需要量分别为（表 1-6）：

表 1-6　羊只 3 个时期的营养需要

体重（kg）	日增重（g）	代谢能（MJ/d）	粗蛋白质（g/d）
10～20	200	5.91	84
20～30	200	6.8	87
30 至出栏	200	8.04	94

羊与其他家畜一样，在生命活动中需要的各种营养物质，主要有蛋白质、碳水化合物、脂肪、维生素、矿物质和水。

1. 蛋白质　蛋白质是一种含氮化合物，它的基本组成是氨基酸。氨基酸的种类很多，但组成蛋白质的仅有 20 多种。蛋白质是构成羊体组织、细胞的主要成分，是维持生命正常代谢、生长、繁殖和生产各种产品所必需的营养物质。

由于羊是反刍动物，它能利用瘤胃中的微生物制造氨基酸，合成高品质的菌体蛋白质。因此，对饲料蛋白质的品质要求不是很严格。瘤胃微生物能利用非蛋白质含氮化合物（如尿素、铵盐），将之转化为羊体所需要的蛋白质，根据这一特点，可在羊的日粮中添加适量尿素作为饲料蛋白质的代用品。一般山羊日粮中蛋白质含量在 6%～10%时，添加尿素的效果最好。

2. 碳水化合物　碳水化合物的主要功用是为机体提供能量，参与糖胺聚糖、糖蛋白等合成，是维持正常体温和生命活动的必需物质。饲料中的碳水化合物主要是淀粉和纤维性物质，它们主要经羊的瘤胃微生物作用而被分解、吸收。

羊对粗纤维的消化率可达 50%～90%，为提高山羊对粗纤维的消化率，一是日粮中的粗蛋白质水平应达到 10%～14%；二是饲料中粗纤维的含量不能过高，一般应控制在 16%～18%；三是在日粮中添加适量盐可提高粗纤维的消化率；四是将粗饲料适当切短后饲喂，但如切得过短或粉碎，反而会降低消化率，一般切成 3～4 cm 为好。波尔山羊舍饲时，可喂一些山芋藤、花生藤等优质粗饲料。

3. 维生素　维生素包括脂溶性维生素 A、维生素 D、维生素 E、维生素 K 和水溶性 B 族维生素、维生素 C 两大类。它在机体新陈代谢、能量转换和神经调节上起重要作用。维生素缺乏时，对机体的健康、生长和繁殖力均会产生不良影响，严重时会造成死亡。

羊可以通过瘤胃中的微生物合成B族维生素，可以通过肠道微生物合成维生素K。因此，羊的饲料中一般只需补充脂溶性维生素A、维生素D、维生素E。特别是在冬春枯草季节和舍饲期、母羊怀孕期和种公羊配种高峰期，要经常在饲料中补充一些胡萝卜、青干草、大麦芽等，也可直接到当地兽医站购买多种维生素，按说明拌入精料中饲喂。

4. 矿物质 许多矿物质是机体新陈代谢和生命活动必需的物质。重要的矿物质主要有钙、磷、镁、钾、钠、氯、硫、铁、铜、锌、钴、碘、硒等。其中，最主要的是钙、磷和食盐。

植物性饲料中所含的钠和氯，不能满足山羊的需要，必须在饲料中补充氯化钠（食盐）。同时，补盐还能刺激羊的食欲。一般将盐和其他需补充的矿物质制成砖，任羊舔食。在放牧条件较好的季节，可不必补充钙和磷，但妊娠母羊、哺乳母羊、种公羊和生长发育羊，以及舍饲期，需补充一定量的钙和磷。钙、磷丰富的矿物饲料主要有骨粉、磷酸钙等，一般种公羊每天需补骨粉10 g左右，其他羊和杂交羊每天需补5 g左右。

5. 水 水是动物所必需的最重要的营养物质之一，也是最便宜的饲料成分。体内各种代谢和生命活动的过程都需要水的存在和参与。机体失水10%，代谢就有可能紊乱；失水20%，动物就有死亡的危险。所以要保证水的供给和注意饮水卫生。一般山羊每采食1 kg干饲料需水2～4 kg。

能力转化

简述羊所需各种营养元素的作用。

任务2　了解羊的饲料

任务目的

知识：了解羊所需要的各种饲料。

技能：了解各种饲料的作用。

情感：培养科学养羊的意识。

知识准备

一、青绿饲料

青绿饲料的种类极其繁多，以富含叶绿素而得名。主要包括天然牧草、人工栽培牧草、青饲作物、叶菜类、非淀粉质根茎瓜类、水生植物及树叶等。这类饲料种类多、来源广、产量高、营养丰富，对促进动物生长发育、提高出产品品质和产量有重要作用。

青绿饲料是草食家畜的主要饲料之一。其营养特性如下：

1. 水分含量高　陆生植物含水量为60%～90%，鲜草干物质含量少，能值较低。

2. 蛋白质含量较高，品质较优。

3. 粗纤维含量较低　一般植物在开花或抽穗之前，粗纤维含量较低。

4. 钙、磷比例适宜。

5. 维生素含量丰富。

二、青贮饲料

青贮饲料是指将新鲜的青饲料切短装入密封容器内，经过微生物发酵作用，制成的一种具有芳香气味、营养丰富的多汁饲料。它能够长期保持青绿多汁饲料的特性，扩大饲料资源，保证家畜均衡供应青绿多汁饲料。青贮饲料具有气味酸香、柔软多汁、颜色黄绿、适口性好等优点。

青贮饲料的特点是：

1. 青贮饲料能够保持青绿饲料的营养特性。
2. 可以四季供给家畜青绿多汁饲料。
3. 消化性强，适口性好。
4. 青贮饲料单位容积内贮量大。
5. 青贮饲料调制方便，可以扩大饲料资源。

三、粗饲料

粗饲料是指自然状态下水分含量在45%以下、饲料干物质中粗纤维含量≥18%、能量价值低的一类饲料。主要包括干草类、农副产品类、树叶、糟渣类等。粗饲料的特点是粗纤维含量高，可达25%～45%，可消化营养成分含量较低，有机物消化率在70%以下，质地较粗硬，适口性差。不同类型的粗饲料，粗纤维的组成不一，但大多数是由纤维素、半纤维素、木质素、果胶、多糖醛和硅酸盐等组成，其组成比例又常因植物生长阶段变化而不同。虽然粗饲料消化率低，但它是家畜不可缺少的饲料，还有促进肠道蠕动和增强消化力的作用。

羊利用干草可不受限制，但要注意采食过程中的浪费现象。最好适当切短，高低质量的干草搭配饲喂，让羊随意采食较好。有条件的情况下，干草制成颗粒用，可明显提高干草利用率。

四、能量饲料

以干物质计，粗蛋白质含量低于20%、粗纤维含量低于18%的一类饲料即为能量饲料。这类饲料主要包括谷实类、糠麸类、脱水块茎、块茎及其加工副产品、动植物油脂以及乳清粉等。能量饲料在动物饲粮中所占比例最大，一般为50%～70%，对动物主要起功能作用。玉米、小麦、高粱、稻谷、麦麸、米糠、木薯、马铃薯、糖蜜、油脂等等都是能量饲料。

五、蛋白质饲料

蛋白质饲料是指干物质中粗蛋白质含量≥20%、粗纤维含量<18%的饲料。蛋白质可分为植物性蛋白质饲料、动物性蛋白质饲料、单细胞蛋白质饲料和非蛋白氮饲料。蛋白质饲料是动物配合饲料中重要且比较缺乏的饲料原料之一。植物性蛋白质饲料是生产中使用最多的，像豆粕、花生粕、菜籽饼和棉粕等都属于植物性蛋白质饲料。动物性蛋白质饲料有鱼粉、血粉、肉骨粉等，这些动物性饲料不能用于羊饲料中。

六、矿物质饲料

矿物质饲料是补充动物矿物质需要的饲料。它包括人工合成的、天然单一的和多种混合的矿物质饲料，以及配合有载体或赋形剂的痕量、微量、常量元素补充料。矿物质元素在各种动植物饲料中都有一定的含量，虽然多少有差别，但是由于动物采食饲料的多样性，可在某种程度上满足对矿物质的需要。但在舍饲条件下或饲养高产动物时，动物对它们的需要量增多，这时就必须在动物饲粮中另行添加所需的矿物质。矿物质饲料有多种，包括钙源性饲料、磷源性饲料、食盐以及含硫饲料和含镁饲料等。这里要注意的是贝壳粉和蛋壳粉属于钙源性饲料，骨粉属于磷源性饲料，可以在羊饲料中使用。

七、饲料添加剂

饲料添加剂与能量饲料、蛋白质饲料和矿物质饲料共同组成配合饲料。它在配合饲料中添加量很少，但作为配合饲料的重要微量活性成分，起着完善配合饲料的营养、提高饲料利用率、促进生长发育、预防疾病、减少饲料养分损失及改善畜产品品质等重要作用。作为配合饲料的科技核心，并随着饲料工业的高速发展与科学技术的日益进步，饲料添加剂的研究、开发与应用越来越受到重视。饲料添加剂一般分为营养性添加剂与非营养性添加剂。营养性的有矿物质添加剂、维生素添加剂、氨基酸添加剂等营养性物质。非营养性添加剂包括生长促进剂、饲料保藏剂、驱虫剂以及其他的像调味剂之类的添加剂。饲料添加剂能够提高饲料利用率、改善饲料适口性、促进动物生长、改善饲料加工性能、改善畜产品品质等。

能力转化

简述青贮饲料的特点。

项目五　饲养管理

教学目标

掌握各类羊的饲养管理方法。

任务1　种公羊的饲养管理

任务目的

知识：种公羊的饲养管理方法。

技能：掌握种公羊的饲养管理方法。

情感：培养科学养羊的意识。

知识准备

种公羊的饲养管理要求比较精细，维持中上等膘情，力求常年保持健壮的体况。配种季节前后应保持较好膘情，使其配种能力强，精液品质好，提高利用率。种公羊的饲料要求营养含量高，有足量优质的蛋白质、维生素A、维生素D以及无机盐等。并且容易消化、适口性好。可因地制宜，就地取材，力求饲料多样化，合理搭配，以使营养齐全。种公羊的日粮应根据非配种期和配种期的不同饲养标准来配合，再结合种公羊的个体差异作适当调整。

一、非配种期种公羊的饲养

非配种季节要保证热能、蛋白质、维生素和矿物质等的充分供给。一般来说，在早春和冬季没有配种任务时，体重80～90 kg的种公羊，每天需1.5 kg左右的饲料，150 g左右的可消化蛋白质。配种期每天补喂混合精料0.5 kg，干草3 kg，胡萝卜0.5 kg，食盐5～10 g，骨粉5 g。

二、配种期种公羊的饲养

配种期每生产 1 mL 精液，需可消化粗蛋白质 50 g。此外，激素和各种腺体的分泌物以及生殖器官的组成也离不开蛋白质，同时维生素 A 和维生素 E 与精子的活力和精液品质有关。只有保证种公羊充足的营养供应，才能使其性欲旺盛，精子密度大、活力强，母羊受胎率高。一般应从配种预备期（配种前 1～1.5 个月）开始增加精料给量，一般为配种期饲养标准的 60%～70%，然后逐渐增加到配种期的标准。同时，在配种预备期采精 10～15 次，检验精液品质，以确定其利用强度。种公羊饲养标准见表 1－7。

表 1－7　种公羊的饲养标准

饲养期	体重（kg）	风干饲料（kg）	消化能（MJ）	可消化粗蛋白质（g）	钙（g）	磷（g）	食盐（g）	胡萝卜素（mg）
非配种期	70	1.8～2.1	16.7～20.5	110～140	5～6	2.5～3	10～15	15～20
	80	1.9～2.2	18～21.8	120～150	6～7	3～4	10～15	15～20
	90	2.0～2.4	19.2～23	130～160	7～8	4～5	10～15	15～20
	100	2.1～2.5	20.5～25.1	140～170	8～9	5～6	10～15	15～20
配种期（1）	70	2.2～2.6	23.0～27.2	190～240	9～0	7.0～7.5	15～20	20～30
	80	2.3～2.7	24.3～29.3	200～250	9～11	7.5～8.0	15～20	20～30
	90	2.4～2.8	25.9～31.0	210～260	10～12	8.0～9.0	15～20	20～30
	100	2.5～3.0	26.8～31.8	220～270	11～13	8.5～9.5	15～20	20～30
配种期（2）	70	2.4～2.8	25.9～31	260～370	13～14	9～10	15～20	30～40
	80	2.6～3.0	28.5～33.5	280～380	14～15	10～11	15～20	30～40
	90	2.7～3.1	29.7～34.7	290～390	15～16	11～12	15～20	30～40
	100	2.8～3.2	31～36	310～400	16～17	12～13	15～20	30～40

注：配种期（1）为配种 2～3 次；（2）为配种 3～4 次。

在配种期内，体重 80～90 kg 的种公羊每天需要 2 kg 以上的饲料，250 g 以上的可消化蛋白质，并且根据日采精次数的多少，相应地调整常规饲料及其所需饲料（如牛奶、鸡蛋等）的定额。一般可按混合精料 1.2～1.4 kg、青干草 2 kg、胡萝卜 0.5～1.5 kg、食盐 15～20 g、骨粉 5～10 g 的标准喂给。

为进一步提高公羊的射精量和精液品质，可在配种前 1 个月，在精料中添加二氢吡啶，每天用量 100 mg/kg，一次性喂给，直至配种结束。

三、配种期种公羊的管理要点

种公羊配种前 1～1.5 个月开始采精，同时检查精液品质。开始时 1 周采精1次，以后增加到1周2次，然后2 d 1次，到配种时每天可采1～2次。对小于18月龄的种公羊1 d内采精不得超过2次，且不要连续采精；2岁半以上的种公羊每天采精3～4次，最多5～6次。采精次数多时，每次间隔需在2 h左右，让种公羊有休息时间。公羊采精前不宜吃得过饱。对精液密度较低的种公羊，日粮中可加一些动物性蛋白质，如鱼粉、发酵血粉等。同时，要加强运动，特别是精子活力较差的种公羊更要加强运动。

能力转化

简述配种期和非配种期公羊的饲养管理要点。

任务2　母羊的饲养管理

任务目的

知识：母羊的饲养管理方法。

技能：掌握母羊的饲养管理方法。

情感：培养科学养羊的意识。

知识准备

母羊的饲养管理包括空怀期、妊娠期和哺乳期3个阶段。

一、空怀期的饲养管理

空怀期是指羔羊断奶到配种受胎时期。此期的营养好坏直接影响配种、妊娠。为此，应在配种前1个月按饲养标准配制日粮进行短期优饲，优饲日粮应逐渐减少，如果受精卵着床期间营养水平骤然下降，会导致胚胎死亡。空怀母羊的饲养标准见表1-8。

表1-8　空怀母羊的饲养标准

月龄	体重（kg）	风干料（kg）	消化能（MJ）	可消化粗蛋白质（g）	钙（g）	磷（g）	食盐（g）	胡萝卜素（mg）
4～6	25～30	1.2	10.9～13.4	70～90	3.0～4.0	2.0～3.0	5～8	5～8
6～8	30～36	1.3	12.6～14.6	72～95	4.0～5.2	2.8～3.2	6～9	6～8
8～10	36～42	1.4	14.6～16.7	73～95	4.5～5.5	3.0～3.5	7～10	6～8
10～12	37～45	1.5	14.6～17.2	75～100	5.2～6.0	3.2～3.6	8～11	7～9
12～18	42～50	1.6	14.6～17.2	75～95	5.5～6.5	3.2～3.6	8～11	7～9

二、妊娠期的饲养管理

母羊的妊娠期平均为150 d，分为妊娠前期和妊娠后期。妊娠前期是受胎后前3个月，胎儿绝对生长速度较慢，所需营养少，但要避免吃霉烂饲料，不要让羊猛跑，不饮冰茬水，以防早期隐性流产。妊娠母羊的饲养标准见表1-9。

表1-9　妊娠母羊的饲养标准

妊娠期	体重（kg）	风干饲料（kg）	消化能（MJ）	可消化粗蛋白质（g）	钙（g）	磷（g）	食盐（g）	胡萝卜素（mg）
前期	40	1.6	12.6～15.9	70～80	3.0～4.0	2.0～2.5	8～10	8～10
	50	1.8	14.2～17.6	75～90	3.2～4.5	2.5～3.0	8～10	8～10
	60	2.0	15.9～18.4	80～85	4.0～5.0	3.0～4.0	8～10	8～10
	70	2.2	16.7～19.2	85～100	4.5～5.5	3.8～4.5	8～10	8～10
后期	40	1.8	15.1～18.8	80～110	6.0～7.0	3.5～4.0	8～10	10～12
	50	2.0	18.4～21.3	90～120	7.0～8.0	4.0～4.5	8～10	10～12
	60	2.2	20.1～21.8	95～130	8.0～9.0	4.0～5.0	9～12	10～12
	70	2.4	21.8～23.4	100～140	8.5～9.5	4.5～5.5	9～12	10～12

妊娠后期是妊娠的最后两个月。此期胎儿生长迅速，90%的初生重在此期完成。此期的营养水平至关重要，它关系到胎儿发育，羔羊初生重，母羊产后泌乳力，羔羊出生后生长发育速度及母羊下一繁殖周期。因此，在该期热代谢水平比空怀高17%～25%，蛋白质的需要量也增加。妊娠后期母羊每天可沉积20 g蛋白质，加上维持所需，每天必须由饲料中供给可消化粗蛋白质40 g。整个妊娠期蛋白质的蓄积量为1.8～2.3 kg，其中80%是在妊娠后期蓄积的。妊娠后期每天沉积钙、磷量分别为3.8 g和1.5 g。因此，妊娠后期的饲养标准应比前期每天增加饲料30%～40%，增加可消化蛋白质40%～60%，增加钙、磷1～2倍。但值得注意的是此期母羊如果养得过肥，也易出现食欲不振，反而使胎儿营养不良。

三、哺乳期的饲养管理

哺乳期大约90 d，一般将哺乳期划分为哺乳前期和哺乳后期。哺乳前期是羔羊生后前两个月，其营养来源主要靠母乳。测定表明，羔羊每增重1 kg需耗母乳5～6 kg，为满足羔羊快速生长发育的需要，必须提高母羊的营养水平，提高泌乳量。饲料应尽可能多提供优质干草、青贮料及多汁饲料，饮水要充足。哺乳期母羊的饲养标准见表1-10。

表 1-10　羔羊日增重 300～350 g 哺乳母羊饲养标准

	体重（kg）	风干饲料（kg）	消化能（MJ）	可消化粗蛋白质（g）	钙（g）	磷（g）	食盐（g）	胡萝卜素（mg）
单羔	40	2.0	18.0～23.4	100～150	7.0～8.0	4.0～5.0	10～12	6～8
	50	2.2	19.2～24.7	170～190	7.5～8.5	4.5～5.5	12～14	6～8
	60	2.4	23.4～25.9	180～200	8.0～9.0	4.6～5.6	13～15	8～12
	70	2.6	24.3～27.2	180～200	8.5～9.5	4.8～5.8	13～15	9～15
双羔	40	2.8	21.8～28.5	150～200	8.0～10.0	5.5～6.0	13～15	8～10
	50	3.0	23.4～29.7	180～220	9.0～11.0	6.0～6.5	14～16	9～12
	60	3.0	24.7～31.0	190～230	9.5～11.5	6.0～7.0	15～17	10～13
	70	3.2	25.9～33.5	200～240	10.0～12.0	6.2～7.5	15～17	12～15

母羊泌乳量一般在产后 30～40 d 达到最高峰，50～60 d 后开始下降，同时羔羊采食能力增强，对母乳的依赖性降低。因此，应逐渐减少母羊的日粮给量，逐步过渡到空怀母羊日粮标准。

能力转化

简述妊娠期和哺乳期母羊的饲养管理要点。

任务 3　羔羊的饲养管理

任务目的

知识：羔羊的饲养管理方法。

技能：掌握羔羊的饲养管理方法。

情感：培养科学养羊的意识。

知识准备

羔羊生长发育快，可塑性强，合理地进行羔羊培育，可促使其充分发挥先天的性能，又能提高其对外界条件的适应能力，有利于个体发育，提高生产力。研究表明，精心培育的羔羊，体重可提高 29%～87%，经济收入可增加 50%。初生羔羊体质较弱，抵抗力差，易发病。搞好羔羊的护理工作是提高羔羊成活率的关键，管理要点如下：

一、尽早吃饱初乳

初乳是指母羊产后 3～5 d 分泌的乳汁，黏稠、营养丰富，易被羔羊消化，是任何食物不可代替的食料。同时，由于初乳中富含镁盐，镁离子具有轻泻作用，能促进胎粪排出，防止便秘；初乳中还含有较多的免疫球蛋白和白蛋白，以及其他抗体和溶菌酶，对抵抗疾病，增强体质具有重要作用。

应该保证羔羊在初生后 30 min 内吃到初乳，对吃不到初乳的羔羊，最好能让其吃到其他母羊的初乳，否则很难成活。对不会吃乳的羔羊要进行人工辅助。

二、编群

羔羊出生后，应对母、仔羊进行编群。一般可按出生天数来分群，生后 3～7 d 母仔在一起单独管理，可将 5～10 只母羊合为一小群；7 d 以后，可将产羔母羊 10 只合为一群；20 d 以后，可大群管理。分群原则是：羔羊日龄越小，羊群就要越小，日龄越大，组群就越大。同时，还要考虑到羊舍大小、羔羊强弱等因素。在编群时，应将发育相似的羔羊编群在一起。

三、羔羊的人工喂养

多羔母羊或泌乳量少的母羊，其乳汁不能满足羔羊的需要，应对其羔羊进行补喂。可用牛奶、羊奶粉或其他流动液体食物进行喂养，当用牛奶、羊奶喂羔羊，要尽量用鲜奶，因新鲜奶其味道及营养成分均好，且病菌及杂质也较少。用奶粉喂羊时应该先用少量冷或温水，把奶粉溶开，然后再加热水，使总加水量达奶粉总量的 5～7 倍。羔羊越小，胃也越小，奶粉兑水量应该越少。有条件的可加点植物油、鱼肝油、胡萝卜汁及多维、微量元素、蛋白质等，也可喂其他流体食物，如豆浆、小米汤、代乳粉或婴幼儿米粉。这些食物在饲喂前应加少量的食盐及骨粉，有条件再加些鱼油、蛋黄及胡萝卜汁等。

四、补喂

补喂关键是做好“四定”，即定人、定时、定温、定量。同时，要注意卫生条件。

1. 定人　就是自始至终固定专人喂养，使饲养员熟悉羔羊生活习性，掌握吃饱程度、食欲情况及健康与否。

2. 定温　是要掌握好人工乳的温度。一般冬季喂 1 月龄内的羔羊，应把奶晾到 35～41 ℃，夏季还可再低些。随着日龄的增长，奶温还可以降低些。一般可用奶瓶贴到脸上，不烫不凉即可。温度过高，不仅伤害羔羊，而且羔羊容易发生便秘；温度过低，往往容易发生消化不良，下痢、膨胀等。

3. 定量　是指限定每次的喂量，掌握在七成饱的程度，切忌过饱。具体给量可按羔羊体重或体格大小来定。一般全天给奶量相当于初生重的 1/5 为宜。喂给粥或汤时，应根据浓度定量。全天喂量应低于喂奶量标准。最初 2～3 d，先少给，待羔羊适应后再加量。

4. 定时　是指每天固定时间饲喂羔羊，轻易不变动。初生羔每天喂 6 次，每隔 3～5 h 喂 1 次，夜间可延长时间或减少次数。10 d 以后每天喂 4～5 次，到羔羊吃料时，可减少到 3～4 次。

五、人工奶粉配制

有条件的羊场可自行配制人工奶粉或代乳粉。人工合成奶粉的主要成分是：脱脂奶粉、牛奶、乳糖、玉米淀粉、面粉、磷酸钙、食盐和硫酸镁。用法是先将人工奶粉加少量不高于 40 ℃的温开水摇晃至全溶，然后再加水。温度保持在 38～39 ℃。一般 4～7 日龄的羔羊需 200 g 人工合成奶粉，加水1 000 mL。

六、代乳粉配制

代乳粉的主要成分有：大豆、花生、豆饼类、玉米面、可溶性粮食蒸馏物、磷酸二钙、碳酸钙、碳酸钠、食盐和氧化铁。可按代乳粉 30%、玉米面 20%、麸皮 10%、燕麦 10%、大麦 30%的比例调成液体喂给羔羊。代乳品配制可参考下述配方：面粉 50%、乳糖 24%、油脂 20%、磷酸氢钙 2%、食盐 1%、特制料 3%。将上述物品按比例标准在热火锅内炒制混匀即可。使用时以 1∶5 的比例加入 40 ℃水调成糊状，然后加入 3%的特制料，搅拌均匀即可饲喂。

七、提供良好的卫生条件

卫生条件是培育羔羊的重要环节，保持良好的卫生条件有利于羔羊的生长发育。舍内最好垫一些干净的垫草，室温保持在 5～10 ℃。

八、加强运动

运动可增加羔羊食欲，增强体质，促进生长、减少疾病，为提高其肉用性能奠定基础。随着羔羊日龄的增长，逐渐加长在运动场的运动时间。

以上各关键环节，任一出现差错，都可导致羔羊生病，影响羔羊的生长发育。

九、断奶

采用一次性断奶法，断奶后母羊移走，羔羊继续留在原舍饲养，尽量给羔羊保持原来环境。

能力转化

简述羔羊的饲养管理要点。

任务4　育成羊的饲养管理

任务目的

知识：育成羊的饲养管理方法。
技能：掌握育成羊的饲养管理方法。
情感：培养科学养羊的意识。

知识准备

一、饲养技术

育成羊是指由断奶至初配的公、母羊。即4～18月龄的公、母羊。每一个越冬期间正是育成羊生长发育的旺盛时间，在良好的饲养条件下，增重很好。育成羊的饲养标准见表1-11。

表1-11　育成羊的饲养标准

月龄	体重（kg）	风干饲料（kg）	消化能（MJ）	可消化粗蛋白质（g）	钙（g）	磷（g）	食盐（g）	胡萝卜素（mg）
4～6	30～40	1.4	14.6～16.7	90～100	4.0～5.0	2.5～3.8	6～12	5～10
6～8	37～42	1.6	16.7～18.8	95～115	5.0～6.3	3.0～4.0	6～12	5～10
8～10	42～48	1.8	16.7～20.9	100～125	5.5～6.5	3.5～4.3	6～12	5～10
10～12	46～53	2.0	20.1～23	110～135	6.0～7.0	4.0～4.5	6～12	5～10
12～18	53～70	2.2	20.1～23.4	120～140	6.5～7.2	4.5～5.0	6～12	5～10

公、母羊对饲养条件的要求和反应不同，公羊生长发育较快，同化作用强，营养需要较多，对营养丰富的饲料具有良好的反应，如营养不良则发育不如母羊。对严格选择的后备公羊更应提高饲养水平，保证其充分生长发育。各类羊日粮参考配方见表1-12。

表1-12　各类羊日粮参考配方

饲料原料	种公羊		成年母羊			育成母羊	5～6月龄羔羊
	非配种	配种期	空怀期	妊娠期	哺乳期		
玉米（%）	28	35	20	35	40	30	30

（续）

饲料原料	种公羊		成年母羊			育成母羊	5～6月龄羔羊
	非配种	配种期	空怀期	妊娠期	哺乳期		
豆粕（%）	22	25	18	20	25	15	20
棉粕（%）	6						
苜蓿（%）	10	15	20	20	10	15	15
青贮玉米（%）							10
玉米秸草粉（%）	30	20	40	20	20	35	20
骨粉（%）	4	5	2	5	5	5	5

注：微量元素、多维按说明添加，食盐按饲养标准量加入。

二、管理技术

1. 编号　为了科学地管理羊群，需对羊只进行编号。常用的方法有戴耳标法、剪耳法。

（1）耳标法。耳标材料有金属和塑料两种，形状有圆形、长形。耳标用以记载羊的个体号、品种等号及出生年月等。以金属耳标为例，用钢字钉把羊的号数打在耳标上，第1个号数中打羊的出生年份的后一个字，接着打羊的个体号，为区分性别，一般公羊尾数为单，母羊尾数为双。耳标一般戴在左耳上。用打耳钳打耳时，应在靠耳根软骨部，避开血管，用碘酒消毒，然后再打孔，如打孔后出血，可用碘酒消毒，以防感染。

（2）剪耳法。用特制的剪缺口剪，在羊的两耳上剪缺刻，作为羊的个体号。其规定是左耳作个位数，右耳作十位数，耳的上缘剪一缺刻代表3，下缘代表1，耳尖代表100，耳中间圆孔为400；右耳上缘一个缺刻为30，下缘为10、耳尖为200，耳中间的圆孔为800。

2. 记录　羊只编号以后，就可对其进行登记做好记录，要记清楚其父母编号，出生日期、编号、初生重、断奶体重等，最好绘制登记表格。

3. 断尾　尾部长的羊为避免粪便污染羊毛及防止夏季苍蝇在母羊外阴部下蛆而感染疾病和便于母羊配种，必须断尾。断尾应在羔羊出生后10 d内进行，此时尾巴较细不易出血，断尾可选在无风的晴天实施。常用方法为结扎法，即用弹性较好的橡皮筋套在尾巴的第3、4尾椎之间，紧紧勒住，断绝血液流通。过10 d左右尾即自行脱落。

4. 去势　对不做种用的公羊都应去势，以防止乱交乱配。去势后的公羊性情温驯，管理方便，节省饲料，容易育肥。所产羊肉无膻味且较细嫩。去势一般与断尾同时进行，时间一般为10 d左右，选择无风、晴暖的早晨。去势时间过早或过晚均不好，过早睾丸小，去势困难；过晚流血过多，或可发生早配现象，去势方法主要有以下几种：

（1）结扎法。当公羊 1 周龄时，将睾丸挤在阴囊里，用橡皮筋或细线紧紧地结扎于阴囊的上部，断绝血液流通。经过 15 d 左右，阴囊和睾丸干枯，便会自然脱落。去势后最初几天，要常检查伤口，如遇红肿发炎现象，要及时处理。同时，要注意去势羔羊环境卫生，垫草要勤换，保持清洁干燥，以防止伤口感染。

（2）去势钳法。用特制的去势钳，在阴囊上部用力紧夹，将精索夹断，睾丸则会逐渐萎缩。此法无创口、无失血、无感染的危险。但经验不足者，往往不能把精索夹断，达不到去势的目的，经验不足者忌用。

（3）手术法。手术时常需两人配合，一人抱定羊，使羊半蹲半仰，置于凳上或站立；一人用 3%石炭酸或碘酒消毒，然后手术者一只手捏住阴囊上方，以防止睾丸缩回腹腔中，另一只手用消毒过的手术刀在阴囊侧面下方切开一个小口，约为阴囊长度的 1/3，以能挤出睾丸为度，切开后，把睾丸连同精索拉出撕断。一侧的睾丸摘除后，再用同样的方法摘除另一侧睾丸。也可把阴囊的纵隔切开，把另一侧的睾丸挤过来摘除。这样少开一个口，利于康复。睾丸摘除后，把阴囊的切口对齐，用消毒药水涂抹伤口并撒上消炎粉。过 1～2 d 进行检查，如阴囊收缩，则为正常；如阴囊肿胀发炎，可挤出其中的血水，再涂抹消毒药水和消炎粉。

能力转化

简述育成羊的饲养管理要点。

项目六　肉羊的繁殖技术

教学目标

1. 母羊发情生理与发情鉴定。
2. 配种时间和配种方法。
3. 母羊分娩和羔羊护理。

任务 1　母羊发情生理与发情鉴定

任务目的

知识：母羊发情生理与发情鉴定。

技能：能够初步掌握母羊发情鉴定方法。

情感：培养科学养猪的意识。

知识准备

一、母羊的发情及特点

正常发情是指母羊发育到一定程度所表现的一种周期性的性活动现象。发情周期是母羊从上一次发情开始到下一次发情的间隔时间；而发情持续期是母羊每次发情所持续的时间。绵羊的发情周期平均为 16 d（14～21 d），山羊平均为 21 d（18～24 d）；绵羊的发情持续期为 30 h 左右（24～36 h），山羊为 40 h左右（24～48 h）。发情季节的初期和晚期，发情周期不正常的较多；发情季节的旺季，发情周期最短，以后逐渐变长。营养水平低的发情周期较短，营养水平高的发情周期较长，肉用品种比毛用品种稍短。绵羊的发情期长短还与年龄有关，当年出生的母羊较短，老年的较长。公、母羊经常在一起混合放牧可缩短母羊的发情周期。

二、发情季节和初配年龄

大多数绵羊品种都具有明显的季节性发情，辽宁地区绵羊发情季节一般在当年 7 月至第 2 年 1 月，而以当年 8～10 月发情较多。饲养条件好，或经过人工培育的部分绵羊和山羊品种可以常年发情、配种，如小尾寒羊的发情、配种不受季节限制。公羊没有明显的季节性，但秋季性活动能力较强，精液质量较高。

母羊到了一定年龄，生殖器官已经发育完全，具备了繁殖能力，称为性成熟。性成熟以后，就能配种繁殖，但此时身体的生长发育尚未成熟，故性成熟并非最适宜的配种年龄。实践证明，幼畜过早配种，不仅严重阻碍本身的生长发育，也严重影响后代的体质和生产性能。但是，母羊的初配年龄过迟，不仅影响其繁殖进程，延长繁殖周期，也会造成经济上的损失，因此，应提倡适时配种。绵羊早熟品种一般为 9～15 个月龄，晚熟品种为 1.5～2.5 岁，山羊早熟品种为 6～12 个月龄，晚熟品种为 1.5 岁。实际生产中，主要依据个体生长发育及体重来确定：在良好的饲养管理条件下，体重达成年羊的 70%时即可配种。在发育良好，并能保证较好的营养条件时，冬季 2～3 月产的母羔，可在当年秋后配种。公羊一般在 1.5～2.5 岁配种，但若生长发育好，1 岁左右即可参加配种。

三、发情鉴定

发情鉴定的目的是及时发现发情母羊，准确掌握配种或人工授精时间，防止误配漏配，提高受胎率。肉用母羊发情鉴定一般采用外部观察法、阴道检查法、试情法等方法。

1. 外部观察法 肉用绵羊的发情期短，外部表现不太明显，发情母羊主要表现为喜欢接近公羊，并猛烈地摇动尾部，当被公羊爬跨时即站立不动，外阴部分泌少量黏液。老年羊表现明显，青年羊表现不明显，初配母羊甚至拒绝公羊爬跨。山羊发情表现明显，发情母羊兴奋不安，食欲减退，反刍停止，外阴部及阴道充血、肿胀、松弛，并有黏液排出，主动接近公羊，并在公羊爬跨或追逐时站立不动。

2. 阴道检查法 是用开膣器来观察母羊阴道黏膜、分泌物和子宫颈口的变化来判断发情与否。发情母羊阴道黏膜充血、红色、表面光亮湿润，有透明黏液流出，子宫颈口充血、松弛、开张、有黏液流出。

3. 试情法 生产中较为常用的是公羊试情法。试情公羊必须体格健壮、无疾病、年龄2～5周岁。为防止偷配，可选用下列方法：一是用试情布兜住阴茎，二是切除或结扎输精管及输精管移位。试情公羊与母羊的比例以1∶(20～40）为宜。每天1次或早晚2次把试情公羊定时放入母羊群中，母羊在发情时就会寻找公羊或尾随公羊，只有当母羊站立不动并接受公羊的逗引及爬跨时，才算是确实发情。发现发情母羊时，应迅速将其分离，继续观察，以备配种。可以在试情公羊的胸部涂抹颜料，公羊爬跨时就会将颜料印于母羊臀部，有利人工识别。

能力转化

简述母羊的发情鉴定方法。

任务2 配种时间和配种方法

任务目的

知识：1. 掌握羊的配种时间。

2. 了解羊的配种方法。

技能：初步了解羊的配种方法。

情感：培养科学养羊的意识。

知识准备

一、配种时间

配种时间主要依据各地区、各饲养户的产羔时间和年产胎次的安排来确定。年产 1 胎的母羊，有冬季产羔和春季产羔两种。产冬羔配种时间为 8～9 月，翌年 1～2 月产羔；产春羔配种时间为 11～12 月，翌年 4～5 月产羔。1 年 2 产的母羊，可于 4 月初配种，当年 9 月初产羔，10 月初第 2 次配种，翌年 3 月初产第 2 产。2 年 3 产的母羊，第 1 年 5 月配种，10 月产羔，第 2 年 1 月配种，6 月产羔，9 月配种，第 3 年 2 月产羔。

母羊发情后要适时配种才能提高受胎率和产羔率。绵羊排卵时间一般都在发情开始后 20～30 h，山羊排卵时间在发情开始后 24～36 h，成熟卵排出后，在输卵管中存活时间为 4～8 h，公羊精子在母羊生殖道内受精作用最旺盛的时间约为 24 h，为了使精子和卵子得到充分的结合机会，最好在排卵前数小时内配种，所以最适当的配种时间是发情后 12～24 h（发情中期）。提倡一次配种，但为更准确地把握受孕时机，可在第 1 次配种 12 h 后，再进行一次重复配种。

二、配种方法

羊的配种方法可分为自由交配，人工辅助交配和人工授精 3 种，前两种又称为本交。

1. 自由交配 是最简单的、最原始的交配方式。即将公羊放入母羊群中，让其自然与母羊交配。该方法省工省事，适合小群和分散的群体，若公、母比例适当［1∶(20～30)］，可获得较高的受胎率。其缺点是浪费种公羊，不能准确掌握母羊的配种时间，无法推算预产期，不能实施计划选配，消耗公羊体力，影响母羊抓膘，容易传染疾病。为了克服上述缺点，在非配种期将公、母羊分群，配种期将适当比例的公羊放入母羊群。每 2～3 年，群与群间有计划地交换公羊，更新血统。

2. 人工辅助交配 是人为地控制，将公、母羊分群隔离放牧，在配种期内，用试情公羊试情，有计划地安排公、母羊配种。这种方法不仅可以提高种公羊的利用率（一般每只公羊可配 60～70 只母羊），延长利用年限，而且可以有计划地进行选配，提高后代质量。

3. 人工授精 是用器械采集公羊的精液，经过精液品质检查等一系列处理，再将精液输入到发情母羊生殖道内。人工授精可以提高优秀种公羊的利用率，是本交与配母羊数的 10 倍（每只公羊可配 300～500 只母羊），并且可大量节省种公羊的饲养费用，加速羊群的遗传进展，防止疾病传播。

能力转化

简述羊的配种方法。

任务3 母羊分娩和羔羊护理

任务目的

知识：1. 母羊分娩的准备工作。

2. 母羊分娩时接产工作。

技能：初步掌握母羊分娩时接产方法。

情感：培养科学养羊的意识。

知识准备

一、推算预产期

羊从开始怀孕到分娩的一段时期称妊娠期。羊的妊娠期一般为150 d左右，但因品种、个体、年龄、饲养管理条件的不同而不同，如早熟的肉毛兼用或肉用绵羊品种的妊娠期较短，平均145 d左右，细毛羊品种妊娠期150 d左右。羊的预产期可用公式推算：即配种月份加5，配种日期数减2。

二、产房和器具的准备

由于北方天气较冷，昼夜温差大，产羔季节安排在冬季和早春的，应准备好产房。有条件的应设单独产羔室，羊数少的，可在羊舍内隔出一定面积做产房。产房面积应按每只产羔母羊1.8～2.0 m^2 计算。产房应清除积粪，舍内墙壁、地面及一切用具必须进行消毒。消毒液有15%～20%草木灰水，2%～3%来苏儿溶液，20%石灰水溶液，1%氢氧化钠溶液等，地面上垫4～5指厚的细沙土或干土面，然后铺上干净柔软的褥草。另外，准备充足的碘酒、酒精、高锰酸钾、药棉、纱布及产科器械。

三、分娩征兆

母羊临近分娩时，乳房胀大，乳头竖立，手挤时可有少量浓稠的乳汁；骨盆韧带松弛，尾根两侧下陷，腹部下垂，肷窝凹陷，阴唇肿大潮红、有黏液流出；行动迟缓，排尿次数频繁，时而回头看腹部，常单独呆立墙角或趴卧，四肢伸直，不爱吃草，站立不安，有时鸣叫，前蹄挠地，临产前有努责现象。发现上述现象，应快速将其送入产房，用温水洗净外阴部、肛门、尾根、股内侧和乳房，用1%～2%来苏儿溶液消毒。

四、接产

首先剪去临产母羊乳房周围和后肢内侧的羊毛，用温水洗净乳房，并挤出几滴初乳，再将母羊尾根、外阴部、肛门洗净，用1%来苏儿消毒。母羊多数为顺产，羊膜破水后10～30 min，羔羊即能顺利产出，两前肢和头部先出，当头露出后，羔羊就能随母羊努责顺利产出。产双羔时，先后间隔 5～30 min，个别时间会更长些，母羊产出第 1 只羔羊后，仍表现不安，卧地不起，或起来又卧下，努责等，就有可能是双羔，此时用手在母羊腹部前方用力向上推举，则能触到一个硬而光滑的羔体。经产母羊产羔较初产母羊要快。

羔羊产出后，应迅速将羔羊口、鼻、耳中的黏液抠出，以免引起窒息或异物性肺炎。羔羊身上的黏液必须让母羊舔净。这样既可促进新生羔羊血液循环，还有助于母羊认羔。冬天接产工作应迅速，以避免感冒。

羔羊出生后，一般母羊站起脐带自然断裂，这时用 0.5%碘酒消毒断端。如果脐带未断，先将脐带内的血液向羔羊脐部挤压，在离羔羊腹部 3～4 cm 处剪断，涂抹碘酒消毒。胎衣通常在母羊产羔后 0.5～1 h 自然排出。接产人员一旦发现胎衣排出，应立即取走，防止被母羊吃后养成咬羔、吃羔等恶癖。

五、难产与助产

初产母羊应及时助产。阴道狭窄、母羊体弱、胎儿过大等均可引起难产。助产的方法是拉出胎羔。在破水后 30 min，如母羊努责无力，羔羊仍未产出，即可助产，助产人员应将手指甲剪短、磨光，消毒手臂，涂上润滑油，先将羔羊两前肢反复拉出送入，然后一手拉前肢，一手扶头，随母羊努责，慢慢向下拉出。切忌用力过猛，或不配合努责节奏硬拉会拉伤阴道。助产应及时，过早不行，过迟母羊体力消耗太大，羊水流尽不易产出。

难产有时是由于胎位不正引起的，常见的胎位不正有头出前肢不出，前肢出头不出，后肢先出，胎儿上仰，臀部先出，四肢先出等，此时要先弄清楚属于哪种不正胎位，然后用手将胎儿露出部分送回阴道，将胎儿轻轻摆正，转为正胎位，让母羊自然产出胎儿或随母羊有节奏的努责，将胎儿拉出。

六、假死羔羊的救治

产出后的羔羊发育正常，不呼吸，但心仍跳动，称为假死。抢救假死羔羊的方法很多，首先清除呼吸道内吸入的黏液、羊水，擦净鼻孔，向鼻孔吹气或进行人工呼吸。或提起羔羊两后肢，悬空并拍击其背、胸部；或是让羔羊平卧，保持前低后高，手握前肢，反复前后屈伸，然后用手轻拍胸部两侧等。

七、产后母羊和初生羔羊的护理

1. 产后母羊的护理 产后母羊应注意保暖、防寒、防潮、避风，预防感冒，保持安静休息。产后 1 h 后饮些温水，第 1 次不宜过多，一般 1～1.5L 即可，并喂一些麦麸和优质青干草。产后前几天应喂给质量好，容易消化的饲料，量不宜过多，经过 3 d，饲料即可转为正常饲料。

2. 初生羔羊的护理 羔羊出生后，应让其尽快吃上初乳，瘦弱的羔羊或初产母羊或母性差的母羊，需人工辅助吃奶。母羊缺奶的，也应先让羔羊吃到初乳之后再找保姆羊（奶山羊等）喂养。

能力转化

1. 简述母羊分娩的征兆。
2. 初生羔羊的护理注意事项。

单元三

农村奶牛饲养技术

项目一　优良品种的选择与繁育

教学目标

1. 了解优良奶牛的品种选择。
2. 掌握一定的奶牛繁殖技术。

任务1　优良奶牛的选择

任务目的

知识：1. 了解优良奶牛的品种。
　　　2. 掌握奶牛的选择技术。
技能：初步认识奶牛的品种。
情感：培养科学养牛的意识。

知识准备

一、奶牛品种简介

1. 我国主要乳用及乳肉兼用品种牛

（1）中国荷斯坦牛。由国外引进的荷斯坦牛纯繁后代及与中国黄牛级进杂交选育后代共同形成的我国唯一的乳用品种牛，适于舍饲饲养，分布于全国各地，305 d 平均产奶量为 6 359 kg，乳脂率 3.56%。

（2）三河牛。由以西门塔尔牛为主的多品种杂交选育而成的乳肉兼用品种牛，适于高寒地区放牧＋补饲饲养，主要分布于内蒙古的呼伦贝尔盟，305 d产奶量为2 868 kg，乳脂率4.17%。

（3）中国草原红牛。由短角牛与蒙古牛级进杂交而培育的乳肉兼用品种牛，适于草原地区放牧＋补饲饲养，主要分布于吉林省的白城、内蒙古的赤峰、西林格勒南部及河北的张家口等地区，挤奶期为220 d，平均产奶量为1 662 kg，乳脂率4.02%。

（4）新疆褐牛。由瑞士褐牛与哈萨克牛杂交在新疆育成的乳肉兼用品种牛，主要分布于伊犁、塔城等地区，舍饲条件下年平均产奶量2 000 kg左右，乳脂率4.4%。

（5）科尔沁牛。由西门塔尔牛、蒙古牛、三河牛杂交培育而成的乳肉兼用品种牛，适于草原地区放牧＋补饲饲养，主要分布于内蒙古通辽市的科尔沁草原地区，一般饲养条件下，胎次平均产奶量1 256 kg，乳脂率4.17%。

2. 世界著名乳用与乳肉兼用品种牛

（1）荷斯坦牛。纯乳用品种，原产于荷兰，由于其出色的生产性能和良好的适应性，目前已遍布全球，以产奶量高为突出特点，以色列荷斯坦牛的平均胎次产奶量已超过10 000 kg。中国荷斯坦牛也属于这一品种。

（2）娟姗牛。纯乳用品种，原产于英国，在全世界分布广泛，平均胎次产奶量3 000～4 000 kg，乳脂率高，平均为5.3%，适于热带地区饲养。

（3）更赛牛。纯乳用品种，原产于英国，分布于世界许多地区，平均胎次产奶量3 500～4 000 kg，乳脂率4.4%～4.9%。

（4）西门塔尔牛。世界最著名的乳肉兼用品种，原产于瑞士，在全世界广泛分布，产奶性能高，平均年产奶量4 070 kg，乳脂率3.9%，产肉性能亦十分突出，是我国目前黄牛改良中的首选父本。

二、奶牛的选择技术

1. 品种的选择

（1）荷斯坦奶牛。原产地荷兰，因其风土驯化能力强，已遍布全球。

① 外貌特征。毛色为黑白花。白花多分布于牛体的下部，黑白斑界限明显。体格高大，结构匀称，头清秀狭长，眼大突出，颈瘦长，颈侧多皱纹，垂皮不发达。前躯较浅、较窄，肋骨弯曲，肋间隙宽大。背线平直，腰角宽广，尻长而平，尾细长。四肢强壮，开张良好。乳房大，向前后延伸良好，乳静脉粗大弯曲，乳头长而大。被毛细致，皮薄，弹性好，体型大，成年公牛体重达1 000 kg以上，成年母牛体重500～600 kg。犊牛初生重一般在45～55 kg。

② 生产性能。一般母牛年均产奶量（305 d）为 6 500～7 500 kg，乳脂率 3.6%～3.7%。就整体看，北方的荷斯坦奶牛体格高大，偏于乳用，也有少部分是偏于兼用型。南方的荷斯坦体格较小，多偏于乳用型。

（2）西门塔尔牛。西门塔尔牛为乳肉兼用品种。原产于瑞士西部的阿尔卑斯山区，主要产地为西门塔尔平原和萨能平原。在法、德、奥等国边邻地区也有分布。现已分布到很多国家，成为世界上分布较广，数量较多的乳、肉、役兼用品种之一。

① 外貌特征。该牛毛色为黄白花或淡红白花，头、胸、腹下、四肢及尾帚多为白色，皮肤为粉红色，头较长，面宽；角较细而向外上方弯曲，尖端稍向上。颈长中等；体躯长，呈圆筒状，肌肉丰满；前躯较后躯发育好，胸深，尻宽平，四肢结实，大腿肌肉发达；乳房发育好，成年公牛体重平均为 800～1 200 kg，母牛 650～800 kg。

② 生产性能 。西门塔尔牛乳、肉用性能均较好，平均产奶量为 4 070 kg，乳脂率 3.9%。该牛生长速度较快，均日增重可达 1.0 kg 以上，胴体肉多，脂肪少而分布均匀，公牛育肥后屠宰率可达 65%左右。成年母牛难产率低，适应性强，耐粗放管理。该牛是兼具奶牛和肉牛特点的典型品种。

2. 奶牛的选购

（1）不到疫区购牛，避免引入传染性疾病。

（2）根据奶牛的生理阶段，优先选购育成牛、青年牛和犊牛，尽可能不选购成年牛。

① 外貌的选择。

毛色：黑白相间，花片分明，额部有白斑，腹部、四肢下部及尾端呈白色，角黄色、角尖黑色。

体型：体态清秀，棱角分明，关节、筋腱明显，肌肉发育适度，皮下脂肪少。皮薄骨细，血管显露，毛细短而有光泽。颈薄而长，颈侧有纵行皱纹。背腰平直，四肢匀称，尾细长。后躯较前躯发达，从侧面、前面、上面看均呈楔型。

泌乳系统：乳房体积大，呈浴盆形，前伸后延，附着良好，4 个乳区匀称，底线平，腺体发达，弹性好。乳房皮肤薄而细致，毛稀且细，乳房静脉明显，弯曲。乳静脉明显、粗大、弯曲、乳井大。乳头长 6～8 cm，圆柱形，与地面垂直。

② 年龄的选择。一般情况下，荷斯坦母牛 2～2.5 岁产第 1 胎，3～5 胎达到生产性能的高峰，以后利用价值逐渐降低。牛的年龄可根据牛的档案记录确认，也可根据外貌、牙齿等情况估测。幼年牛头短而宽，眼睛活泼有神，眼皮

较薄，被毛光润，体躯浅窄，四肢较高，后躯高于前躯，嘴细，脸部干净。壮年牛皮肤柔软，富于弹性，被毛细软而光泽，精力充沛，行动活泼。年老的牛较清瘦，被毛粗硬，干燥无光泽，绒毛较少，皮肤粗硬无弹性，眼盂下陷，目睛无神，行动迟缓，嘴粗糙，面部多皱纹，体躯宽深。奶牛换1对牙时约为2岁，换2对牙时约为3岁，换3对牙时约为4岁，换4对牙时约为5岁。换完牙的牛可根据牙齿的磨损程度估算年龄，磨损程度越大，年龄越大。

③ 健康状况的选择。奶牛健康情况的检查应包括两个方面，其一为兽医的专业检查，包括检疫、免疫记录和健康的常规检查。其二为一般的直观观察，包括精神状态，采食情况，粪便形状，产奶情况，妊娠与否。身体各部位，特别是口腔、外生殖器、乳房、肢蹄等部位有否明显缺陷和异常等。

（3）尽可能购买一个牛场的牛，避免零散购买。

（4）建议聘请相关技术人员进行购牛质量把关。

能力转化

简述选购奶牛的注意事项。

任务2　掌握奶牛的繁殖技术

任务目的

知识：1. 奶牛的发情鉴定技术。
　　　2. 奶牛选配的原则。
　　　3. 奶牛的生产技术。
技能：掌握奶牛的繁殖技术。
情感：培养科学养牛的意识。

知识准备

一、奶牛的发情鉴定技术

1. 奶牛的初情期与初配月龄　中国荷斯坦牛的初情期为8～12月龄。一般情况下母牛满15～18月龄，体重达350～380 kg即可配种。

2. 发情周期、发情持续期与产后发情　从上一次发情开始到下一次发情开始之间的时间为一个发情周期。荷斯坦母牛的发情周期平均为21 d。从发情开始到发情结束之间的时间为发情持续期。荷斯坦母牛的发情持续期平均为18 h左右。在正常情况下，荷斯坦母牛产后50 d内出现第1次发情。

3. 发情鉴定方法

（1）外部观察法。行为变化：发情母牛兴奋、躁动、哞叫、食欲减退、产奶量下降、弓腰举尾、频频排尿，嗅其他母牛外阴，爬跨他牛或接受他牛爬跨。身体变化：外阴潮湿，阴户肿胀，有黏液流出，拉丝或黏于外阴周围。

（2）阴道检查法。用开膣器扩张阴道，借助手电筒光来观察阴道黏膜充血、肿胀的程度，分泌物的量、色泽和黏稠度，子宫颈口开张等情况，判定发情与否及所处的发情阶段。

（3）直肠检查法。用手通过母牛直肠壁触摸卵巢上的卵泡，检查其大小、形状、软硬程度、搏动感的有无与程度等卵泡发育情况来判定是否发情和所处的发情阶段。

4. 发情观察

（1）根据上次的发情时间和发情周期，在下次发情来临之际有目的、有针对性地对即将发情的牛进行观察。

（2）对于牛场的群体，应每天观察4～5次，每天的观察时间为6:00、10:00、14:00、18:00、22:00。

5. 检查与治疗　对发情异常及产后50 d内未见发情的牛要及时检查治疗。发情异常有不发情、安静发情、假发情、断续发情、持续发情、妊后发情等。

6. 配种适期　奶牛发情的持续时间较短，排卵在发情结束后6～15 h。静立，接受爬跨和阴户流出透明、量多、强拉丝性黏液是配种最适宜的时段（表1-13）。

表1-13　发情征候与最佳配种时间的关系

	躁动期	静立强拉丝期	恢复期
爬跨	爬跨他牛	静立，接受他牛爬跨，爬跨他牛	拒绝他牛爬跨与爬跨他牛
行为	敏感，哞叫，躁动，多站立与走动，回首，尾随他牛，自卫性强	尾随、舔他牛，食欲减退，不安	恢复常态
阴户	略微肿胀	肿胀，阴道壁潮湿、闪光	肿胀消失
黏液	少而稀薄，拉丝性弱	量多，透明含泡沫，强拉丝性，丝可呈“Y”状	黏液呈胶状
持续时间	(8±2) h	18 h	(12 ± 2) h
配种		最佳配种时期	

二、奶牛选配的原则

1. 防止近亲繁殖 有计划地选用不同种公牛的精液进行选配。

2. 防止难产 按照“大配大、小配小、不小不大配中间”的原则，尤其对初产牛及体型较小的母牛，选用的种公牛体重不应太大。犊牛初生重不要超过 40 kg。

3. 对牛的生产性能进行改良 对于产奶量低的母牛用产奶量高的公牛精液配种；对于乳脂率低的母牛用乳脂率高的公牛精液配种。

三、妊娠检查与预产期计算

1. 妊娠检查方法

（1）发情观察法。配种后没有再发情，可初步确定妊娠，但此法不可靠，需要进一步确认。

（2）直肠检查法。通过触摸卵巢黄体、子宫等的变化判断是否妊娠。

（3）激素检查法。在输精后 23～24 d 采集母牛血浆、全乳或乳脂，测定其孕酮含量，判断是否妊娠。

2. 计算预产期的方法 正常情况下，荷斯坦母牛的妊娠期为 280 d。可采用“月减 3、日加 6”的方法计算牛的预产期，即配种月减 3，若为负数加 12；配种日加 6，若超过 30 d，可减 30 d，月份再加 1 个月即可。

四、接产与助产

1. 接产准备

（1）母牛分娩应在专门的产房进行，产房环境应安静，便于消毒和接产操作，地面应防滑。

（2）准备好接产、助产用具及药品，包括消毒液、助产绳、医用剪刀，开膣器、润滑液等。用具要充分消毒。

（3）接产人员应昼夜值班，并与兽医取得联系。

2. 母牛临产征兆

（1）从临产前 1 周开始，乳房出现水肿，并随临产的接近水肿加剧。

（2）从临产前 1 周开始，尾根两侧柔软松弛，并随临产的接近尾根两侧下陷。

（3）外阴部肿胀松弛，分娩前 2～3 d 子宫颈栓开始排出，腹部下垂。

（4）临产前 1～2 d 母牛体温稍有上升，分娩前下降。

（5）母牛子宫颈口开张并逐渐变大，出现努责与阵痛，间隔时间逐渐缩短，随之出现破水，说明分娩已经开始。

3. 接产与助产

（1）在外阴部见到胎膜后应进行胎位检查，如胎位正常（前肢和头部在前）可不必助产，使其自行产出。如胎位不正，要对胎位进行校正，先将胎儿推回子宫，校正为正常胎位。

（2）在见到胎膜和前肢后，经 1 h 以上胎儿仍不能正常产出时，要进行助产。方法是用产科绳拴住胎儿前肢球节以上部位，用人拉住产科绳慢慢进行牵引，牵引时注意与母牛的努责相互配合，牵引方向应与产道方向相一致，并护住母牛阴门，防止阴门撕裂，一鼓作气，将胎儿拉出。

（3）遇其他异常情况，如难产等应由兽医处理。

（4）在胎儿产出后 5～6 h 胎衣应该排出，应仔细观察完整情况，如胎儿产出后 12 h 以上，胎衣尚未完全排出应请兽医处理。

（5）如胎儿产出后母牛仍进行努责，则有双胎的可能，即尚有一胎儿未产出，应作好下一胎儿的接产准备。

五、提高奶牛受胎率的措施

1. 加强配种工作的管理　配种工作规范化，制度化。配种工作人员持证上岗。建立科学、严格的精液保存、器具消毒、发情鉴定、解冻输精、妊娠检查、产后子宫恢复、繁殖疾病检查治疗等一系列标准化操作规程与制度。建立完整的牛群繁殖档案和记录体系与制度。

2. 加强奶牛的饲养管理

（1）供应各牛群全价、平衡的日粮，应特别注意微量元素和维生素的补充。严格控制饲料质量，防止有毒、有害物质损害母牛生殖机能。

（2）保证后备牛各阶段理想增重，按时进入初情期和达到初配体重。

（3）保持各不同生理阶段牛只的合理体况，膘情适当，不肥不瘦，按时正常发情排卵。

（4）对患有繁殖障碍疾病且失去治疗价值的牛只及时淘汰。

（5）妊娠母牛应适当运动，以防止难产的发生。

（6）做好妊娠牛只的保胎工作，以防止流产。

（7）做好围生期的保健工作，以防止代谢病的发生。

（8）做好接产助产工作，以防止产道损伤与感染。

（9）做好母牛产后监护，尽快使子宫复旧，正常发情、配种。

3. 积极做好繁殖疾病的防治工作　严格执行检疫免疫制度，及时查找造成母牛繁殖障碍的原因，积极采取相应措施进行治疗。

能力转化

1. 简述母牛发情鉴定方法。
2. 简述奶牛选配的原则。

项目二　奶牛的营养与饲料

教学目标

1. 了解奶牛的营养需要。
2. 了解奶牛的饲料。

任务1　奶牛的营养

任务目的

知识：1. 饲料的营养成分与功能。
　　　2. 奶牛的营养需要。
　　　3. 奶牛配合饲料技术。
技能：掌握奶牛的营养需要。
情感：培养科学养牛的意识。

知识准备

一、饲料的营养成分与功能

奶牛通过饮水、摄食饲料获得必要的营养物质，满足其生长、繁殖和泌乳的需要，营养物质包括水、能量、蛋白质、脂肪、矿物质和维生素。

1. 水　奶牛缺水引起的疾病要比缺乏任何营养出现的快且严重，牛奶的87%由水组成，大部分牛身体中含有55%～65%的水。奶牛一般每天每头需饮水60～100 L，饮水量是按照干物质摄取量和气温变化情况决定的。

2. 能量　能量是奶牛用于维持生命活动（心脏跳动、呼吸、血液循环、消化吸收与代谢、维持体温等）和生产活动（生长、繁殖、泌乳等）所必需的。犊牛、育成牛缺乏能量时生长速度慢，初情期延长；成年牛缺乏能量时泌乳量下降，繁殖机能下降，消瘦。奶牛所需要的能量主要来源于饲料中的碳水化合物、蛋白质和脂肪。每克碳水化合物含能 17.4 kJ，每克蛋白含能 23.6 kJ，每克脂肪含能 39.3 kJ。

3. 蛋白质　蛋白质是建造体组织细胞、体组织修补更新的主要原料，是酶、激素、抗体等机体内功能物质的主要成分，也是奶、肉等畜产品的主要成分。因此，蛋白质为动物维持、生长、繁殖、泌乳所必需，其功能是碳水化合物和脂肪所不能替代的。

4. 粗纤维　粗纤维可部分被奶牛消化并作为营养物质吸收。除此以外，对于维持正常的消化功能非常重要。如果日粮中粗纤维不足，会引起乳脂率降低，瘤胃消化障碍，反刍减少，瘤胃 pH 下降，瘤胃不完全角化症、蹄叶炎、瘤胃酸中毒等问题或疾病。粗纤维主要由日粮中的粗饲料提供，因而注意日粮的精粗比十分重要。

5. 矿物质　动物所需要的矿物质种类很多，因而其所涉及的生理功能也十分广泛。一些矿物质元素是机体某些组织（如骨骼）的主要成分，一些矿物质元素是机体特殊功能基团的必要组成部分，还有一些矿物质元素是某些酶类活性调节的重要物质。所以，虽然相对于其他营养物质来说动物对矿物质的需求量并不大，但却是维持正常生理活动和一定的生产性能所必需的，因此必须注意保证供给量。

根据在动物体内含量的大小将矿物质元素分为常量元素和微量元素两大类。常量矿物质元素包括钙、磷、钠、氯、钾、硫、镁等，微量矿物质元素包括铁、铜、锰、锌、硒、碘、钴等。一般情况下，在饲养中需要特别注意的常量矿物质为钙和磷，微量元素则必须通过专门的预混料来添加。

在奶牛饲养中必须特别注意的是，矿物质元素不能缺乏，但也不能过量，过量与缺乏均会给奶牛造成不良的影响。另外，不但要注意各种不同矿物质元素的供给量，而且要注意各不同矿物质元素之间的合适比例。

6. 维生素　维生素是一类动物代谢所必需的需要量很少的低分子有机化合物，它们主要以辅酶和催化剂的形式广泛参与体内代谢的多种生物化学反应，从而保证机体组织器官的细胞结构和功能的正常，缺乏时可引起机体代谢紊乱，影响动物健康和生产性能。

维生素可分为脂溶性维生素和水溶性维生素两类。脂溶性维生素包括维生素 A、维生素 D、维生素 E 和维生素 K；水溶性维生素包括维生素维生素 B 族和维生素 C。对于反刍动物而言，瘤胃微生物可合成部分维生素供动物利用，而在日粮中需要添加的只有维生素 A、维生素 D、维生素 E 和烟酸。由于动物对维生素的需要量极微，因而必须以预混料的形式添加。

二、奶牛的营养需要

营养需要是指奶牛为了维持自己的生命、生长、繁殖、产奶对各类营养物质的需求。根据营养需要制订的每天须提供给奶牛的营养物质的种类与数量称为奶牛饲养标准。营养需要和饲养标准是奶牛饲养和配制日粮的重要基础。各不同生理阶段奶牛所需主要营养物质的种类与数量见表1－14、表1－15。

表1－14　成年母牛的营养需要

营养成分＼生理阶段	干奶期	围生期	泌乳盛期	泌乳中期	泌乳后期
粗蛋白质（%）	9～11	13	16～18	13	12
泌乳净能（每千克干物质，NND）	1.25	2.0	2.4	2.13	2.0
粗纤维（%）	＞20	＞23	＞15	＞17	＞20
钙（%）	0.6	0.6	0.7	0.6	0.5
磷（%）	0.3	0.3	0.45	0.45	0.42
干物质采食量（占体重 %）	2～2.5	2.5～3	3.5	3～3.2	3～3.2
日粮精粗比	20：80	40：60	60：40	40：60	30：70

表1－15　生长母牛的营养需要

生理阶段	月龄	期末体重(kg)	产奶净能[NND/(头·d)]	粗蛋白质[g/(头·d)]	钙[g/(头·d)]	磷[g/(头·d)]	干物质采食量[kg/(头·d)]
哺乳犊牛	0	35～40	4.0～4.5	250～260	8～10	5～6	
	1	50～55	3.0～3.5	250～290	12～14	9～11	0.5～1.0
	2	70～72	4.6～5.0	320～350	14～16	10～12	1.0～1.2
断奶犊牛	3	85～90	5.0～6.0	350～400	16～18	12～14	2.0～2.8
	4	105～110	6.5～7.0	500～520	20～22	13～14	3.0～3.5
	5	125～170	7.0～8.0	500～540	22～24	13～14	3.5～4.4
	6	155～170	7.5～9.0	540～580	22～24	14～16	3.6～4.5
育成牛	7～12	280～300	12～13	600～650	30～32	20～22	5.0～7.0
	13～18	400～420	13～15	640～720	35～38	24～25	6.0～7.0
青年牛	19至初产	500～520	18～20	750～850	45～47	32～34	7.0～9.0

能力转化

1. 简述母牛发情鉴定方法。
2. 简述奶牛选配的原则。

任务2　奶牛的饲料

任务目的

知识：1. 了解奶牛常用饲料与营养成分含量。
　　　2. 奶牛常用饲料的营养成分含量。
技能：初步认识奶牛的饲料和营养需要。
情感：培养科学养牛的意识。

知识准备

一、奶牛的常用饲料

奶牛的营养需要是靠采食饲料取得的。饲料中含有奶牛所需要的营养物质，不同饲料所含有的营养物质种类与数量有很大差别。要想满足奶牛对营养物质的需求，必须了解奶牛常用饲料的营养物质含量与特点。

根据饲料的特性和作用，可将饲料分为粗饲料、青绿饲料、青贮饲料、能量饲料、蛋白质饲料、矿物质饲料、维生素饲料、添加剂8大类。

1. 粗饲料　干物质中粗纤维含量在18%以上，如干草、农作物秸秆、各类糟渣等。此类饲料容积大，所含营养物质浓度低，能够提供的营养物质数量有限。粗饲料在奶牛饲养中的主要作用是提供粗纤维，而粗纤维是维持奶牛正常消化生理活动所必需的。因而，粗饲料是奶牛日粮的必需组分。在奶牛日粮配合中需要注意的是日粮的精粗比。精粗比过高容易引起奶牛的消化障碍；精粗比过低不能满足奶牛对营养物质的需求。在一般情况下，奶牛日粮中应含有50%以上的粗饲料，绝对不要低于40%。

2. 青绿饲料　自然水分含量在45%以上的陆地或水面的野生或栽培植物的整株或其一部分。其主要特点是水分含量高，营养物质浓度低，矿物质、维生素较多，适口性好。在奶牛饲养中饲喂一些青绿饲料对奶牛有一定好处。但由于青绿饲料水分含量高，所以喂量不能太大，否则会影响其他饲料的采食，有时还会引起腹泻。

3. 青贮饲料　自然含水的青绿饲料，收割后在厌氧条件下自然发酵或加酸发酵而成，如玉米全株青贮和玉米秸秆青贮等。青贮饲料具备很多青绿饲料的特点，是奶牛饲养中重要的日粮组成部分，对维持奶牛的健康与生产性能有重要意义。在奶牛饲养中应注意青贮饲料的喂量和青贮饲料的质量。

4. 能量饲料 自然含水量低于45%，干物质中粗纤维含量低于18%，粗蛋白质含量低于20%，主要是农作物的籽实和糠麸类，如玉米、小麦麸等。能量饲料的特点是含有大量碳水化合物，能量含量高，适口性好，易消化，蛋白质含量低。能量饲料是奶牛精料补充料中必不可少的重要组分。玉米是最主要的能量饲料，一般占精料补充料的40%以上。

5. 蛋白质饲料 自然含水量低于45%，干物质中粗纤维含量低于18%，粗蛋白质含量高于20%，主要为植物性蛋白饲料的饼粕类（如豆粕、棉粕等）和动物性蛋白饲料的鱼粉等。蛋白质饲料的特点是蛋白含量高，能量含量也高。蛋白质饲料是奶牛精料补充料的重要组成部分，一般占精料补充料的20%～30%。蛋白质补充料的质量主要体现在氨基酸的平衡和瘤胃降解率方面。在奶牛饲养中要注意棉粕、菜粕的用量不要过大，以免对奶牛的健康造成不良影响。

6. 矿物质饲料 天然生成的矿物和工业合成的单一化合物或混合的多种矿物化合物，用以提供常量和微量矿物质元素，如骨粉、石粉、磷酸氢钙等。矿物质饲料在奶牛日粮中比例很小，但是是维持奶牛正常生长、繁殖、健康所必需的。在奶牛饲养中使用矿物质饲料应注意的问题是一要满足需要，二不要过量，三要注意各矿物质之间比例合适。

7. 维生素饲料 工业合成或原料提纯精制的单一维生素和混合多种维生素，如维生素A，维生素E等。维生素饲料在奶牛日粮中所占比例极小，必须经过专业生产厂家加入载体进行预混后才能添加到日粮中使用。维生素饲料对环境条件敏感，贮存不当会失效。另外，奶牛对维生素的需要与猪、鸡有很大不同，因而不能将用于猪、鸡的维生素预混剂用于牛。

8. 添加剂 是各种用于强化饲养效果和有利于配合饲料生产及贮存的非营养性添加剂原料及其配制产品，如防霉剂、抗氧化剂等。由于某些添加剂原料（如抗生素等）会在产品中残留，对产品质量和人类健康造成不良影响，因此在使用此类饲料时要特别注意，绝对不能使用国家有关部门禁用的产品。

二、奶牛常用饲料的营养成分含量

要想正确使用饲料，必须了解饲料的特点和营养成分含量。饲料的种类繁多，现将奶牛常用饲料的主要营养成分含量列于表1-16。

表 1-16　奶牛常用饲料的营养成分含量

饲料类别	饲料名称	每千克饲料中所含的营养物质的量					
		干物质 (kg)	奶牛能量单位 (NND)	粗蛋白质 (g)	粗纤维 (g)	钙 (g)	磷 (g)
青饲料	青玉米	0.185	0.32	13.2	54.00	0.94	0.48
	多穗玉米	0.186	0.39	26.13	51.34	0.23	0.12
	大白菜	0.044	0.10	11.00	4.00	0.60	0.40
	苜蓿草	0.262	0.31	38.00	94.00	3.4	0.10
	野青草（狗尾草为主）	0.253	0.39	17.00	71.00		1.12
	青割燕麦（抽穗期）	0.197	0.45	29.20	53.8	1.10	0.70
青贮类	玉米全株青贮	0.250	0.39	14.60	73.45	2.98	0.45
	玉米秸秆青贮	0.416	0.28	15.53	75.00	2.70	1.10
	苜蓿青贮（生长期）	0.28	0.50	33.70	75.75	4.40	0.82
	甜菜叶青贮	0.375	0.70	46.00	74.00	3.90	1.00
干草类	羊草	0.916	1.35	74.00	294.00	3.70	1.80
	大麦干草	0.905	1.38	80.48	247.91		
	野干草	0.931	1.27	74.00	261.00	6.10	3.90
	芦苇草	0.975	0.93	55.00	347.00	0.80	1.00
块根、茎、瓜类	胡萝卜	0.120	0.29	11.00	12.00	1.50	0.90
	甘薯干	0.900	2.14	39.00	23.00	1.50	1.20
	马铃薯	0.220	0.52	16.00	7.00	0.20	0.30
	甜菜	0.150	0.31	20.00	17.00	0.60	0.40
农副产品类	大麦秸	0.884	1.04	49.00	338.00	0.50	0.06
	大豆秸	0.897	1.10	32.00	467.00	6.10	0.30
	高粱秸	0.952	1.42	37.00	339.00		
	花生藤	0.900	1.63	129.00	221.00	1.20	0.10
	小麦秸	0.435	0.55	44.00	157.00		
	玉米秸	0.898	1.30	40.40	333.20		
	燕麦秸	0.930	1.33	70.00	264.00	1.70	0.10
谷实类	玉米	0.884	2.28	86.00	20.00	0.80	2.10
	高粱	0.893	2.09	87.00	22.00	0.90	2.8
	小麦	0.918	2.39	121.00	24.00	1.10	3.60
	小米	0.868	2.24	89.00	13.00	0.50	3.20

（续）

饲料类别	饲料名称	每千克饲料中所含的营养物质的量					
		干物质（kg）	奶牛能量单位（NND）	粗蛋白质（g）	粗纤维（g）	钙（g）	磷（g）
谷实类	燕麦	0.903	2.13	116.00	89.00	1.50	3.30
	大麦	0.888	2.08	115.00	77.00	2.30	4.60
	小麦麸	0.886	1.91	144.00	92.00	1.80	7.80
饼粕类	菜籽饼	0.992	2.43	364.00	107.00	7.30	9.50
	豆饼（1）	0.906	2.64	430.00	57.00	3.20	5.00
	豆饼（2）	0.913	2.64	453.88	53.93	3.97	6.19
	胡麻饼	0.920	2.44	331.00	98.00	5.80	7.70
	棉籽饼	0.896	2.34	325.00	107.00	2.70	8.10
	米糠饼	0.907	1.86	152.00	89.00	1.20	1.80
糟渣类	豆腐渣	0.11	0.31	33.00	21.00	0.50	0.30
	啤酒糟	0.234	0.51	68.00	39.00	0.9	0.18
	甜菜渣	0.122	0.24	14.00	38.00	1.20	0.10
动物性饲料	鱼粉	0.912	1.78	386.00		61.3	10.3
	骨粉	0.945				312.60	141.70
矿物类	磷酸钙					279.10	134.80
	石粉	0.971				394.90	
	碳酸钙	0.991				351.90	1.4

三、奶牛日粮配合技术

日粮是供给奶牛一天营养所需的各种饲料的总量。日粮配合是应用各种不同的饲料原料，根据其各自的营养成分含量和特点，按一定比例相互搭配，构成能够满足奶牛一天所需营养的日粮的过程。

1. 日粮配合的原则

（1）日粮配合必须以奶牛饲养标准为基础，不同生理阶段和不同生产性能的奶牛对营养物质的需要也不同，所配制的日粮既要满足奶牛的各种营养需要，又要注意各营养物质之间的合理比例。

（2）在满足营养需要的前提下，配合日粮所使用的饲料种类应尽可能多样化，以提高营养的互补性和适口性，降低单一饲料中可能存在的有害物质的影响，提高饲料转化率。

（3）在选用饲料原料时，不但要考虑营养成分含量，还要考虑适口性。

（4）注意日粮的重量与容积，配制的日粮既要满足牛的营养需要，又不能超过牛的干物质采食量，否则牛不能将日粮全部吃完。

（5）在满足营养需要的前提下尽量提高粗饲料在日粮中的比例。一般情况下日粮的精粗比不能低于60∶40，日粮的粗纤维含量不低于18%。

（6）奶牛常用饲料在精料中的最大用量一般为：米糠、麸皮25%，谷实类75%，饼、粕类35%，甜菜渣25%，尿素1.5%～2%。

（7）配合日粮时既要考虑饲料质量，也要兼顾日粮成本。要充分利用本地饲料资源，以降低成本，提高经济效益。

（8）配合饲料所用的原料及添加剂必须安全、卫生，其品质等级要符合国家标准，绝对不能应用发霉变质饲料，也不能使用含有大量有毒有害物质的饲料，对于那些对牛有一定不良影响的饲料应限制用量。

（9）绝不能使用对牛奶品质有不良影响、对人的健康构成威胁的饲料。

2. 日粮配合的方法与步骤

（1）了解奶牛的生理阶段、体重与生产性能，确定营养需要量和干物质采食量，计算日粮的营养物质含量。

（2）根据本牛场的粗饲料情况，确定日粮精粗比例。

（3）计算日粮中粗饲料所能提供的营养物质的数量，计算出应由精料所提供的营养物质数量。

（4）根据当地精饲料资源情况和市场价格，选用合适的精饲料原料制作精料配方。

（5）计算所配日粮的营养物质含量，与标准进行比较，并根据成本等其他情况对配方进行必要调整。

四、实用青贮技术

1. 青贮原理　将适合青贮的原料切短后密封，利用原料和空气中的乳酸菌的厌氧发酵将原料中的可溶性糖转化为乳酸，使pH降低，以此抑制其他微生物的生长繁殖，以达到长期保存的目的而制成的一种饲料。

2. 青贮设施　青贮设施指用于密封贮存青贮原料的设施或容器。根据制作青贮饲料的数量不同，青贮设施有多种形式。大型奶牛场青贮数量巨大，主要采用青贮窖的形式，宽数米，深3～5 m，长数十米。小型奶牛场根据自己的养殖规模，可采用不同大小的青贮窖或青贮塔。个体奶牛养殖户可根据自己的实际需要，采用青贮窖、青贮壕、塑料袋等。青贮设施应因地制宜，基本要求是密封性好，不受环境的影响，制作取用方便，损失小。

3. 青贮原料 并不是任何原料都可进行青贮，只有那些满足一定条件要求的原料才能制作出品质良好的青贮饲料。青贮原料应符合下列条件。

（1）适宜的含糖量。即原料的可溶性碳水化合物含量应达到3%以上。一般的禾本科植物均能达到此项要求。目前，最适合制作青贮饲料的原料是玉米、高粱、大麦、燕麦等。如果原料中含糖量不足，可通过向原料中添加可溶性糖类（如糖蜜等）或与其他含糖量高的原料一起混合青贮来加以解决。

（2）适宜的含水量。制作优良青贮的原料适宜含水量为65%～75%。如果原料的含水量低于这一范围，可通过向原料中加入适量的水加以解决。如果原料的含水量高于这一范围，可将原料收获后在自然状态下放置适当时间，使原料中的水分蒸发掉一部分，达到合适范围。

4. 青贮的制作

（1）适时收获。根据原料的产量和含水量适时收获。

（2）适当切碎。将收获的青贮原料切短至2～5 cm，水分含量偏高的可稍长，水分含量偏低的可稍短。

（3）装填与压实。将切碎的原料迅速装入青贮容器或设施中，在装填过程中必须装紧、压实，以保证原料间不留任何空隙，尽快达到厌氧环境。

（4）密封。容器或设施填满后立即密封，以保证容器、设施内的厌氧环境。

（5）保存。青贮制作完成后应注意保护，防水、防冻，特别注意千万不能漏气。

上述制作过程应严格按要求进行，并力争加快速度，所用时间越短越好。这样可提高青贮质量，减少不必要的损失。

5. 青贮品质鉴定 品质优良的青贮饲料应具备如下特点：

（1）气味。酸香味，无其他异味。

（2）颜色。绿或黄绿色，接近原色。

（3）结构。茎、叶分明，清楚。

（4）质地。柔软。

6. 取喂 一般情况下，青贮饲料制作完成密封60 d发酵基本完成，可以开窖取喂。环境温度过低时发酵时间会延长。开封后应现喂现取，喂多少取多少，取后立即密封，以防止二次发酵与污染。

能力转化

1. 简述奶牛日粮配合的原则。

2. 青贮饲料的制作过程和品质鉴定方法。

项目三　奶牛的饲养管理

教学目标

掌握各阶段奶牛的饲养管理方法。

任务1　犊牛的饲养管理

任务目的

知识：1. 了解新生犊牛的护理要点。
　　　2. 掌握犊牛的饲养管理要点。
技能：初步认识犊牛的生物学特性。
情感：培养科学养犊牛的意识。

知识准备

一、新生犊牛的护理

生产上，把出生后以奶为食的阶段牛称为犊牛，犊牛一般从生后3～4月龄就停止吃奶，所以犊牛期是指3～4月龄的犊牛。刚生下到7日龄之内的犊牛，称为新生犊牛，此时期称为“新生期”。犊牛在此时期，生理上发生了很大变化，从母牛子宫内的生理环境逐渐适应子宫外的环境。最初几天，它的组织器官机能尚未充分发育，对于外界不良环境的抵抗力较低，适应能力较弱，消化道黏膜容易被细菌穿过，皮肤的保护机能很差，神经系统的反应性也不足。因此，初生犊牛容易受各种病菌的侵害，因此要格外注意对犊牛新生期的护理。

1. 临产母牛产前2～3 d进入产房，产房必须提前消毒并铺褥草，并有专人看护。

2. 犊牛刚生下时，要用净干草或净布片将其口、鼻端的黏液擦净，地面上要铺上干草，让母牛把犊牛身上的胎水自然舔干。

3. 如生后的脐带未断，就要用消过毒的剪刀在距犊牛脐孔20～25 cm处剪断（先经2%～5%碘酒消毒后再剪断），然后将脐带里面的血污物挤出一些，再在断口处以碘酒消毒。产双胎时第1个犊牛的脐带应结两道绳结，然后从中间剪断。

4. 犊牛生后 30 min 以内最好就能吃到大牛的初乳，初乳中含有丰富的养分，抗体和溶菌酶，食后对犊牛健康有利。

5. 母牛分娩后 5～7 d 所产的奶称为初乳。初乳具有特殊的生物学特性，是新生犊牛不可缺少的食品，它对初生犊牛有很多特殊作用，主要是：

(1) 初生犊牛的肠胃空虚，其第四胃及肠壁上无黏膜，对细菌的抵抗力很弱，初乳的特殊功能就是它能代替肠胃壁上的黏液发挥作用，初乳覆在胃肠壁上，可阻止细菌侵入血液中，可以提高对疾病的抵抗力。

(2) 初乳中含有一种溶菌酶和抗体，前者能杀死多种病菌，后者含有 R-球蛋白，可以抑制某些病菌的活动；还有一种 K 抗原凝集素，能颉颃特殊品系的大肠杆菌，这就保证了犊牛不受伤害。

(3) 初乳的酸度较高（45～50T），可使胃液变成酸性，不利于有害细菌繁殖。初乳进入胃中后，机体开始分泌大量消化酶，能使胃肠机能早期活动。

(4) 初乳中含有较多的镁盐，有轻泻的作用，能排出胎粪。

(5) 初乳中含有丰富而易消化的养分。犊牛生后 24～30 h（冷天时还可提前），犊牛肠道细胞会出现“闭合”状态（又称“封闭”状态），也就是大分子抗体不能直接通过肠壁，被牛体吸收了，从而乳中抗体对犊牛的功能也就随之消失，所以最初几次要有足够的初乳量以降低犊牛死亡率。

二、犊牛的饲养管理要点

1. 为了节省犊牛育成的成本，一般 60 d 断奶，早期断奶可提前到 30～45 d。早期断奶饲养方案见表 1-17。

表 1-17　早期断奶饲养方案

日龄	日喂奶量（kg/头）	精料量［kg/（头·d）］	粗料量［kg/（头·d）］
1～10	4	7 日龄开食	训练吃干草
11～20	3	0.2	0.2
21～30	2	0.5	0.5
31～40	3	0.8	1
41～50	2	1.5	1.5
51～60	1.5	1.8	1.8
61～180		2	2

2. 一般国内奶牛多实行初乳、全乳哺喂犊牛法，每天给予的奶量约占犊

牛的10%，分3等份（1 d 3次喂奶，1次1等份）。

3. 喂完奶后，将口周围或残留的奶汁擦干，防“舔癖”发生。

4. 最初喂奶时要在奶中加30%～50%温开水。

5. 出生后5～7 d开始投给开食料和优质柔软干草。

6. 经常观察犊牛的精神状态、食欲、粪便等情况，若出现稀便时，应适当减少喂奶量，并在奶中加1～2倍温开水。

7. 犊牛料和水要按1∶1的比例搅拌均匀后再加进等量优质的干草或4～5倍青贮饲料搅拌均匀后喂给，当每天每头犊牛进食精料500 g时，犊牛可以断奶；精料进量达2 kg后，保持此水平直到6月龄。

精料配方：玉米55%，普兴奶牛浓缩料40%，豆饼2%，鱼粉3%。也可以自配料：玉米50%，豆饼25%，麸皮18.5%，鱼粉3%，石粉1%，食盐0.5%，骨粉1%，预混料1%。

要保证供应充足的饮水，断奶后犊牛仍特别喜爱流体食物，这是本能和哺乳行为的延续。冬季、早春、晚秋要给犊牛饮温水。

早期断奶的母犊虽然从出生到6月龄间稍有生长受阻现象，但在后期可得以补偿。

能力转化

简述犊牛的饲养管理要点。

任务2　7～18月龄发育牛的饲养管理

任务目的

知识：7～18月龄发育牛的饲养管理要点。

技能：掌握7～18月龄发育牛的饲养管理要点。

情感：培养科学养牛的意识。

知识准备

在此阶段，7～12月龄的牛，其粗蛋白质为14%，产奶净能应为5.86～6.69 MJ；13～18月龄，全价日粮的粗蛋白质应在12%左右，产奶净能应为5.44～5.86 MJ；钙、磷分别为0.41%和0.3%。其饲喂方案见表1-18。

除此之外，生长发育中的母牛，要注意充分运动，增强体质，冬季和雨季晴天接受户外日光照射，使皮下脱氢胆固醇转化成维生素D以促进钙、磷的吸收和沉积。

表 1-18　7～18 月龄的饲喂方案［kg/（头·d）］

月龄	精料	玉米青贮	羊草
7～8	2	10.8	0.5
9～10	2.3	11	1.4
11～12	2.5	12	2
13～14	2.5	12	3
15～16	2.5	12	4
17～18	2.5	13.5	4.5

任务3　18 月龄至头胎分娩牛的饲养管理

任务目的

知识：18 月龄至头胎分娩牛的饲养管理要点。

技能：掌握 18 月龄至头胎分娩牛的饲养管理要点。

情感：培养科学养牛的意识。

知识准备

1. 饲喂原则　应以青、粗饲料为主，精饲料为辅。牛的体膘保持适中，一般七八成膘，防止过肥或过瘦。

2. 定期测量体尺和称重　其目的是及时了解牛的生长发育情况，纠正饲养不当。

3. 做好繁殖记录　生长发育良好的牛可在 16 月龄左右配种，但体重要达到 370 kg 以上。如体重较轻，可推迟配种时间。

4. 分群饲养　已怀孕的育成牛应与其他青年牛分群饲养，由于孕牛本身和胎儿生长发育的需要，精饲料喂给量应逐渐提高到每天 4～4.5 kg，青贮饲料和优质粗饲料则由其自由采食。

5. 预产前 2～3 个月，视其原来的膘情确定日增重，通过精料比例及日喂量控制膘情，加强运动，每天行走 1～2 km，以防难产。使牛习惯于奶牛的成年牛舍，并能自由牵行、栓系、触摸牛体各部位，以利于未来挤奶操作，防止机械性流产或早产，不要驱赶过快，以防止互相挤撞。冬季不应喂给冰冻饲料或腐败发霉饲料。注意人牛亲和，人牛协调。饲喂方案见下表 1-19：

表 1-19　19～24 月龄的饲喂方案（kg）

月龄	精料量	干草	玉米青贮
19	2.5	2.5	15
20	2.5	2.5	17
21	4.5	3	10
22	4.5	3	11
23	4.5	5.5	5
24	4.5	6	5

此阶段的精料配方可按如下比例配合：玉米 50%，奶牛浓缩料 40%，豆饼 5%，麸皮 5%。

任务 4　泌乳牛的饲养管理

任务目的

知识：泌乳牛的饲养管理要点。
技能：掌握泌乳牛的饲养管理要点。
情感：培养科学养牛的意识。

知识准备

一、泌乳牛在泌乳期内的变化规律

1. 产奶量的变化　母牛产犊后，在正常情况下产奶量逐日增加，到产后 40～60 d 出现最高日产奶量，其产奶量比初乳期可提高 30%。若按泌乳月计算，则第 2 个泌乳月为产奶量最高峰。此后 3～5 月为平稳期，高产奶牛曲线基本不变，有些奶牛每月可下降 3%～5%，有些低产奶牛下降 7%～8%，直到停奶后进入干奶期。

2. 体重的变化　据测定，饲养好的、体重较稳定的母牛，产后 0～70 d 体重共减少 35 kg，平均每天减少 500 g；其中前 30 d 每天平均减少 1.8～2.2 kg，后 40 d 仅为 30～100 g。产后 71～150 d，高产奶牛体重可维持不变，但中、低产奶牛体重略有增加，约 150 g/（头·d）。产后 151～305 d，一般奶牛体重可明显恢复，含胎儿的生长发育，日增重可达 400～500 g。60 d 的干奶期，其日增重为 350～500 g。

3. 干物质进食量的变化 母牛产犊后，随着产奶量的逐渐增加，其日粮干物质进食量也在增加，但在产后 70～90 d 阶段，母牛进食的养分不能满足泌乳的需要，此时能量和蛋白质处于负平衡状态，母牛减重用于产奶，一般产后 90 d 左右母牛干物质进食量达到最高峰，以后基本保持平衡，养分能满足维持和泌乳的需要，且有部分养分用于修补体组织和胎儿的需要。一般产后 7～8 月母牛采食量开始下降，高产奶牛可保持 9～10 月。干奶期母牛采食量明显下降，高产奶牛可下降 40%～50%，到临产前 5～7 d 食欲最差，干物质进食量仅为体重的 1%。

二、泌犊牛的饲养

1. 泌乳初期 奶牛从产犊开始直到 70 d，为泌乳初期。在此阶段，奶牛的干物质进食量因食欲未完全恢复而比泌乳后期低 15%。因此，此阶段应注意饲料的适口性和饲料的品质。最高日产奶量一般出现在产后 4～8 周；最高干物质采食量则在产后 10～14 周，因而出现了泌乳初期母牛体内能量的负平衡。

当泌犊牛日粮中精料过多，其粗纤维为 13%～14.5%时，为了保持瘤胃的正常环境和消化机能，防止前胃弛缓和乳脂含量下降，应另加氧化镁和碳酸氢钠。这些物质对瘤胃内容物的酸度有缓冲作用，称作缓冲剂。其用量，碳酸氢钠为精料的 1%～1.5%，氧化镁为精料的 0.5%～0.8%。

母牛产犊后，应让其自由采食优质干草，尽量避免喂过多的玉米青贮料。喂精料后要观察当天进食量，若不剩精料，且吃了大量干草，精神、排粪、反刍等正常，奶量也在增加，则可每天增喂 0.5～1 kg 精料；若有剩料，且采食粗料较少，进食过慢，食欲明显不良，则不能加料。

每天精料量分 3 次喂给，一般每次投精料量不超过 3 kg，并应与粗料拌好后再喂。其精料量应控制在每产 3 kg 常乳投给 1 kg 精料。规模化奶牛场每 3 d 测 1 次产奶量，每 10 d 测 1 次乳脂率，以便指导生产。

2. 泌乳中期 此阶段为母牛产后 71～140 d，有人称之为泌乳平稳期。高产牛此阶段泌乳曲线稳定或每个月以小于 6%的速度下降，一般生产牛降幅为 10%左右。

此阶段可按维持量加产奶牛的需要量进行全价日粮饲养，可不考虑体重变化的问题。

对于日产奶量高于 35 kg 的高产奶牛，不论是平时还是夏季，均应添加缓冲剂。夏季还应加氯化钾或脂肪粉（含有脂肪 80%，乳糖、酪蛋白、淀粉、水分各 5%，另有抗氧化剂），以利于高产奶牛抗热应激。

夏季为防止炎热天气影响母牛的食欲，可在3:00～5:00日出之前、气温最低之时饲喂1次，以提高进食量，防止泌乳旺盛的母牛发生动用体脂产奶的现象。

3. 泌乳后期　产犊后141～305 d是泌乳后期。此时，母牛已进入妊娠中后期，对营养的需要包括维持、泌乳、修补体组织、胎儿生长和妊娠沉积等5个方面，故母牛对养分的需要量仍在增加。泌乳初期减去的35～50 kg体重，要尽量在泌乳中期和后期恢复，但要注意不能使母牛过肥。

此阶段日粮给料量要根据母牛的产奶水平和实际膘情来决定。

在预计停奶以前要进行一次直肠检查，最后确定一下是否妊娠，以便及时停奶。

要禁止喂给带冰或发霉变质的饲料，注意母牛保胎，防止机械性流产，如避免猛烈驱赶母牛，防止通过狭窄通道时互相拥挤，或路面太滑而滑倒。

三、影响奶牛产奶量和奶质的主要因素

影响奶牛生产性能的因素很多，主要包括遗传、生理和环境3个方面。

1. 遗传　包括品种、个体。例如，黑白花奶牛产奶最高，娟姗牛含脂率最高。

2. 生理　包括年龄、胎次、泌乳期、初产年龄、干奶期、内分泌激素等。奶牛产奶性能随年龄和胎次增加而发生规律性变化，因为奶牛的产奶量是随着有机体生长发育程度，特别是随着乳腺的发育程度而增长的，当产奶量达到高峰时，由于机体的衰老而产奶量又开始下降。据统计，黑白花奶牛以6岁5胎产奶量最高；但早熟品种牛第4胎产奶量最高。牛的乳脂肪和非脂固体物的含量，似有随年龄增长而略有降低的趋向。在第1个泌乳期和第5个泌乳期之间，乳脂肪和非脂固体物分别减少0.2%和0.4%。黑白花奶牛年龄达16～18月龄，体重达成年牛70%，即380 kg以上，可以配种，经产母牛在产后第2个情期约1.5个月后配种合适，高产牛还可根据体况延长到70～90 d。

3. 环境　包括饲料、饲养管理、挤奶技术、产犊季节、外界温度、疾病药物等。黑白花奶牛不耐热，当气温过高时，呼吸脉搏次数均增加，采食量下降，饲料消化率下降，产奶量减少。黑白花奶牛适宜的温度是0～20 ℃，最适的温度是10～16 ℃，外界温度升到25 ℃时，奶牛呼吸频率加快，升到40.5 ℃时，呼吸频率加快5倍，且采食停止。武汉、广州市黑白花奶牛夏季产奶量比冬季减少一半左右，奶中脂肪和非脂固体物在冬季最高，夏季最低。据目前资料看，黑白花奶牛在气温为−10 ℃以下，娟姗牛在4 ℃时产奶才开始下降。

据分析，产犊母牛12月产奶量最高，1～2月产犊母牛次之，10～11月再次之，6月产犊母牛奶量最低。这里品种、饲料、饲养管理、温度与季节变化是主要的。

4. 总的来说，奶的组成和产奶量是母牛本身（内因），外界环境（外因）等相互作用的结果。内因是变化的根据，外因是变化的条件。外因通过内因起作用。品种选育工作是培育高产奶牛的前提，饲养管理和幼牛培育等技术是发挥奶牛产奶潜力的关键。如果没有正确的饲养管理和良好的环境条件，品种再好也不能充分发挥其原有的产奶潜力。因此，内因和外因辩证统一，两者必须有机地结合起来，才能达到稳定高产。

任务5　干奶期牛的饲养管理

任务目的

知识：干奶期牛的饲养管理要点。

技能：掌握干奶期牛的饲养管理要点。

情感：培养科学养牛的意识。

知识准备

干奶期是指泌乳奶牛在下次产犊泌乳前一段不泌乳的时间，一般为2个月左右。奶牛经10个月的泌乳，体力及体内养分消耗很多，此时又是胎儿身体发育的最快时期，要求营养多，为胎儿正常发育，母牛恢复体力、贮备营养，供下次泌乳应用。

一、干奶方法

1. 逐渐干奶法　10～20 d达到干奶目的，开始变更饲料，逐渐减少青草、人工牧草、青贮草、块根块茎等多汁饲料。限制饮水，停止运动和放牧，停止按摩乳房，改变挤奶次数和挤奶时间，由3次减少为1次，以后隔天1次或隔2～3 d 1次，一般可在第1天、第3天、第6天、第10天挤奶1次，其他日期不挤奶，这样就可使母牛逐渐干奶。每次挤奶必须完全挤净，对高产牛完全停喂精料，只喂含蛋白质少、品质差的干草。当产奶量下降至4～5 kg时，即可停止挤奶。

2. 快速干奶法　从进行干奶之日起，4～7 d达到干奶目的，一般多用于低产和中产母牛。方法是：从干奶的第1天开始，适当减少精料，停喂青绿多汁饲料，控制饮水，加强运动，减少挤奶次数，并打乱挤奶时间，由3次改为

1 次或隔天 1 次，由于母牛在生活规律上突然发生巨大变化，产奶量显著下降，一般经过 5～7 d，日产奶量下降到 5～8 kg 以下时就停止挤奶。最后挤奶要完全挤净，用杀菌液进行消毒后，注入干奶软膏，以后再对乳头表面进行消毒。停止挤奶后 3～4 d，一般母牛此时因乳房贮积较多的奶而出现肿胀，这很正常，不要抚摸乳房和挤奶，几天后就会自行吸收而使乳房萎缩；如果乳房肿胀不消而硬、奶牛表现不安时，可把奶挤出，而后继续干奶，如有乳房炎症，应继续挤奶，待炎症消失后再行干奶。

干奶期的长短依每头母牛的具体情况而定，一般是 45～75 d，平均为50～60 d，凡是初产母牛、早配牛、体弱牛、老年牛、高产牛（6～7 t/年）以及牧场饲料条件恶劣的母牛，需要较长的干奶期（60～75 d）。一般体质强壮、产奶量低、营养状况较好的母牛，则干奶期可缩短为 30～45 d。

二、干奶牛的饲喂方法

母牛在干奶后 7～10 d，乳房内乳汁已被乳房吸收，乳房萎缩时，就可逐渐增加精料和多汁饲料，5～7 d 达到妊娠干奶牛的饲料标准。

干奶母牛的饲养可为两个阶段，干奶前期和干奶后期。从干奶期开始到产犊前 2～3 周为干奶前期；产犊前 2～3 周至分娩期是干奶后期。

1. 干奶前期　对营养状况不良的高产母牛，要提高其营养水平，使它在产前具有中上等体况，即体重比产奶盛期要提高 10%～15%。对营养良好的干奶母牛，从干奶期到产前最后几周，一般只给优质粗料即可。对营养不良的干奶母牛，在泌乳以前，除给优质粗料以外，还要饲喂几千克精饲料，以提高其营养水平，一般可按每天产奶 10～15 kg 的饲养标准饲喂，日给 8～10 kg 优质干草和 15～20 kg 多汁饲料、精料 3～4 kg。粗料及多汁饲料不宜喂的过多，以免压迫胎儿，引发早产。

2. 干奶后期　干奶期的最后 2～3 周，母牛日粮中应提高精料水平，以准备下一阶段的泌乳。这对于初次泌乳的育成牛也是适用的。尤其高产母牛应喂给更高的水平精料。产犊前两周，除粗料外，每天还要喂 1.8 kg 左右的精料，每天增加 0.45 kg，直到 100 kg 体重吃到 1～1.5 kg 精料为止。

三、干奶期应该注意的问题

1. 为了预防发生第四胃变位，干奶牛日粮中要用 2～3 cm 长的干草。

2. 干奶期应喂高能低钙日粮，可预防产后瘫痪，产犊后使高钙日粮得以恢复。

干奶牛日粮总营养水平如在维持基础上加 3～5 kg 标准水平的营养用配合日粮饲养时，可保持干奶期平均日增重 0.35～0.5 kg，这对于发挥下一胎产奶量的遗传潜力，预防营养代谢病，如酮病、肥胖综合征、消化机能障碍和第四胃变位、瘤胃角化不全等均有明显的效果。

任务6　奶牛夏冬季的饲养管理

任务目的

知识：1. 夏季奶牛的饲养管理要点。

2. 掌握冬季奶牛的饲养管理要点。

技能：掌握夏冬季奶牛的饲养管理要点。

情感：培养科学养牛的意识。

知识准备

一、夏季饲养管理

1. 夏季给奶牛带来的危害　夏季炎热，牛体散热困难，当受高温应激时，必将产生一系列的应激反应。如体温升高，呼吸加快，皮肤代谢发生障碍，食欲下降，采食量减少，营养呈负平衡。造成的后果便是：体重降低，体况下降，产奶量及乳脂量同时下降，繁殖力下降，发病率升高，甚至死亡。

2. 夏季防暑降温的主要措施

（1）满足营养需要。据测定，环境温度每升高 1 ℃需要消耗 3%的维持能量，即在炎热季节消耗能量比冬季高（冬季每降低 1 ℃需增加 1.2%维持能量），所以夏季要增加营养浓度。饲料中能量、粗蛋白质等营养物质要多一些，浓一些，但也不能过高，还要保证一定的粗纤维含量（15%～17%），以保证正常的消化机能。

（2）选择适口性好，营养价值高的饲料。

（3）延长饲喂时间，增加饲喂次数。夏天，中午舍内温度比舍外低，为了使牛体避免受到太阳直射，应12：00 上槽，这既可增加奶牛食欲，又能增加饲喂时间；饲喂次数如果由 3 次改为 4 次，在午夜再补饲 1 次，则会取得更好的增奶效果。

（4）喂稀料，既能增加营养，又能补充水分。

（5）降低湿度，增加排热降温措施。牛舍内相对湿度应控制在 80%以下。相对湿度大，牛体散热受阻加大，加重热应激，所以牛舍必须保持干燥，且通风良好，早晚打开门窗，有条件时，还可安装吊扇，以加速水分排出，降低湿度。

（6）保持牛体和牛舍环境卫生。牛舍不干净最容易污染牛体，既影响牛皮肤正常代谢，又有损牛体健康，严重影响牛奶卫生。为此，可用1%～1.5%敌百虫药水喷洒牛舍及其环境。为了防止乳房炎、子宫炎、腐蹄病、食物中毒，应采取下列措施：从5月开始用1%～3%次氯酸钠溶液浸泡乳头；母牛产后15 d，检查一次生殖器官，若发现问题则应及时治疗；每月用清水刷洗一次牛蹄，并涂以10%～20%硫酸钠溶液；每天清洗一次饲槽。

二、冬季饲养奶牛应注意的问题

冬季低温条件下（－15 ℃），奶牛体热散失较多，必须不断增加体热以维持正常体温，从而导致产奶净能减少，产奶量下降。为此，冬季饲养管理应注意以下几个问题。

1. 饲养方面　保证足够的青贮和秸秆饲料，不要把饲料中的雪块或冰块喂给奶牛。适量增加奶牛维持和生产的营养物质，一般比正常饲养标准增加10%～20%。不要给奶牛饮用过冷的水，最好是10 ℃左右的温水。用温水拌料保温效果更好。根据条件可适量加喂白酒糟［5 kg/（头·d）］。

2. 管理方面　做好牛舍的保温工作，用透明塑料膜将门窗封好，防止“过堂风”侵袭；控制牛舍湿度，防止湿度过大；保持运动场干燥，防止奶牛卧在冰上、冰水或雪地里；注意奶牛的膘情，适当增加膘情，皮下贮存一定量的脂肪，以提高奶牛的御寒能力；注意奶牛的乳房，特别应防止乳头冻裂或冻伤；寒流到来之际，夜间应将奶牛赶进牛舍，以防寒保温。

项目四　奶牛生产中的主要营养和生产参数

教学目标

了解奶牛生产中的主要营养和生产参数。

任务　奶牛生产中的主要营养和生产参数

任务目的

知识：奶牛生产中的主要营养和生产参数。
技能：初步掌握奶牛生产中的主要营养和生产参数。
情感：培养科学养牛的意识。

知识准备

一、牛奶的主要成分

乳脂肪 3.5%，乳蛋白 3.1%，乳糖 4.9%，矿物质 0.7%，水分 87.8%。

二、奶牛的排奶时间

奶牛排奶过程在刺激作用后经过 45～60 s 即发生，维持时间最长达 7～8 min。

三、奶牛的干奶期及泌乳期的时间

干奶期一般为 2 个月，泌乳期一般为 305 d。但有时要根据奶牛的实际情况适当增减。

四、奶牛应在何时配种

青年黑白花奶牛一般在 16～18 个月，体重达到成年牛的 70%，即 380 kg 左右配种较为合适。但现在由于炒种需要，往往 14 个月左右就开始配种，产后 1.5 个月左右配种较为合适，高产奶牛可根据情况延长至 70～90 d。

五、奶牛发情后何时配种

一般母牛 21 d 为一个发情周期，发情持续期为 12～18 h，母牛于发情结束之后排卵，多数母牛在夜间排卵，卵子保持受精能力的时间为 6～12 h。因此，母牛适宜的输精时间应在发情末期。一般上午发情，下午配，第 2 天上午再配 1 次；下午发情，次日早上和下午各配 1 次，可以提高受胎率。俗话说："老配早，少配晚，不老不早配中间。"热天配种时可适当提前。

六、奶牛饲料中有哪些主要营养成分，对牛有什么功能

水、粗灰分（矿物质）、蛋白质、碳水化合物、粗脂肪和维生素六大类物质。

1. 水 可以支持组织具有弹性和刚性，有助于溶解食物，作为食物和排出物的载体，帮助维持牛体内的渗透压和防止体温的剧烈变化。

2. 矿物质 不仅是牛骨骼和乳汁的主要成分，而且还能维持体内渗透压、酸碱平衡水平，并有助于呼吸作用等。

3. 蛋白质 是修补和更新活组织，提供合成激素，形成奶的主要成分。

4. 碳水化合物 是牛的主要能量来源。

5. 脂肪 是牛体储备能量的来源。

七、牛的消化特点

牛的消化比较复杂，主要包括口腔、食道、瘤胃及其他三胃、小肠和大肠等。牛属反刍家畜（牛、羊、鹿），其采食特点是：进食草料速度快且咀嚼不细，每顿进食量大，经初嚼混合唾液成食团，吞咽入瘤胃浸泡、软化，食后30～60 min开始反刍。牛饱食后的反刍时间长，且有卧槽倒嚼的习性，一般奶牛每昼夜反刍6～12次，每次持续40～50 min，每头牛一昼夜反刍时间为6～8 h。

牛胃分为四室，前三室（瘤胃、网胃、瓣胃）胃壁没有消化腺，第四室（皱胃）是能分泌胃液的真胃。瘤胃最大，占整个胃总容积量的75%～85%。也有的把瘤胃、网胃和瓣胃称为前胃，前胃是个连续发酵器，其内共生着大量纤毛原虫和细菌，每毫升瘤胃液含纤毛原虫20万～200万个，每克瘤胃内容物含细菌500亿～1 000亿个。前胃自身不分泌蛋白质分解酶，水解蛋白酶则来源于细菌和纤毛原虫。瘤胃具有大量贮积、加工、发酵食物的功能，饲料中有70%～80%可消化干物质和50%以上的粗纤维在瘤胃内消化，产生挥发性脂肪酸、二氧化碳、胺，合成蛋白质、B族维生素、维生素K，从而使瘤胃成为一个活的、庞大的、高度自动化的“饲料发酵缸”。

八、奶牛能量单位

我国奶牛饲养标准采用泌乳净能，并用奶牛能量单位（NND）表示。1NND=3 138 kJ产奶净能。

九、牛对维生素的需求

牛不能合成大部分脂溶性维生素，维生素A、维生素D、维生素E须从日粮供给，但要考虑维生素在瘤胃中的被破坏作用。

水溶性维生素（包括维生素C、B族维生素及维生素K），瘤胃微生物能合成，所以在日粮中不需添加。

十、牛的几个生理常值

肛温平均38.5 ℃，范围±0.5 ℃；心率（次/min）60～70次/min；呼吸频率（次/min）成年牛12～16次/min，犊牛30～56次/min。

十一、产奶牛的日粮营养水平

产奶净能7 MJ/kg，粗蛋白质16%，粗纤维15%。

单元四

蛋鸡养殖实用技术

项目一　鸡的生物学特性与品种

教学目标

1. 鸡的生物学特性和经济学特性。
2. 蛋鸡的品种。

任务1　鸡的生物学特性和经济学特性

任务目的

知识：1. 鸡的生物学特性。
　　　2. 鸡的经济学特性。
技能：初步认识鸡的生物学特性。
情感：培养科学养鸡的意识。

知识准备

一、生物学特性

1. 群居性　有群居次序排列。

2. 食杂性　植物类与动物类都吃。

3. 好斗性　打架，争领地，尤以公鸡明显。

4. 喜温　怕冷怕热，对异常天气敏感。

5. 抱性　地方鸡种大部分有抱性。

6. 易受惊性　对异常声音、颜色很敏感。

二、繁殖特性

（1）卵生、体外发育。

（2）母鸡性染色体为异质染色体（zw），卵子控制性别。

（3）鸡择偶性不强。

三、经济学特性

（1）鸡的肉、蛋营养丰富，味道鲜美，是优质食品。

（2）鸡的生产周转快、繁殖快。快大型肉用仔鸡 42 d 上市，21 d 孵出小鸡，140 d 开产。

（3）鸡粪是很好的有机肥料。鲜鸡粪为食料量的 70%～90%，富含氮、磷、钾，仅次于鹌鹑粪，高于猪粪、牛粪。

（4）蛋壳、羽毛、羽绒、蛋清、蛋黄是轻工业原料。

能力转化

1. 简述鸡的生物学特性。
2. 简述鸡的经济学特性。

任务 2　蛋鸡品种

任务目的

知识：蛋鸡的主要品种。

技能：初步认识主要蛋鸡品种的技术指标。

情感：培养科学养鸡的意识。

知识准备

一、白壳蛋鸡主要品种

1. 北京白鸡　北京白鸡是北京市种禽公司在引进国外鸡种的基础上选育成的优良蛋用型鸡。它具有体型小、耗料少、产蛋多、适应性强、遗传稳定等特点。目前，配套系是北京白鸡 938，根据羽速鉴别雌雄。其主要生产性能指标是：0～20 周龄成活率 94%～98%，21～72 周龄成活率 90%～93%，72 周饲养日产蛋数 300 枚，平均蛋重 59.42 g，饲料转化率（2.23～2.32）∶1。

2. 海兰白鸡 海兰白鸡是美国海兰国际公司培育的。现有 2 个白壳蛋鸡配套系：海兰 W－36 和海兰 W－77。其特点是体型小、性情温驯、耗料少、抗病力强、产蛋多，很少发生脱肛及啄羽。海兰 W－36 白壳蛋鸡的主要生产性能指标是：育成期成活率 97%～98%，0～18 周耗料量 5.66 kg；达 50%产蛋率日龄 155 d，高峰产蛋率 93%～94%，入舍鸡 80 周龄产蛋数 330～339 枚，产蛋期成活率 96%，饲料转化率 1.99∶1。

二、褐壳蛋鸡主要品种

1. 依莎褐蛋鸡 依莎褐蛋鸡是法国依莎褐公司培育的四系配套杂交鸡，是目前国际上优秀的高产蛋鸡之一。其遗传潜力为年产蛋 300 枚，该公司保证其年产蛋水平 260～270 枚。主要生产性能指标是：0～20 周龄成活率为 98%，21～74 周龄成活率为 93%，76 周龄入舍母鸡产蛋数 292 枚，达 50%产蛋率平均日龄 168 d，产蛋高峰周龄为 27 周龄，高峰期产蛋率 92%，74 周龄产蛋率为 66.5%。

2. 海兰褐蛋鸡 海兰褐蛋鸡是美国海兰国际公司培育的高产蛋鸡。其特点是产蛋多、死亡率低、饲料报酬高、适应性强。主要生产性能指标为：育成期成活率 96%～98%，产蛋期成活率 95%，达 50%产蛋率的日龄 151 d，高峰产蛋率 93%～96%，72 周龄入舍鸡产蛋数 298 枚，产蛋量 19.4 kg，80 周龄入舍鸡产蛋数 355 枚，产蛋量 21.9 kg，饲料转化率（2.2～2.5）∶1。

3. 黄金褐壳蛋鸡 黄金褐壳蛋鸡是美国迪卡布公司近年来为适应市场需要而研究推出的优良蛋鸡新品种。其特点有体型小、产蛋早、成活率高、产蛋高峰及产蛋后期有持久的产蛋率，耐热。主要生产性能指标是：育成期成活率 99%，产蛋期成活率 95%。达 50%产蛋日龄 145 d，高峰期产蛋率 93%，72 周龄入舍鸡产蛋数约 305 枚，产蛋量 19.96 kg。

4. 罗曼褐壳蛋鸡 罗曼褐壳蛋鸡是德国罗曼家禽育种公司培育的高产蛋鸡品种，其特点是产蛋多、蛋重大、饲料转化率高。主要生产性能指标是：达 50%产蛋率日龄 145～150 d；高峰期产蛋率 92%～94%；产蛋 12 个月产蛋数 295～305 枚，平均蛋重 63.5～65.6 g，饲料转化率（2.0～2.1）∶1。

三、粉壳蛋鸡主要品种

1. 亚康蛋鸡 亚康蛋鸡是以色列 PBU 公司培育的，主要生产性能指标是：育成期成活率 95%～97%；产蛋期成活率 94%～96%；达 50%产蛋率日龄 152～161 d；每只鸡 80 周龄产蛋数 330～337 枚，平均蛋重 62～64 g。

2. 海兰粉壳鸡　海兰粉壳鸡是美国海兰国际公司培育的高产粉壳鸡，我国近年才引进，主要饲养在北京等地。主要生产性能指标是：0～18 周龄成活率为 98%；达 50%产蛋率平均日龄 155 d；高峰期产蛋率 94%；20～74 周龄饲养日产蛋数 290 枚，成活率达 93%；72 周龄产蛋量 18.4 kg；饲料转化率 2.3∶1。

3. 京白 939 粉壳蛋鸡　京白 939 粉壳蛋鸡是北京种禽公司新近培育的粉壳蛋鸡高产配套系。它具有产蛋多、耗料少、体型小、抗逆性强等特点。商品代能进行羽速鉴别雌雄。主要生产性能指标是：0～20 周龄成活率为 95%～98%；20 周龄体重 1.45～1.46 kg；达 50%产蛋率平均日龄 155～160 d；进入产蛋高峰期 24～25 周龄；高峰期最高产蛋率 96.5%；72 周龄入舍鸡产蛋数 270～280 枚，成活率达 93%；72 周龄入舍鸡产蛋量 16.74～17.36 kg；21～72 周龄成活率 92%～94%；21～72 周龄平均饲料转化率（2.30～2.35）∶1。

能力转化

1. 简述白壳、褐壳、粉壳蛋鸡的主要品种。
2. 简述海兰褐蛋鸡的主要技术指标。

项目二　育雏准备及雏鸡接运

教学目标

1. 育雏舍的准备工作。
2. 雏鸡的选择和接运。

任务 1　育雏舍的准备

任务目的

知识：育雏舍的准备工作。

技能：初步掌握育雏舍的准备工作。

情感：培养科学养鸡的意识。

知识准备

充分严格的育雏准备工作和正确、及时、舒适安全的运雏是保障雏鸡质量的关键，也是获得优质育雏效果的良好开端。

育雏准备工作和雏鸡接运在很大程度上影响着雏鸡的质量。准确的初生雏质量鉴定，及时科学的运输、充分的育雏准备和适宜的饲养管理，无疑是良好育雏效果的保证。

育雏舍的准备：备用的育雏舍及其设备应在进雏前1个月彻底清扫，并用高压冲洗机进行彻底冲洗，眼观应无鸡毛及其他有机物残留。舍内用2%～3%氢氧化钠水冲洗消毒，墙用生石灰刷白。检修育雏设备，搬进育雏工具。进雏前2周在温度15 ℃以上及湿度75%的条件下，用40%浓度的福尔马林密闭熏蒸消毒2次，前后间隔7 d。进雏前3 d升温，再用1∶3 000的消毒王喷雾消毒。雏鸡到达前1 d，使育雏舍内的温度达到32～35 ℃，如平养保温伞育雏，舍内温度应达到27 ℃以上。伞下温度达33～35 ℃。

能力转化

育雏舍的准备工作有哪些？

任务2　雏鸡的选择和接运

任务目的

知识：1. 雏鸡质量鉴定和选择。

2. 雏鸡的接运及注意事项。

技能：初步认识雏鸡选择和接运的重要性。

情感：培养科学养鸡的意识。

知识准备

一、雏鸡质量鉴定和选择

1. 雏鸡质量的调查　要从家畜育种委员会认定的良种鸡场选购具有优秀生产性能、适应性强、体质健壮的优良品种，不能贪图便宜，购买来路不明、多病、质量差的种蛋或雏鸡。尤其应防止出现携带可经蛋垂直传染的家禽传染病的雏鸡。这类传染病，依靠消毒措施只杀灭蛋壳上的病原体，无法解决早已侵入受精蛋内的病菌，经蛋传染病给养鸡场带来的损失很大。

购买雏鸡应从以下几个方面调查雏鸡供应场家的雏鸡品质：引种证、合格证等是否齐全，供雏厂家的信誉度和业绩，种鸡的饲养管理状况，近期出雏鸡的质量情况，大批量进货时，可先购买少量雏鸡饲养观察幼雏期的雏鸡质量。

充分调查了解后方可与供雏鸡场家签订购销协议。

2. 雏鸡的外观鉴定　所购雏鸡必须是体格健壮，绒毛浓密，富有光泽，腹部大小适中，脐部收缩良好，眼鼻干净明亮，精神活泼。

3. 初生雏及整群状态观察　刚出壳的雏鸡，精神活泼，神态安详，鸣声宏亮。大部分雏鸡安静休息，睡姿伸展、舒适；相反，雏鸡质量差的鸣声尖锐，兴奋、烦躁或呆立闭眼、绒毛逆立。采用这种简单的方法判定雏鸡质量往往有效易行。特别是对一些种蛋垂直传播的疾病，如鸡传染性气管炎、大肠杆菌病和孵化不良等非常有效。

二、雏鸡的接运及注意事项

1. 重视雏鸡的接运工作　雏鸡的接运是一项细致而艰辛的技术工作，对长途运雏来说，就显得更加重要。应挑选责任心强并有一定专业知识和经验的人员负责运雏工作，注意防止对于运雏工作重视不够，运雏方法不当，给养鸡者带来经济损失。

2. 雏鸡接送的正确方法　雏鸡接运的方法不当或大意往往会造成闷死、压死、冻死雏鸡的事故发生。正确的接运方法和注意事项如下：

（1）运输工具的选择。运输工具要求既能保温又能通风透气，以尽可能缩短途中时间，避免途中频繁转运，减少对雏鸡的应激为原则。根据季节和运雏鸡数量合理选择车辆的类型和大小。温暖及寒冷季节应选择密闭性良好，但又方便通风的车辆。炎热季节以带篷布的货车和空调车为佳。车辆大小按苗鸡箱堆放的体积不能超过车辆实际利用体积的 2/3 准备，留 1/3 空间便于通风。

（2）运雏时间。运雏时间要越早越好，一般在雏鸡绒毛干燥可以站立后开始至出壳 36 h 到达目的地为佳，如果路途较远，也不应超过 48 h。否则，会影响雏鸡的质量。路途远的，可提前 1 d 赶到孵化场，雏鸡大批出壳后，提前拣雏，不应待到出壳结束后出雏装运，缩短雏鸡在出雏器中的时间。接雏前还要注意天气预报，以便采取相应的措施，避免因天气不佳造成损失或雏鸡发病、死亡。根据路途时间，一般炎热季节运雏应在午后或凌晨起运，冬季应在上午起运。

（3）雏鸡装车。雏鸡装车时，每行雏鸡箱之间都要留有空隙，最好用木架隔开，切不要码的太高，顶部要留出 20 cm 的空间，中间的空隙可容纳一人通过，以便于检查，利于散热和通风，防止倒压。无论何时何地都要使雏鸡箱平放。如用雏鸡盘、竹筐等其他工具运雏，也要注意中间分隔，并在盘或筐的底面分别铺纸和软垫料（麦秸或锯末等）。运雏车的门窗最好用布帘遮光，而且光线越暗越好，最好是雏鸡看不到周围的环境，这样既能使雏鸡保持安静，避免体力消耗，又能防止雏鸡胡乱啄食，食入粪便等污物，造成胃肠道感染或死亡。装车结束后出发时告知育雏场有关人员运雏车何时到达，以便做好接雏准备。

（4）运雏途中的监护。途中要经常检查雏鸡的状态，注意以下几个方面：每隔 1～2 h 检查车内和箱内的温度，一般车内 21 ℃，运雏箱内的温度保持在 30 ℃为宜。如见到雏鸡张嘴抬头、喘气、急促乱叫、绒毛潮湿，多是温度太高导致，此时要采取增大通风孔，加快换气，向车内喷水雾、篷布外面洒水等降温方法。如车辆途中出现故障，停车修理时间超过 30 min 以上，则要进行倒盒。冬季应在朝阳避风处，以防止雏鸡感冒。车辆不能及时修复时，应另找车辆。

如见雏鸡拥挤在一起，叫声凄凉，多是温度过低导致，这时要及时加盖、保暖、加温，使温度上升。

运输途中切忌停车，随车人员应准备一些方便面和水在车内就餐。

运输时间尽量缩短，避免延误和停留，以便尽可能迅速到达目的地。

运雏车应中速平稳行驶，如紧急刹车、急转弯或驶过颠簸剧烈的路面时，应及时检查雏鸡箱，防止倒压。

3. 雏鸡到场后的管理

（1）雏鸡运到目的地，卸车搬运雏鸡箱的过程速度要快，动作要轻、稳，同时注意防风和防寒。将雏鸡箱放在育雏舍内，暗光中休息片刻后即均匀放栏。

（2）饮水开食。雏鸡到舍后，前 3 d 饮水中加入 0.1%的抗应激药物，防止细菌性疾病的发生，饮水 3 h 后开食。

雏鸡从出壳到入舍时间不超过 48 h，或特别炎热时，应快速让其饮水，将雏鸡喙按入水中然后仰头，训导多只后其他雏鸡就会学会饮水。

运雏过程中雏鸡脱水严重时，往往会出现“抢水”现象。表现为拼命涌向水源，头颈部羽毛明显潮湿，这时只要适当增加饮水器具即可，但要注意雏鸡因喝水而将身体弄湿，因寒冷拥挤在一起“打垛”挤压，窒息死亡或感冒下痢等疾病的发生，这时应精心护理，适当提高育雏伞下或育雏舍的温度。

（3）带鸡消毒。每天用百毒杀 1∶15 000 喷雾消毒 1～2 次（接种病毒性疫苗前后 3 d 停用）。

（4）全封闭育雏。新生 1 周龄的雏鸡很娇嫩，自身调节体温的能力差，消化机能尚未健全，抗病机能尚未完善，加之生长发育又快，故应指定专人负责，明确责任，加强管理，严格执行全封闭育雏法的操作规定，确保雏鸡的成活率和育雏质量。总之，育雏准备和育雏接运是养鸡生产中十分辛苦、细致且技术性较强的工作。育雏准备的原则是："尽早准备，严格消毒净化。"雏鸡接运的原则是："迅速及时，舒适安全并注意防疫。"

项目三 雏鸡的饲养管理

教学目标

1. 雏鸡的饲养管理。
2. 育雏好坏的判断。

任务1 雏鸡的饲养管理

任务目的

知识：1. 了解雏鸡的生物学特性。
　　　2. 育雏好坏的判断。
技能：初步认识雏鸡的生物学特性。
情感：培养科学养鸡的意识。

知识准备

1. 雏鸡的生理特点

（1）雏鸡体温调节机能差。雏鸡体温较成年鸡体温度低3℃，雏鸡绒毛稀短、皮薄、皮下脂肪少，保温能力差，体温调节机能要在2周龄之后才能趋于完善，7～8周龄以后才具有适应外界环境温度变化的能力，所以雏鸡对温度反应比较敏感，只有维持适宜的育雏温度才能保证雏鸡的正常发育和雏鸡的健康。

（2）消化机能差。初生的幼雏消化机能不健全，胃肠体积小。进食量受到限制，同时消化酶的分泌能力还不太健全，消化机能差，所以配制雏鸡料时必须选用质量好，容易消化的原料，配制高营养水平的全价饲料，在这里我们推荐3周龄前饲喂肉仔鸡前期料，对育成鸡成活率及生长发育均有好处。

（3）雏鸡的生长发育速度快。蛋雏鸡2周龄的体重约为初生时体重的2倍，4周龄时为5倍，雏鸡代谢旺盛，因此在满足营养需要和保温的同时，要注意通风，供给新鲜空气。

(4) 生活力和抗病力差。幼雏对外界环境的适应性差，对各种疾病的抵抗力差，饲养管理上稍有疏忽，就易感染各种疾病，因此要给雏鸡创造良好的环境条件，提高机体的抗病能力。

2. 育雏的环境要求

(1) 适宜的环境温度。雏鸡采食、饮水以及饲料的消化吸收，对疾病的抵抗能力等都与环境温度是否适宜有直接关系，温度过低时雏鸡畏寒而扎堆，影响卵黄吸收，影响抗病能力，有的发生感冒下痢，严重时互相挤压扎堆而造成大量死亡；温度过高则影响雏鸡的正常代谢，雏鸡食欲减退，发育缓慢，也易感冒和感染呼吸道疾病。近几年采用的高温育雏技术，主要是在前几天采用高温育雏，即比常规育雏温度高 2～3 ℃，一般在 36 ℃左右。据试验，高温育雏能减少鸡白痢死亡率 80%以上，对雏鸡卵黄的吸收有明显的促进作用，能明显提高雏鸡成活率（表 1－20）。

表 1－20　育雏温度要求

周龄	1	2	3	4	5	6
温度（℃）	34～36	31～34	28～31	25～28	22～25	20～24

(2) 温度控制的稳定性和灵活性。雏鸡日龄越小，对温度稳定性的要求越高，初期日温差应控制在 3 ℃之内，到育雏后期日温差应控制在 6 ℃之内，避免因温度不稳定给生产造成重大损失。夜间因为雏鸡活动量小，所以温度应比白天高 1～2 ℃，断喙、接种疫苗等给鸡群造成很大应激时，也需要提高育雏温度。

(3) 适宜的湿度。高温低湿时，鸡体内水分散失增多，腹内蛋黄吸收不良，绒毛干枯发脆，脚趾干瘪，雏鸡易受风寒侵袭，患呼吸道疾病。为提高湿度，可在大炉上放一盆。低温高湿时舍内既潮湿又寒冷，雏鸡易患感冒和胃肠疾病，可提高舍内温度，增加通风量，高温高湿时，雏鸡体内热量不易散发，食欲下降，生长缓慢，抵抗力减弱，应加强通风换气（表 1－21）。

表 1－21　育雏期所需的环境湿度（%）

日龄	1～10 日龄	11～30 日龄	31～42 日龄
相对湿度	70	65	40～60
适宜极限高湿	75	75	75
极限低湿	40	40	40

(4) 通风换气。在高温、高密度饲养条件下，育雏舍内由于雏鸡呼吸、粪

便及潮湿料散发出大量有害气体，如氨气和二氧化碳等，超过一定浓度就会危害雏鸡健康，所以要及时通风，排出有害气体，换进新鲜空气。在育雏期间常用的通风方法是：采取定时的短时间大换气量通风，如每小时敞开全部门窗1～3 min，有人担心这种在短时间内室内全部污浊空气换成新鲜空气的方法会使雏鸡受凉，实践证明这种方法不会使雏鸡感冒，反而能增强雏鸡对低温的适应能力，因为换进的空气虽然是冷的，但舍内四壁、地面顶棚还是温热的，如取暖设备没有问题，舍温很快就能恢复，只要天气不是特别冷，在育雏的第4天就可以采用这种换气法。

（5）饲养密度。饲养密度是否适宜，与养好雏鸡和充分利用鸡舍空间有很大关系。密度过大不但室内空气不好，影响雏鸡发育，而且鸡群互相挤压在一起抢食，体重增加不均匀，影响鸡群健康，还易发生啄癖；密度过小鸡舍利用率低。密度的大小应根据雏鸡日龄大小、品种、饲养方法、季节和通风条件等进行调整。一般情况下，冬季和早春育雏饲养密度比夏季和秋季育雏饲养密度大一些（表1-22）。

表1-22　每平方米饲养雏鸡数（只/m^2）

周龄	立体饲养	平面饲养
1～2	60	30
3～4	40	25
5～6	30	20

（6）适宜的光照。

① 光照度。为了让雏鸡很快熟悉环境，学习饮水采食，初期应该用较强的灯光，可用60～100W的灯泡，3日龄之后夜间应换成25～40W的灯泡，光照稍暗些，鸡群相对安静，在过强的光照下，鸡烦躁不安，活动量大，易出现恶癖。

② 光照时间。6周龄之内光照时间的长短还不会影响雏鸡性成熟的早晚，但光照时间的长短直接影响雏鸡的采食时间和采食量，育雏期最容易出现的问题是增重过慢，达不到标准体重，给予较长的光照时间有利于雏鸡增重，一般3 d之内的光照可定为23 h，1～6周龄的光照时间分别为22、20、18、16、12、10 h。

在光照管理上容易出现的错误：一是不考虑雏鸡增重情况，在第2、3周龄就实施8 h光照；二是长期给予20 h以上的光照，过长的光照时间会影响雏鸡的休息和睡眠，使雏鸡疲劳，降低生长速度和抗病能力。

3. 雏鸡的标准体重和日采食量 各育种公司都制订了自己的商品鸡的标准体重，如果雏鸡在培育过程中各周都按标准体重增加，就可能会获得较理想的生产成绩，由于长途运输、环境控制不适宜，各种疫苗的免疫、断喙、营养水平不足等因素的干扰，一般在育雏初期较难达到标准体重，除了尽可能地降低各种因素的干扰，减少雏鸡的应激外，必要时可提高雏鸡料的营养水平，而在雏鸡体重没有达到标准之前，即使过了 6 周龄，也仍然应该使用营养水平较高的雏鸡料（表 1-23、表 1-24）。

表 1-23 海兰褐蛋鸡育雏期给料量与体重指标（g）

周龄	日耗量	累计	体重
1	13	91	55
2	20	231	105
3	25	406	170
4	29	609	260
5	33	840	360
6	37	1099	480

表 1-24 中型蛋雏鸡的体重标准与日采食量

周龄	周末体重（g）	日采食量（g）	累计采食量（kg）
1	70	10	0.7
2	140	18	0.2
3	200	26	0.38
4	300	33	0.61
5	380	37	0.87
6	470	41	1.15

注：饲料代谢能为 12 139.4 kJ，粗蛋白质为 19.0%。

表 1-24 中所列中型蛋雏鸡的标准体重和采食量，在育雏时可以用来参考雏鸡喂料的标准，不同品种饲料营养不同，喂料量不同，如果饲料营养水平稍低或是在冬季，雏鸡的日采食量应该大于以上数据。

4. 断喙 断喙一般在 6～10 日龄进行，此时断喙对雏鸡的应激小。雏鸡体况不太好时可以往后推迟，青年鸡转入鸡笼时，对个别断喙不成功的鸡再修整一次，断喙后料槽应多添饲料，以免雏鸡啄到槽底，创口疼痛。为避免出血，可在每千克饲料中添加 2 mg 维生素 K。

5. 日常管理

（1）饮水管理。幼雏饮水最好用温开水，饮水的温度与舍温基本一致，对于长途运输或存放过长的雏鸡，应该在饮水中添加5%的白糖，补液盐以及多种维生素和抗生素。饮水器每天清洗1～2次，水要保持清洁，定时更换，育雏期内，每只雏鸡最好有2 cm的饮水位置，不要断水。

为了让雏鸡尽快学会饮水，可轻轻抓住雏鸡头部，将喙按入水中1 s左右，每100只雏鸡教5只，则全群很快学会。

（2）饲喂管理。雏鸡运到育雏室休息片刻后先饮水，饮水后2～3 h开食，出壳后到开食一般不要超过36 h。饲喂雏鸡时，提倡饲喂颗粒料，开始喂破碎料，将饲料均匀地撒在围栏内的塑料布上或饲料盘中，让小鸡自由采食，并引诱雏鸡尽快都能吃上饲料，个别不会采食的小鸡，可以人工帮助喂料，并少给勤添以刺激其食欲，最初几天内，昼夜每隔3 h喂1次，以后夜间不喂，白天每4 h喂1次。为了便于雏鸡采食，饲喂干粉料时饲料中应加入30%的饮水，拌匀后饲料捏起来成团，撒下去能散开即可，这样饲料中的粉面能黏在粒状饲料上便于雏鸡采食。每天必须准确记录雏鸡的采食量，以便随时了解鸡群的发育情况。

（3）卫生管理。雏鸡抗病力低，一定要采用全进全出的饲养方式，严格实行隔离饲养，坚持日常消毒，适时做好各种免疫，及时预防性用药。

6. 转群　当鸡群满6周龄后，需转入育成舍。转群时需要注意：

（1）育成舍除应该提前做好清洗消毒工作外，还要注意温度，必须保证育成舍温度不低于育雏舍4 ℃以上，否则可能会引发呼吸道疾病和其他疾病。

（2）为减少应激，夏季应在清晨开始转群，午前结束；冬季应在较温暖的午后进行，避开雨雪天和大风天。

（3）转群对鸡来说是个很大的应激，采食量下降，需2～3 d才能恢复。如果鸡群状况不太好，不要同时进行免疫断喙以免加重鸡的应激，必要时可饲喂维生素和抗生素，以防止鸡群发病。

（4）从育雏期到育成期饲料的更换不能太突然，需有过渡期。

能力转化

简述雏鸡转群的注意事项。

任务2　育雏好坏的判断

任务目的

知识：1. 了解育雏好坏的判断标准。

2. 育雏失败的几种情况及原因分析。

技能：初步掌握育雏好坏的判断标准。

情感：培养科学养鸡的意识。

知识准备

1. 育雏好坏的判断标准

（1）育成率的高低是重要指标，良好的鸡群应该有98%以上的育雏成活率。

（2）检查体型结构是否良好，即体重是否符合要求，体型合格达标。良好的鸡群平均体重应基本上按标准体重增长，但平均体重接近标准的鸡群中也有可能部分鸡体重小，而又有部分鸡超标。

（3）检查鸡群的均匀度。每周末定时在雏鸡空腹时称重，称重时随机抓取鸡群的3%或5%，也可围圈100～200只雏鸡，逐只称重，然后计算鸡群的均匀度，计算方法是先算出鸡群的平均体重，再将平均体重分别乘0.9和1.1得到两个数字，体重在这两个数字之间的鸡数占全部称重鸡数的比例就是这群鸡的均匀度，如果鸡群的均匀度为80%以上，就可以认为这群鸡的体重是比较均匀的，如果不足70%则说明相当部分的鸡长得不好，鸡群的生长不符合要求。如果鸡群的均匀度低则必须追查原因，以便采取相应措施。鸡群在发育过程中，各周的均匀度是变动的，当发现均匀度比上1周差时，过去1周的饲养过程中一定有某种因素产生了不良的影响，及时发现问题，可避免造成大的损失。

（4）鸡群健康，新城疫等疾病的抗体水平较高。

2. 育雏失败的几种情况及原因分析

（1）第1周死亡率高的可能原因。

① 细菌感染。大多是由种鸡垂直传染或种蛋保管过程及孵化过程中卫生管理上的失误引起的。

② 环境因素。第1周的雏鸡对环境的适应能力较低，温度过低鸡群扎堆，部分雏鸡被挤压窒息死亡。某段时间在温度控制上的失误，雏鸡也会腹泻得病。一般情况下，刚接来的部分雏鸡体内多少带有一些有害细菌，鸡群体格健壮时并不都会出现问题。如果雏鸡生活在不适宜、不稳定的环境中会影响其体内正常的生理活动，抗病能力下降，部分雏鸡就可能发病死亡。为减少育雏初期的死亡，一定要从卫生管理好的种鸡场进雏，还要控制好育雏环境，前3 d可预防性用些抗生素。

（2）体重落后于标准的原因。现在的饲养管理手册制订的体重标准都比较高，育雏期间多次免疫，还要进行断喙，应激因素太多，所以难以完全按标准体重增长。体重落后于标准太多时应从多方面追查原因，可能的影响因素有：

① 饲料营养水平太低。

② 环境管理失宜。育雏温度过高或过低都会影响雏鸡采食量。一般情况下，温度稍微低一些，雏鸡的食欲好，采食量大，但温度过低，采食量则会下降并能引发疾病。通风换气不良也能造成采食量下降，从而影响雏鸡增重。

③ 鸡群密度过大。

④ 照明时间不当，雏鸡采食时间不足，采食量少，影响增重。

⑤ 疾病的影响，鸡患病往往采食量偏低。

（3）雏鸡发育不齐的原因。

① 饲养密度过大。饲养密度过大，鸡群会混乱，竞争激烈，生活环境恶化，特别是采食、饮水位置不足时，会使部分鸡体质下降，增长落后于全群。

② 饲养环境控制失误。如局部地区温度过低，部分雏鸡睡觉时受凉，造成严重应激，生长就会落后于全群。

③ 疾病的影响。感染了由种鸡传染的鸡白痢、支原体等病或被细菌污染的雏鸡，即使不发病，增重也会落后。

④ 断喙失误。部分雏鸡喙留得过短，严重影响其采食，使增重受到影响。

⑤ 饲料营养不良。饲料中某种营养素缺乏或某种成分过多，造成营养不平衡，由于鸡个体间的承受能力不同，增长速度也会产生差别，即使是营养很全面的饲料，如果不能使鸡群中的每个鸡都同时采食，那么先采食的鸡抢食大粒的玉米、豆粕等，后采食的鸡只能吃剩下的粉面状饲料，由于粉状部分能量含量过低，矿物质含量高，营养很不平衡，自然就会影响增重，使体力小的鸡越来越落后。

⑥ 未能及时分群。如能及时挑出体重小、体质弱的鸡，放在竞争较缓的舒适环境中饲喂高营养水平饲料，也能赶上大群的体重。

项目四　育成鸡的饲养管理

教学目标

育成鸡的饲养管理要点。

任务1　育成鸡的生理特点和培育目标

任务目的

知识：1. 育成鸡的生理特点。

　　　2. 育成鸡的培育目标。

技能：初步认识育成鸡的培育标准。

情感：培养科学养鸡的意识。

知识准备

一、育成鸡的生理特点

育雏期6～8周龄（体重达到标准）后至17～18周龄为育成期。育雏结束后，机体各系统器官的机能，如体温调节，消化等基本健全。雏鸡开始脱温，采食量增加，骨骼和肌肉的生长处于旺盛时期，机体本身对钙质沉淀、积累能力有所提高，母鸡12周龄以后性器官的发育尤为迅速，对环境条件和饲养条件非常敏感，因此保证鸡的骨骼和肌肉系统的充分发育，严格控制性器官过早或过晚的发育，有利于提高开产后的性能。

二、育成鸡的培育目标

1. 体重的增长符合标准，具有强健的体质，能适时开产。

2. 骨骼发育良好，骨骼的发育应该与体重增长一致。

3. 鸡群体重均匀，要求有80%以上的鸡体重为平均体重的0.9～1.1倍。

4. 产前做好各种免疫工作，具有较强的抗病能力，保证鸡群能安全度过产蛋期。

任务2　育成鸡的饲养管理

任务目的

知识：1. 蛋鸡的生长模式及体成分变化特点。

　　　2. 鸡群的体重和均匀度的重要性及如何达标。

技能：掌握育成鸡的饲养管理要点。

情感：培养科学养鸡的意识。

知识准备

一、蛋鸡的生长模式及体成分变化特点

6～8 周龄前增重不十分明显，增重潜力不大，此后至 10～12 周龄前增重潜力很大，增重明显，其后增重缓慢。从体成分变化特点来看，6～8 周龄前主要是内脏器官的发育，所以增重不十分明显。而此后至 12 周龄前，除内脏器官继续发育外，骨骼、肌肉发育很快，增重明显。13～14 周龄骨架基本形成，增重开始缓慢，此后体脂沉积明显加快。体组织中变化最大的是卵巢，因此保持一定程度的增重很有必要，这样有利于生殖器官的正常发育。蛋鸡的体重增长一般在 36～38 周龄才基本停止。

二、鸡群的体重和均匀度的重要性及如何达标

1. 体重与性成熟

（1）10 周龄以后，从胫长发育为主转向体重达标为主，特别是 18 周龄时体重是关键，决定产蛋量的高低和整个产蛋期蛋重的大小。体重大的青年鸡先开产，体重小的鸡后开产。

（2）鸡的体重大小大致在 12～15 周龄时已经定型，在这之后无论怎样努力，体重小的鸡也难于改变其在鸡群中体重小的位置，所以育成前期必须注意鸡群的体重并及时分出体重小的鸡单独组群，给予优良待遇。

（3）体重小的鸡不仅开产晚，体质也差，一般产蛋也少；体重大的鸡易提前开产；过肥的鸡身体负担重，一般产蛋也不会持久。所以维持鸡群的正常体重（标准体重）具有重要意义。

（4）中型蛋鸡的体重标准与饲料消耗见表 1－25。

表 1－25　中型蛋鸡生长期的体重及大致饲料采食量

周龄	周末体重（g）	笼养采食量每天（g）	累计（kg）
7	570	45	1.47
8	660	48	1.81
9	750	51	2.16
10	830	54	2.54
11	910	56	2.93
12	990	58	3.33

（续）

周龄	周末体重（g）	笼养采食量每天（g）	累计（kg）
13	1 070	60	3.76
14	1 150	63	4.20
15	1 230	67	4.67
16	1 320	72	5.17
17	1 410	78	5.20

注：体重值是在下午喂料后测得的，空腹体重大约低于 8%。

2. 鸡群均匀度与产蛋性能 对每只鸡来讲，开产的第 1 周是产蛋的练习阶段，第 2 周开始进入高产期。如果鸡群体重均匀，则大多数鸡能在相近的日龄开产。开产之后产蛋率上升很快，几乎在二三周之内就能达到产蛋高峰。体重差异大的鸡群有些鸡开产很早，而体重小的开产又很晚，因此产蛋率上升缓慢，产蛋高峰不高，高峰也很难长久，所以在育成期每周或至少 2 周抽测 1 次鸡群的体重，了解鸡群均匀度的变化，并及时调整饲养管理，这是非常重要的一项工作。

3. 体重及均匀度达标的主要技术措施

（1）营养调控。根据对蛋鸡生长发育特点的研究表明，蛋鸡育成前期（0～8 周龄）体重增长的决定性因素是日粮粗蛋白质水平，育成后期日粮能量水平对体重的影响较大，并且能量比蛋白水平对蛋鸡开产体重影响更大。为了保证机体良好的生长发育，20 周龄前蛋鸡能量的摄入量应保证在 87.9 MJ 以上，要求日粮能量水平保持在 11.5～12.3 MJ/kg，蛋白质摄入量应达到 1.0～1.2 kg。

（2）建议全期采用有控制的自由采食。即根据品种所建议的营养水平日粮及推荐的采食量供给饲料，并及时根据鸡的体重通过增或减或停增下日（或下周）供料量来进行体重控制。因为随意的自由采食容易造成体重不增重和负增长，而且还影响生殖器官的发育，使用高浓度的日粮进行随意的自由采食或限制饲喂（尤其是培育后期）更容易控制体重。

（3）换料方式。当育雏期向育成期，育成前期向育成后期的过渡时期需要换料时，应遵循的原则是根据体重达标情况的一致性及发育情况而定，而不应机械地根据日龄去换料。而且换料应循序渐进，逐渐过渡，以减少换料应激对鸡体发育的影响。

（4）体重偏小或超重时的措施。无论是体重偏小或超重都不应急于求成在短期内使鸡体重迅速达标，应当循序渐进逐渐达标。体重偏小时在短期内使体重达标（尤其是后期）极易造成小而肥的个体，从而影响生长性能；偏重时通过减料使体重迅速达标，使鸡只增长停止或负增长，这将会影响到正常器官和组织发育，尤其是后期即使是超重也应保持一定程度的增长速度，以便有利于生殖器官发育。

（5）保持合理的饲养密度。合理的饲养密度是影响培育成绩的一个重要影响因素（表1-26）。

表1-26　育成期对饲养密度的要求

项　目	6～10周龄	10～18周龄
笼养饲养密度（只/m^2）	35	28
平养饲养密度（只/m^2）	10～12	9～10
供料料槽（cm/只）	4	4

（6）育成期湿度管理与通风换气。育成期的鸡对湿度的变动有很大的适应能力，但应避免急剧的温度变化，日温差的变化最好能控制在8℃以下，如果舍温在10℃以下，30℃以上则可能对育成鸡的生长造成不良影响，应该采取适当的措施。

育成鸡对环境湿度不太敏感，湿度为40%～70%都能适应。

育成鸡必须供应足够的新鲜空气，但不要有贼风。良好的环境条件可避免羽毛生长不良、生长下降，鸡只大小不一致，饲料转化率下降及疾病的发生。

三、光照管理

不同季节培育的雏鸡性成熟日龄不同，10月至来年2月，雏鸡由于生长后期处在日照时间逐渐延长的季节，容易早产。4～8月，雏鸡生长后期日照时间逐渐缩短，鸡群容易推迟开产。鸡群过早或过晚开产都会严重影响经济效益。如果鸡群还没有长成就被催促开产，小母鸡采食的饲料不能满足各个方面的营养需要。结果导致体重增长迟缓、瘦弱，蛋重长期不见增长，脱肛和啄肛的现象增多，由于体质差，缺乏维持长期高产的体力，一般产蛋高峰期维持的时间短。同时，鸡体质弱，抵抗力下降，容易感染各种疾病，死淘率高。所以鸡群不是越早开产经济效益就越高，而开产过晚又会增加育成费用且易造成鸡体过肥。避免这种由于育种季节的不同造成性成熟不协调的矛盾的措施是：育成后期处于夏至（6月21～22日）之前的鸡群，在育雏前期光照时间逐渐减少的阶段，不应将光照最终减少到与该群鸡18～19周龄时的当地自然光照时间为止，而应通过补充人工光照来使鸡群18～19周龄以后根据体重发育、品种要求等具体情况增加光照时间，刺激性成熟，做好产蛋准备。育成后期处于冬至（12月21～22日）之前的则完全利用自然光照，光照对雏鸡性成熟影响不大，可利用较长时间光照来延长采食时间，弥补雏鸡采食量不大的缺陷，最大限度地加快雏鸡生长速度。

四、防止开产推迟的方法

实际生产中，5～7月培育的雏鸡容易出现开产推迟的现象，主要原因是雏鸡在夏季期间采食量不足，体重落后于标准体重，在培育过程可采取以下措施：

1. 育雏期间夜间适当开灯补饲，使鸡的体重接近于标准体重。

2. 在体重没有达到标准体重之前持续用营养水平较高的育雏料。

3. 适当地提高育成后期饲料的营养水平，使育成鸡16周龄后的体重略高于标准体重。

4. 在18周龄之前开始增加光照时间。

五、育成鸡的日常管理

1. 鸡群的日常观察，发现鸡群在精神、采食、饮水、粪便等有异常时，要及时请有关人员处理。

2. 经常淘汰残次鸡、病鸡。

3. 经常检查设备运行情况，保持照明设备的清洁。

4. 每周或隔周抽样称量鸡只体重，由此分析饲养管理方法是否得当，并及时改进。

5. 制订合理的免疫计划和程序，进行防疫、消毒、投药工作，培育前期尤其要重视法氏囊病的预防。法氏囊病的发生不仅影响鸡的生长发育，而且会造成鸡的免疫力降低，对其他疫苗的免疫应答能力下降，如新城疫、马立克氏病等。切实做好白痢、球虫、呼吸道等疾病的预防，以减少因疾病所造成的体重不达标和大小不匀。

六、补喂沙粒

为了提高鸡只的消化机能及饲料转化率，育成鸡有必要添喂沙子，沙子可以拌料饲喂，也可以单独放入沙子槽饲喂（表1-27）。

表 1-27 沙喂量及规格

周龄	沙子数量（每千只，kg）	规格（mm）
4～8	4	3
8～12	8	4～5
12～20	11	6～7

项目五 产蛋鸡的饲养管理

教学目标

1. 了解产蛋鸡的生物学特性和品种。
2. 通过了解产蛋鸡的生物学特性和品种，培养科学养鸡的意识。

任务1 产蛋鸡的生理特点

任务目的

知识：1. 了解产蛋鸡的生物学特性。
2. 应用产蛋鸡的生物学特性，提高养鸡生产能力。

技能：初步认识产蛋鸡的生物学特性。

情感：培养科学养鸡的意识。

知识准备

1. 刚开产的母鸡虽然已达到性成熟，开始产蛋，但机体还没有发育完全。18周龄体重仍在继续生长，到40周龄时生长发育基本停止，体重增长极少，40周龄后体重增加多为脂肪积蓄。

产蛋鸡富于神经质，对于环境变化非常敏感，产蛋期间饲料配方突然变化、饲喂设备改换，环境温度、通风、光照、密度的改变，饲养人员和日常管理程序等的变换以及其他应激因素都会对蛋鸡产生不良影响。不同周龄的产蛋鸡对营养物质利用率不同，母鸡刚达性成熟时（17～18周龄）成熟的卵巢释放雌性激素，使母鸡贮钙能力显著增加，开产至产蛋高峰时期，鸡对营养物质的消化吸收能力增强，采食量持续增加，到产蛋后期消化吸收能力减弱，脂肪沉积能力增强。

2. 产蛋规律 产蛋母鸡在第 1 个产蛋周期体重、蛋重和产蛋量均有一定规律性的变化，依据这些变化特点，可分为 3 个时期：产蛋前期、产蛋高峰期、产蛋后期。

任务 2 产蛋鸡的饲养管理

任务目的

知识：1. 了解产蛋鸡的生物学特性。
2. 应用产蛋鸡的生物学特性，提高养鸡生产能力。
技能：初步认识产蛋鸡的生物学特性。
情感：培养科学养鸡的意识。

知识准备

一、产蛋前期的饲养管理

1. 做好转群工作 在转群的前 3～5 d，将产蛋鸡舍准备好并消毒完毕，并在转群前做好后备母鸡的免疫和修喙工作。

关于转群时机，由于近年来选育的结果，鸡的开产日龄提前，转群最好能在 16 周龄前进行，但注意此时体重必须达到标准。

2. 适时更换产蛋料 当鸡群在 17～18 周龄，体重达到标准时，马上更换产蛋料能增加体内钙的贮备和让小母鸡产前在体内贮备充足的营养和体力。实践证明，根据体重和性发育，提前更换产蛋料对将来产蛋有利，过晚使用钙料产蛋鸡会出现瘫痪、产软壳蛋的现象。

3. 创造良好的生活环境，保证营养供给 开产是母鸡一生中的重大转折，是一个很大的应激，在这段时间内母鸡的生殖系统迅速发育成熟，青春期的体重仍需不断增长，大致要增重 400～500 g。蛋重逐渐增大，产蛋率迅速上升，消耗母鸡的大部分体力，因此，必须尽可能地减少外界对鸡的进一步干扰，以减轻各种应激，为鸡群提供安宁稳定的生活环境，并保证满足鸡的营养需要。

4. 产蛋前期蛋重和体重变化规律 见表 1－28、表 1－29。

表 1－28 蛋重变化规律

周龄	21	22	23	24	25	26	27	28	29	30	31	32	33	34
平均蛋重（g）	45	51	53	54	55	56	57	58	58	59	59.5	60	60.5	61

表 1-29　某褐壳蛋鸡体重标准

产蛋率	见蛋	2%	10%	40%	70%	80%	90%	32 周龄
体重（g）	1 650	1 700	1 750	1 825	1 900	1 925	1 950	2 000～2 100

凡是体重能保持品种所需要的增长趋势的鸡群，就可能维持长久的高产。为此，在转入产蛋鸡舍后，仍应掌握鸡群体重的动态，一般固定 30～50 只做上记号，1～2 周称测一次体重。

在正常情况下，开产鸡群的产蛋率每月能上升 3%～4%。

5. 光照管理　产蛋期的光照管理应与育成阶段光照有连贯性。饲养于开放式鸡舍，如转群处于自然光照逐渐增长的季节，且鸡群在育成期完全采用自然光照，转群时光照时数已达 10 h 或 10 h 以上，转入蛋鸡舍时不必补以人工照明，待到自然光照开始变短的时候，再加入人工照明予以补充。人工光照补助的进度是每周增加 30 min，最多 1 h，亦有每周只增加 15 min 的，当自然光照加人工补助光照共计 16 h，则不必再增加人工光照。若转群处于自然光照逐渐缩短的季节，转入蛋鸡舍时自然光照时数有 10 h，甚至更长一些，但在逐渐变短，则应立即加补人工照明，补光的进度是每周增加 30 min，最多 1 h，当光照总数达 16 h，维持恒定即可。

产蛋鸡的光照度：产蛋阶段对需要的光照度比育成阶段强约 1 倍，应达 20 lx。鸡获得光照度和灯间距、悬挂高度、灯泡瓦数、有无灯罩、灯泡清洁度等因素有密切关系。

人工照明的设置，灯间距 2.5～3.0 m，灯高（距地面）1.8～2.0 m，灯泡功率为 40W，行与行间的灯应错开排列，这样能获得较均匀的照明效果，每周至少要擦 1 次灯泡。

二、产蛋高峰期管理

1. 尽可能维持鸡舍环境的稳定，尽可能地减少各种应激因素的干扰。

2. 根据鸡群情况，必要时进行预防性投药或每隔 1 月投 3～5 d 的广谱抗菌药。

3. 注意在营养上满足鸡的需要，给予优质的蛋鸡高峰料（根据季节变化和鸡群采食量、蛋重、体重以及产蛋率的变化，调整好饲料的营养水平）。

产蛋高峰期必须提供足够的饲料营养，产蛋高峰料的饲喂必须无限制地从产蛋开始到 42 周龄让鸡自由采食，要使高峰期维持时间长就要满足鸡只高峰期的营养需要，能量摄入量是影响产蛋量的最重要的营养因素，对蛋白质的摄入量反应只有在能量摄入受到限制时才表现显著。对蛋重来说，蛋白质中蛋氨酸摄入量是关键，最近资料也有报道，日粮中的含硫氨基酸对产蛋率有较大影响，产蛋高峰有阶段性，促高峰的关键是促营养。

三、产蛋后期饲养管理

当鸡群产蛋率由高峰降至80%以下时，就转入了产蛋后期的管理阶段。

1. 产蛋后期的管理特点

（1）鸡群产蛋性能逐渐下降，蛋壳逐渐变薄，破损率逐渐增加。

（2）鸡群产蛋所需的营养逐渐减少，多余的营养有可能变成脂肪使鸡变肥。

（3）由于开产后一般不再免疫，再到产蛋后期抗体水平逐渐下降，对疾病抵抗也逐渐下降，并且对各种免疫比较敏感，此期部分鸡开始换羽。

（4）部分鸡开始换羽。

2. 管理措施

（1）营养调整。母鸡产蛋率与饲料营养采食量有直接关系，可根据母鸡产蛋率的高低调整饲料能量的营养水平，降低日粮中的能量和蛋白质水平，但在调整日粮营养时要注意，产蛋率刚下降时不要急于降低日粮营养水平，而要针对具体情况进行分析，排除非正常因素引起的产蛋率下降，鸡群异常时不调整日粮。正常情况下，产蛋后期鸡群产蛋率每周应下降0.5%～0.6%，降低日粮营养水平应在鸡群产蛋率持续低于80%的3～4周以后开始，而且要注意逐渐过渡换料，增加日粮中的钙。

（2）注意日粮中钙源供给形式，每天供应的钙源至少应有50%以3～5 mm的颗粒状形式供给，这样能增加鸡对钙的吸收率。

（3）及时剔除病鸡、寡产鸡以减少饲料浪费，降低饲料费用。

四、产蛋期日常管理

1. 饲喂次数和次数　每天饲喂3次，为了保持鸡只旺盛的食欲，每天12:00～14:00必须有一定的空槽时间，以防止饲料长期在料槽存放，使鸡产生厌食和挑食的恶习。

每次投料时应边投边匀，使投入的料均匀分布于料槽里，投入后约30 min要匀一次料，这是因为鸡在投料后的前10多分钟内采食很快，以后就会挑食勾料，这时候槽里的料还比较多，鸡会很快把槽里的料勾成小堆，使槽里的饲料分布极不均匀，而且常常将料勾到槽外，既造成饲料的浪费又影响了其他鸡的采食，所以要进行匀料，并经常检查，见到料不均匀的地方就要随手匀开。

每次喂料时添加量不要超过槽深的1/3。

2. 饮水　产蛋期蛋鸡的饮水量与体重、环境温度有关，饮水量随舍温和产蛋率的升高而增加（表 1-30）。

表 1-30　饮水量与舍温和产蛋率的关系

产蛋率（%）	每天每只饮水量（mL）		
	10 ℃	20 ℃	30 ℃
10	166	170	253
30	178	181	278
50	193	195	307
70	206	210	337
90	228	235	383

产蛋期蛋鸡不能断水，有资料表明鸡群断水 24 h，产蛋率降低 30%，需 25～30 d 才能恢复正常。各种原因引起的饮水不足都会使饲料采食量显著降低，从而影响产蛋性能，甚至影响健康状况，因此必须重视饮水的管理。用深层地下水做饮用水最为理想，一是无污染，二是相对冬暖夏凉。笼养鸡的饮水设备有两种：一是水槽，二是乳头饮水器。用水槽供水要特别注意水槽的清洁卫生，必须定期刷拭清洗水槽，水槽要保持平直、不漏水，长流水的水槽水深应达 1 cm，太浅会影响鸡的饮水，使用乳头饮水器供给要定期清洗水箱，每天早晨开灯后须把水管里的隔夜水放掉。

3. 捡蛋　为减少蛋的破损及污染，要及时捡蛋，每天捡蛋 3～4 次，捡蛋次数越多越好。

4. 观察鸡群　喂料时和喂完料后是观察鸡只精神健康状况的最好时机，有病的往往不上前吃料，或采食速度不快，甚至啄几下就不吃了；健康的鸡在刚要喂料时就要出现骚动不安的急切状态，喂上料后埋头快速采食。

发现采食不好的鸡时，要进一步仔细观察其神态，冠髯颜色和被毛情况等，挑出来隔离饲养治疗或淘汰下笼。

饲养人员每天还应注意观察鸡只排粪情况，从中了解鸡的健康情况。例如，黄曲霉毒素中毒，食盐过量，副伤寒等疾病排水样粪便；急性新城疫、禽霍乱等疾病排绿色或黄绿色粪便；粪便带血可能是混合型球虫感染，黑色粪便可能是肌胃或十二指肠出血或溃疡；粪便中带有大量尿酸盐，可能是肾有炎症或钙、磷比例失调，痛风等。

在观察鸡群过程中，还要注意笼具、水槽、料槽的设备情况，看看笼门是否关好，料槽挂钩、笼门铁丝会不会刮鸡等。

五、季节管理

1. 冬季 天气寒冷，气温低，光照时间短。冬季的管理要点是防寒保温、舍温不低于 13 ℃。防寒保温的措施：有条件的加设取暖设备；条件差的鸡场将鸡舍门窗特别是北面窗用塑料膜钉好，由于自然光照时间短，所以要补充人工光照。

2. 春季 气候逐渐变暖，日照时间延长，是鸡群产蛋量回升的阶段，但又是大量微生物繁殖的季节，所以春季的管理要点是提高日粮营养水平，满足产蛋需要，逐渐增加通风量，做好卫生防疫和免疫程序。同时，做好鸡场内的绿化工作。

3. 夏季 气温较高，日照时间长。管理要点是：防暑降温，促进食欲。当气温超过 28 ℃时，鸡的饮水增多，采食量减少，影响产蛋性能，并且很容易造成体质下降，影响抗病能力，在本季所做的主要工作有：

（1）入夏之前应做好防暑措施。设法增强屋顶和墙壁的隔热能力，减少进入舍内的太阳辐射热。在窗外搭遮阳棚，或利用黑色编织袋在窗口挡光。入夏前清除舍内累积的鸡粪，减少鸡粪在舍内产热。改善通风条件，有条件的鸡场可采用纵向通风，舍内有一定风速后，可以在舍内喷雾，利用水的蒸发来降低舍温，一般都有明显的效果。总之，夏季舍温最好控制在 30 ℃以下。

（2）在改善鸡群体况上下工夫。为使鸡群能采食较多的饲料，应尽可能地提早喂料，可 4:00～5:00 开始喂料。酷暑期间，鸡的采食量少，为满足鸡体对能量和蛋白质等的营养需要，应增加饲料的营养浓度，可在饲料中添加吸收利用率高的油脂，单单提高蛋白质含量的方法并不利于防暑，过多的蛋白质，多余的氨基酸在转换成能量利用时，会增加鸡体的产热。正确的方法不是提高蛋白质的含量而是提高蛋白质的质量，通过添加蛋氨酸和赖氨酸来提高蛋白质的利用率。为提高鸡的抗热应激能力，可让鸡只饮用电解质多维素并在饲料中按每千克饲料 150 mg 的量补充维生素 C。酷暑期间鸡长时间热喘息，会使血液中二氧化碳量不足影响了血液的酸碱平衡，并影响蛋壳质量。为改善这一状况，可在饲料中添加 0.2%的碳酸氢钠。定期添加抗生素来预防消化道疾病和增加鸡体的抵抗力。酷暑期间，应尽可能避免给鸡接种疫苗等造成的应激。确实需要实施的，则尽可能在气温较适宜的时间进行。

4. 秋季管理 秋季日照时间逐渐变短，天气逐渐凉爽，要注意在早晨和夜间补充光照，早秋天气仍然闷热，再加上雨水大，温度高易发生呼吸道和肠道疾病，白天要加大通风量，饲料中应经常投放药物以防止发病，夜间防止受凉，适当关窗和减少通风量。

第二篇

畜禽疾病防控

单元一 病防控

教学目标

1. 掌握猪的疾病防治的一般原则。
2. 掌握猪的一般疾病的治疗方法。

项目一　疾病防控的一般原则

任务目的

知识：掌握猪疾病的一般防控方法。

技能：初步认识猪的生物学特性。

情感：培养科学养猪的意识。

知识准备

由于引种不慎、病原毒力增强、防疫不力、给药不合理等多种原因，近年来，我国许多猪场时常暴发多种疫病。其中，猪瘟、猪伪狂犬病、猪繁殖与呼吸综合征、猪细小病毒病、仔猪腹泻、猪呼吸道病、猪疥螨病等较为多见。有时为混合感染，有时发病不典型。诊断较为困难。紧急接种和大量给药（抗菌药等）时并未奏效，给我国养猪业造成了巨大损失。

一、让病原远离猪群

猪场内禁养猫、犬，定期毒杀蚊蝇、投饵灭鼠。认真地对待引种工作，引种不慎往往是暴发疫情的主要原因。搞好种猪群的净化，坚持自繁自养。全进全出的猪舍，停止使用后，经消毒后1周方可进猪。猪舍及环境每周消毒1～2次。

舍内消毒可用碘制剂、氯制剂、酚制剂或0.03%百毒杀，或山梨酸类，或0.3%～0.5%过氧乙酸（带猪消毒）、复合酚（菌毒敌、毒菌净、农乐等）等喷洒。走道用2%氢氧化钠消毒。舍内用2%氢氧化钠消毒1～2 h后，要用清水冲洗干净。消毒药要经常更换，或交叉使用。

实施早期断奶技术：规模化猪场仔猪在 2 周龄至 20 日龄以内断奶，运到离母猪舍较远的保育舍进行饲养，可有效控制猪伪狂犬病、猪传染性胃肠炎和猪繁殖与呼吸综合征、圆环病毒病等，减少仔猪的发病率、死亡率。但对饲料营养要求较高，要求高能量、高蛋白。对发病猪只，应及时隔离、确诊，或淘汰，严防病原扩散。

二、猪场的保健模式

1. 免疫程序的制订 免疫程序要依据当地的疫情、猪群的免疫状态、本场的饲养管理等实际情况制订。做好猪瘟母源抗体水平监测，以确定首免时间。定期监测猪群猪瘟病毒、猪伪狂犬病病毒、猪繁殖与呼吸综合征病毒、猪细小病病毒等血清抗体，以确定猪群群体免疫力和野毒感染情况，为制订免疫程序提供依据。

2. 猪场免疫、保健计划（仅供参考）

（1）后备母猪。

① 驱体内外寄生虫。

② 可将健康经产母猪与后备母猪混养一段时间，同时让公猪隔栏互相接触。

③ 选择的后备母猪外阴必须发育正常，同时有 12 个以上排列整齐的乳头。

④ 6 月龄后改为哺乳母猪料饲养，日饲料采食量应适当减少，每天平均采食量为 1.8～2.2 kg。

⑤ 7 月龄，配种 1 个月前接种猪瘟、猪伪狂犬病、细小病毒疫苗、乙脑疫苗（在蚊虫开始活动前 1～2 个月免疫）、喘气病菌苗。

⑥ 8 月龄，第 2 次或第 3 次发情时才配种。

（2）怀孕母猪。

① 使用优质原料，避免饲喂霉变饲料，以防流产。

② 免疫增强剂的应用。在母猪怀孕 30 d 和临产前 10 d 左右注射亚硒酸钠维生素 E 10 mL/头，以提高仔猪整齐度和预防下痢，提高免疫效果。

③ 避免弓形虫引起死胎。在母猪临产前 25～30 d 注射磺胺-5-甲氧嘧啶，磺胺-6-甲氧嘧啶。

④ 产前减料。在产前 5～7 d 逐步降低母猪采食量，可预防母猪产后便秘，使母猪产后尽快恢复食欲。

⑤ 产前 1 周。喂以轻泻饲料，产房彻底清洗消毒，将母猪体表清洗后迁

入产房。

(3) 分娩后仔猪吃初乳前注射 1.5 头份猪瘟疫苗（一般产出 5 头左右的仔猪时开始稀释和注射猪瘟苗，注苗后 2 h 让仔猪吃足初乳，稀释的猪瘟苗放在冰瓶内）。分娩时，用 0.1%高锰酸钾水将母猪腹部乳头、会阴部清洗消毒，仔猪脐带用碘酊消毒，做好仔猪和母猪情况记录。

(4) 仔猪。

① 1～3 日龄。注射铁剂（口服铁剂应在初生 12 h 之内）和硒（0.1%亚硒酸钠 0.5 mL）。仔猪保温在 33～34 ℃。保持产房清洁干燥，控制下痢，剪犬齿，剪尾巴，剪耳号。

② 1 周龄。开食乳猪料。注射萎缩性鼻炎菌苗。

③ 2 周龄。口服铁剂，阉割（10 日龄）。注射喘气病灭活菌苗（7～15 日龄）。

④ 3 周龄（20 d）。注射猪瘟疫苗，加强仔猪管理，预防下痢。

⑤ 4 周龄（30 d）。注射猪丹毒、猪肺疫菌苗、喘气病灭活菌苗，注射或口服仔猪副伤寒菌苗，断奶。仔猪进入小育成猪舍，逐渐更换饲料。

⑥ 8 周龄。注射猪瘟、猪丹毒、猪肺疫菌苗，驱体内外寄生虫。仔猪进入育肥猪舍。

(5) 育肥猪（2～6 月龄）。如果有发病高烧猪，应及时隔离、消毒、确诊，严防烈性传染病发生。

(6) 公猪（4～6 月龄）。在配种前最少 2 个月将选定的公猪引进猪场，公猪在 8 月龄时才可以配种。

每 6 个月生产公猪和母猪春秋季各注射一次猪瘟、猪丹毒、猪肺菌苗、口蹄疫油苗、喘气病灭活菌苗。所有猪只在 10 月份注射口蹄疫灭活油苗。

若使用的菌苗为活菌制剂，或使用益生菌的同时，给予猪只抗菌药（如在饲料、饮水中添加或肌内注射等），则使用活菌制剂（包括猪丹毒、猪肺疫、仔猪副伤寒弱毒苗）的效果变差，很可能无效。在使用活菌制剂前 7 d 和后 7 d，应避免使用抗菌药。若料中有抗菌药，则应选用适宜灭活菌苗，而不能用活菌苗。要限制使用可抑制机体免疫反应的药物，特别是在机体免疫接种期间。在免疫时可适当选用免疫增强剂，如 0.1%亚硒酸钠维生素 E 1.0 mL 肌内注射。

对于注射疫苗过敏的猪只，皮下或肌内注射肾上腺素 0.2～1.0 mg/头。静脉注射须稀释 10 倍，0.2～0.6 mg/头。

三、猪场常规免疫程序

1. 猪瘟

（1）后备公母猪。新引进的后备种公猪、种母猪，引进后立即注射猪瘟疫苗，每头4～5头份。

（2）经产母猪。断奶前后使用猪瘟疫苗每头4～5头份，也可结合仔猪初免进行。

（3）仔猪。

① 超免。初生仔猪吃初乳前2 h每头仔猪注射猪瘟疫苗1.5～2头份。免疫后2 h再哺乳。超免适用于猪瘟疫区或受威胁的猪场；到60～65日龄时，再强化免疫1次，效果较好。

② 正常免疫。

初免：仔猪20～21日龄，每头仔猪注射猪瘟疫苗2～3头份。

终免：60～65日龄进行第2次免疫，即终免每头3～4头份。

（4）购买仔猪　新引进的仔猪在引进后7 d左右注射猪瘟疫苗，每头4头份。

2. 伪狂犬病

（1）后备公母猪。自留或引进的后备种公、母猪在配种前一个月注射伪狂犬病疫苗，双倍剂量，注意与乙型脑炎、细小病毒时间错开。

（2）经产母猪。产前28 d注射一次，1～2头份。

3. 口蹄疫

（1）种猪。每年9月1日，次年元月1日对所有公、母猪注射口蹄疫疫苗（按标准剂量操作）。

（2）仔猪。① 仔猪40日龄初免。② 60日龄终免（剂量参照使用说明书）。

4. 乙型脑炎　每年4月中下旬（5月1日前）对所有种公猪和经产母猪及后备母猪注射乙脑疫苗，每头1.5头份。8月加强免疫一次，效果更好。

5. 细小病毒　后备公、母猪体重在80～90 kg，注射第1次细小病毒疫苗。间隔2～3周注射第2次，每次1～1.5头份。经产母猪可不进行细小病毒疫苗注射。

6. 气喘病

（1）经产母猪。产前25 d注射1次气喘病疫苗，每头2头份。

（2）仔猪。气喘病严重的猪场，仔猪生下后3、7、21 d分别注射1次气喘病疫苗，每次1头份。

四、猪场驱虫模式

随着规模化猪场的集约化发展，饲养管理水平逐步提高。猪场的环境和卫生得到较好的改善。许多猪场往往只注重传染病防治，而忽视感染率较高、出现亚临床症状的寄生虫病。而寄生虫病虽然表现为亚临床症状，但同样影响着猪场经济效益，对饲料转化率和日增重也有较大影响，给猪场造成较大的隐形损失。因此，各规模化猪场均应加强寄生虫病的防治工作，并根据本场的具体情况制订适合本场的寄生虫病控制模式。

1. 规模化猪场存在的寄生虫

（1）体表寄生虫。感染规模化猪场的体表寄生虫主要有螨、蜱等。

（2）体内寄生虫。感染规模化猪场的体内寄生虫有蛔虫、毛首线虫、食道口线虫、肺丝虫、类圆线虫等。

（3）血液寄生虫。感染规模化猪场的血液寄生虫主要有弓形虫、附红细胞体等。

2. 药物选择　猪场用于体内驱虫的药物有：阿维菌素、伊维菌素、左旋咪唑、丙硫咪唑、通灭等。用于体表驱虫的药物有敌百虫、螨净、通灭等。弓形虫病的驱除主要用复方磺胺-5-甲氧嘧啶和磺胺-6-甲氧嘧啶。

3. 驱虫参考程序

（1）种公猪全年驱虫两次，间隔6个月。种母猪：在配种前进行一次体内驱虫，可选用阿维菌素、伊维菌素、左旋咪唑及通灭等。

（2）规模化猪场每月用2%～3%敌百虫溶液对种猪舍、产仔间和保育舍进行喷雾驱虫一次（方法同喷雾带猪消毒），以杀灭体表寄生虫及环境中的虫卵。

（3）育肥猪在45日龄左右驱虫较为合适，个别寄生虫病严重的猪场可在猪只50 kg左右时再驱虫一次。

（4）新引进或采购来的仔猪应在其适应环境后立即驱虫，多在引进后1周进行。

（5）有弓形虫病的猪场对种猪每半年使用1次磺胺-5-甲氧嘧啶拌料，每次5～7 d。

（6）有皮肤寄生虫的猪场除坚持美曲磷脂（敌百虫）喷雾外，还应根据情况结合体表擦拭和皮下注射等方法驱虫。

五、合理使用抗菌药物原粉

依据药敏试验结果，选用高敏抗菌药物，并采取适当的给药途径。要注意轮换用药、发挥协同作用的联合用药，但要注意配伍禁忌、所用药物的副作用、残留及休药期等。常用抗菌药见表 2-1。

表 2-1 常用抗菌药

药物名称	用法及用量	注意事项
青霉素 G	肌内注射：每千克体重 5 万～10 万 U	与四环素等酸性药物及磺胺类药有配伍禁忌
氨苄青霉素	拌料：0.02%～0.05% 肌内注射：每千克体重 25 mg	与四环素等酸性药物及磺胺类药有配伍禁忌
阿莫西林	饮水或拌料：0.02%～0.05%	与林可霉素有配伍禁忌
头孢氨苄	口服：每千克体重 35～50 mg	与林可霉素有配伍禁忌
红霉素	饮水：0.005%～0.02% 拌料：0.01%～0.03%	不能与莫能菌素、盐霉素等抗球虫药合用
泰乐菌素	饮水：0.005%～0.02% 拌料：0.01%～0.02% 肌内注射：每千克体重 30 mg	不能与聚醚类抗生素合用，注射用药反应大，注射部位坏死，精神沉郁及采食量下降 1～2 d
林可霉素	饮水：0.02%～0.03%	最好与其客观存在抗菌系联合应用以减缓耐药性产生，与多黏菌素、卡那霉素、新生霉素、青霉素 G、链霉素、复合维生素 B 等药物有配伍禁忌
庆大霉素	饮水：0.01%～0.02% 肌内注射：每千克体重 5～10 mg	与氨苄青霉素、头孢菌素类、红霉素、磺胺嘧啶、碳酸氢钠、维生素 C 等药物有配伍禁忌
卡那霉素	饮水：0.01%～0.02% 肌内注射：每千克体重 5～10 mg 饮水：0.02%～0.05% 肌内注射：每千克体重 25～50 mg	尽量不与其他药物配伍使用，与氨苄青霉素、头孢黄松钠、磺胺嘧啶钠、氨茶碱、碳酸氢钠、维生素 C 等药物有配伍禁忌。注射剂量过大，可引起毒性反应，表现水泻、消瘦等

（续）

药物名称	用法及用量	注意事项

二甲氧苄氨嘧啶	饮水：0.01%～0.02% 拌料：0.005%～0.04%	由于易形成耐药性，因此不宜单独使用。常与磺胺类药或与抗生素按5∶1比例使用，可提高抗生素的杀菌作用。本品不能与青霉素、维生素 B_1、维生素 B_6、维生素C联合作用
痢菌净	拌料：0.005%～0.01%	毒性大，务必拌匀。连用不能超过3 d
利巴韦林	饮水或拌料：0.005%～0.01%	活病毒疫苗接种前后7 d内不得使用
金刚烷胺	饮水或拌料：0.005%～0.01%	剂量过大会引起神经症状
左旋咪唑	口服：每千克体重24 mg	
阿维菌素	拌料：每千克体重0.3 mg 皮下注射：每千克体重0.2 mg	
伊维菌素	拌料：每千克体重0.3 mg 皮下注射：每千克体重0.2 mg	
碳酸氢钠	饮水：0.1% 拌料：0.1%～0.2%	炎热天气慎用，因其会加重呼吸性碱中毒。剂量过大会引起肾肿大

六、猪群保健方案

猪群保健方案见表2-2。

表2-2　猪群保健推荐方案（仅供参考）

猪群	阶段	保健要点	保健方案
后备种猪	引种回场1周	降低应激，恢复体质	1. 电解多维150 g/t＋口服补液盐（饮水，每天药物饮水0.5 d） 2. 磺胺五甲氧嘧啶600 g/t＋碳酸氢钠1 000 g/t＋阿散酸120 g/t
	培育期	提高机体抵抗力	1. 强力霉素500 g/t＋阿散酸120 g/t＋TMP120 g/t，7～10 d 2. 氟苯尼考50 μg/kg＋磺胺二甲氧嘧啶120 g/t＋TMP 30 g/t，7～10 d
母猪	妊娠中期、后期各1次	疾病控制，提高机体抵抗力	1. 四环素400 g/t＋阿散酸120 g/t＋TMP 100 g/t（控制衣原体感染），10～14 d 2. 强力霉素500 g/t＋阿散酸120 g/t＋TMP 120 g/t（控制附红细胞体感染），7～10 d

（续）

猪群	阶段	保健要点	保健方案
母猪	产前10 d至产后7 d	净化母体环境，减少疾病垂直传播，增强母体抗病力	1. 磺胺五甲氧嘧啶 600 g/t＋碳酸氢钠 1 000 g/t 2. 氟苯尼考 50 μg/kg＋磺胺二甲氧嘧啶 120 g/t＋TMP 30 g/t 3. 泰农 40：1 250 g/t（进口泰乐菌素 110 μg/kg）＋磺胺二甲氧嘧 TMP 30 g/t 4. 利高-44：500～1 000 g/t 5. 强力霉素 500 g/t＋TMP 120 g/t
乳仔猪	产房仔猪	提高健康水平	1. 得米先三针保健（1、7、21 d：0.5、0.5、1 mL） 2. 阿莫西林 250 μg/kg＋电解多维 150 g/t 水（饮水）
	保育仔猪	控制呼吸道疾病早期感染和附红细胞体感染	1. 阿莫西林 250 μg/kg＋电解多维 150 g/t 水（饮水） 2. 氟苯尼考 50 μg/kg＋磺胺二甲氧嘧啶 120 g/t＋TMP 30 g/t 3. 强力霉素 500 g/t＋阿散酸 180 g/t＋TMP 120 g/t（控制附红细胞体感染） 4. 阿莫西林 200 μg/kg＋支原净 100 μg/kg＋金霉素 300 μg/kg
生长育肥猪		控制呼吸道疾病感染和附红细胞体的感染	1. 强力霉素 500 g/t＋阿散酸 200 g/t＋TMP120 g/t（控制附红细胞感染），7～10 d 2. 土霉素 1 000 g/t＋阿散酸 200 g/t＋TMP 120 g/t，7～10 d 3. 磺胺五甲氧嘧啶 600 g/t＋碳酸氢钠 1 000 g/t 4. 泰农-40：1 250 g/t（进口泰乐菌素 110 μg/kg）＋磺胺二甲氧嘧啶 110 g/t＋TMP 30 g/t 5. 氟苯尼考 50 μg/kg＋磺胺二甲氧嘧啶 120 g/t＋TMP 30 g/t

项目二　生猪常见疾病的防控

任务目的

1. 了解生猪疾病的流行现状。

2. 掌握养殖过程中几种常见疾病以及防控措施。

知识准备

根据相关资料报道，在猪的死因中，患病致死的约占80%以上，而在猪的所有疾病中，传染病占70%～80%。生猪养殖业是农民增收的支柱产业，但是伴随着养猪业集约化、规模化的发展，生猪疾病的发生给养殖业带来了较大危害，给养殖户带来不可估量的经济损失。预防为主，防重于治，是猪疾病控制的基本方针。自20世纪80年代以来，开展了以消灭猪瘟为中心，控制和消灭其他畜禽传染病为重点的兽医防疫工作，使由传染病引起的猪的死亡率大幅度下降，猪死亡率控制在3%以下。但在养猪业兴旺发达的同时，一些过去已经控制的疫病死灰复燃，新的猪病又有所增加，尤其是人兽共患病，给人们的健康带来严重威胁，务必引起高度重视。加强饲养管理，提高猪的抗病力，实行全进全出制、超早期断奶和多点生产技术三者有效结合，对猪传染病的控制和预防都具有重大意义。全进全出技术包括猪群全部转出、空舍彻底清刷消毒、再全部转入新猪群等技术环节。超早期断奶技术和多点生产技术则是通过切断疾病在不同猪群间的传播途径，进而达到控制疾病的目的。现对猪常见疾病及对策进行归纳，供养殖户参考。

一、仔猪常见疾病

出生后1～2周的仔猪因各种原因造成的死亡率占整个仔猪阶段的65%及以上，而仔猪阶段的死亡率占猪一生死亡率的70%。因此，对仔猪阶段饲养管理与疾病防治要给予高度重视。此阶段仔猪常发疾病主要包括以下几种：仔猪脱水、仔猪下痢、仔猪气喘、仔猪脑炎、仔猪脱肛、仔猪副伤寒等。

（一）断奶仔猪下痢

1. 病因　由于日粮、生活习惯、环境以及保育措施不当，造成仔猪断奶期间的腹泻称仔猪下痢。根据临床症状可将其分为营养性和病原性两种，前者主要是由于日粮分配不合理，不适应仔猪的生理特点所致，而后者则是由于病原微生物侵入并在仔猪消化道内大量繁殖引起的病理反应。

2. 治疗　一旦发病，治愈都需要一段时间，会给养猪业带来较大的经济损失，所以治疗时要对症下药，做到无病早防，有病早治。同时，无论哪种原因造成的下痢，都应辅助治疗，禁饲24～36 h（不禁水），补充水分、电解质、能量、收敛剂、碳酸氢钠注射液（解除酸中毒）、抗过敏药物和维生素（尤其是维生素C）等都是非常有效的措施。

3. 防治措施

（1）搞好仔猪日粮的配制。仔猪由以母乳为主一下转变为以玉米、豆粕为主的固体日粮，就显得非常不适应。因此，预防断奶后仔猪下痢的发生，日粮是关键。据有关资料介绍，仔猪在 3 周龄以前对固体日粮的消化能力极其有限，4 周龄发育基本成熟，但功能尚不完全。实践证明，用不同大豆蛋白质水平的日粮进行饲喂，大豆蛋白质越高越容易引起下痢，这是因为大豆蛋白质中存有抗胰蛋白酶因子，削弱了胰蛋白酶对大豆蛋白的消化。因此，日粮中降低大豆蛋白的使用量，增加动物性蛋白和氨基酸的添加量，提高蛋白源，能有效地防止营养性下痢发生。但大豆蛋白绝不能没有，合理适量使用，有利于断奶仔猪消化液中的胰蛋白酶活性的提高，若将玉米、豆粕膨化后作日粮更加合理。

（2）培育健壮仔猪。使其养成良好的采食习惯，断奶前仔猪的发育与采食是安全断奶的基础。要加强对母猪的饲养管理，保证每头仔猪都能吃到初乳，提高母乳质量。仔猪出生后 3 d 内人工补饲含钴、硒的补铁剂，以防止缺铁性贫血。提早开食，仔猪出生后 7 d 内开始诱食逐步刺激其消化系统的发育并培养其良好的采食习惯，可饲喂一些仔猪配合饲料，例如，乳猪 551 等，为适时断奶打下良好基础。

（3）环境与饮水卫生。仔猪保育环境中的病原微生物是引起仔猪病源性下痢的主要原因，有效地消灭环境中的病原微生物是防治断奶仔猪下痢的关键。定期进行栏舍消毒和带猪消毒，能有效地消灭环境和猪体表面的病原微生物。仔猪消化道内环境的清洁也是确保其安全生长的重要因素，可采用 1∶(8 000～10 000) 的“百毒杀”饮水，以代替抗生素（因为抗生素有一定的局限性，且持续服用还可以产生耐药性）起到对消化道内环境的消毒作用。

（4）做好饲养员及用具和外来人员的消毒工作。防止人为地传播病原性致病菌，在仔猪断奶前 7 d 内要避免防疫注射及阉割等不良刺激。塑棚养猪，既要做到适时通风，又要防止贼风侵入，使仔猪安全渡过断奶关。

（二）仔猪脱水

1. 病因 仔猪腹泻的病因比较多，常见的有传染病方面、消化不良方面。就消化不良来说，因为仔猪胃肠机能还不发达，对食物的消化能力也比较弱，各种消化酶也不够健全，特别是断乳之后，由于仔猪采食量的增加使其不能适应，进而引起食物消化不良，加之这些消化不良物质刺激胃肠，使胃肠蠕动加快，肠液分泌增多而导致下泻。另外，由于断乳后，仔猪觅食脏物，又加剧了腹泻，结果导致机体脱水。

2. 症状 病初仔猪排软便，便中带有未消化的饲料颗粒或黏液。此时全身症状变化不明显。后随病情的发展，粪便逐渐稀薄呈水样，往往粪中带有血或脱落的肠黏膜。如果这样持续，则易出现脱水症状，仔猪精神沉郁、皮肤干燥、弹性减退、口腔干燥、结膜发绀、皮肤温度下降尤其耳鼻端和四肢下端青紫发凉。严重时体温降低，身体虚弱无力，喜卧。

3. 治疗　及时、有效地进行腹腔内补液。

（1）腹腔补液部位。一般选择于倒数第 2 对乳头的前后方或于耻骨前缘 3～5 cm 处。

（2）补液药物和用量。因为仔猪腹泻性脱水多为混合性的，既脱水又失盐。因此选用药也应该是混合性的，常用 5%葡萄糖生理盐水或等渗葡萄糖加复方氯化钠溶液。药用量每次在 250～500 mL。药液加热至 38～41 ℃后缓慢注入腹腔内。隔 12 h 重复 1 次，一般 2 次即可痊愈。

（3）配合用药。为了消除炎症和预防感染，补液的同时加入庆大霉素注射液 2～5 mL 或维生素 E。

（三）仔猪气喘病

1. 流行病学特点　本病一年四季均可发生，但在寒冷的冬春季多发。

2. 症状　潜伏期 5～7 d，最长达 1 个月以上。

（1）急性型。病猪精神沉郁，呼吸加快，每分钟达 60～120 次。喜卧，不愿走动。随后出现腹式呼吸，两前肢叉开，呈犬坐姿势。严重的病猪，张口喘气，从口、鼻流出泡沫样物。有时出现连续性至痉挛性咳嗽。只有少数病猪有微热。食欲一般正常，只有呼吸困难时食欲才减退或拒食。本型多见于新发生猪支气管肺炎的猪群，发病重，病程短，死亡率高。病程 1～2 周而死亡。幸存者转为慢性。

（2）慢性型。主要症状为长时间咳嗽，尤其早晨起立驱赶、夜间、运动时和进食后发生咳嗽。由轻到重，严重时出现连续性痉挛性咳嗽。咳嗽时拱背、伸颈、头下垂，直到呼吸道中分泌物咳出为止。进一步发展，呼吸困难，呈腹式呼吸，后期不食。仔猪消瘦、体弱，发育缓慢，如有继发感染可引起死亡。病程 2～3 个月，有的长达半年以上。发病率高，死亡率低。该型在老疫区多见。

（3）隐性型。病猪一般不出现临床症状，有时在夜间或驱赶运动后出现轻微的咳嗽和气喘。生长发育基本正常。但用 X 线检查时，可见到肺呈肺炎病变。该型在老疫区多见，往往被忽视为危险的传染源。

3. 防治措施

（1）采取综合防控措施控制本病。加强饲养管理，坚持经常性的卫生消毒工作。采取“自繁自养”的方式，不要从外地引进猪只。推广人工授精技术，实行“三定”，即固定猪舍、固定饲养人员、固定工具。

（2）经常观察猪群，发现咳嗽、气喘的病猪应马上隔离，检疫，确诊治疗。对猪舍在搞好清洁卫生的基础上，要进行全面消毒。同时，对病猪用抗生素治疗，以促使病猪尽快康复。最根本的措施是用康复后母猪和无特定病原猪培育健康群。

（3）免疫预防。中国兽药监察所已研制出猪气喘病成年兔冻干疫苗、鸡胚卵黄囊冻干疫苗、乳兔肌肉冻干疫苗，兔化弱毒苗，免疫期达 12 个月。经过应用证明，安全有效无副作用。

4. 治疗 可用土霉素、卡那霉素、四环素、林可霉素、泰乐菌素等治疗。盐酸土霉素每千克体重 30～40 mg，用灭菌注射用水稀释后，分点肌内注射，每天 1 次，连用 3～4 d。泰乐菌素每千克体重 4～9 mg，肌内注射，每天 1 次，连用 3～5 d。林可霉素每千克体重 50 mg，肌内注射，每天 1 次，连用 5 d。卡那霉素注射液每千克体重 3 万～4 万 U，肌内注射，每天 1 次，连用 3～5 d。

（四）仔猪脑炎

1. 病症 抽风，表现四肢不灵活或歪脖子，有的身躯偏斜，嘶叫，有的顶着圈栏呆立不动。

2. 治疗

（1）10%磺胺嘧啶 10 mL×2 支，以 15 kg 体重为例，肌内注射或静脉注射或腹腔注射，每天 2 次。

（2）庆大霉素 5 mL×1 支，青霉素 160 万 U×1 支，地塞米松 5 mL×1 支，混合后肌内注射，每天 2 次（以体重 15 kg 的仔猪为例）。

（3）10%磺胺嘧啶 20 mL，40%乌洛托品 10 mL，静脉注射，每天 2 次。

（4）青霉素 160 万 U×1 支，链霉素 100 万 U×1 支，安痛定 10 mL×0.5 支，混合后肌内注射，每天 2 次（以体重 10 kg 的仔猪为例）。

（五）仔猪脱肛

仔猪脱肛又称肛门直肠脱垂，是指肠管和直肠外翻脱出肛门外。

1. 病因 病猪先天发育不良；腹腔压力长期增大（如便秘、排便用力、咳嗽、顽固性下痢）；长期营养不良，体质虚弱。另外，饲养管理不善，天气寒冷，猪舍温度低，湿度大，都是诱发本病的病因。

2. 症状 直肠脱出肛门，外观呈球状，病初直肠黏膜充血、呈红色，久则水肿、瘀血、呈暗红色，并附有泥污，且存在着不同程度的创伤。病后期黏膜破裂，直肠坏死，排粪困难，精神不振，食欲减退或废绝，严重脱肛仔猪易死亡。

3. 治疗 对脱肛猪应采取手术整复。

（1）术前控制病猪采食，并促其排空粪与尿液。

（2）手术时将病猪倒提保定，用肥皂水将肛门周围皮肤及尾根、腿部洗净，用0.1%高锰钾溶液或2%～5%明矾水、淡盐水冲洗消毒脱出的直肠黏膜，通过挤压排出水肿液，然后涂红霉素等抗生素软膏或青霉素粉。用温生理盐水或清洁温水浸泡过的纱布热敷，按压脱肛部位，使脱出的直肠复位，随即进行肛门荷包式缝合。松紧应适当，若过紧会妨碍排便，过松则易引起再度脱肛。

（3）对脱肛严重、直肠坏死、浆膜穿孔的病猪，应进行脱出直肠的切除缝合术。手术时用1%普鲁卡因40～60 mL、0.1%肾上腺素1 mL混合。选定后海穴（肛门上方、尾根下方凹陷处），每次注射20～30 mL，术者用两条缝线在患部之后做十字形穿过脱出直肠，穿线注意避开较粗血管，然后在离缝线1 cm左右小心切除坏死直肠，内外肠管（术中注意不要嵌住、伤及小肠，如遇细小血管渗血可用纱布压迫止血和止血钳止血），用镊子从直肠腔内夹出缝线，在缝线中央剪断，形成4条线，分别打结固定，即为4个结之间做两层肠管肠壁结节缝合，内外（两层）肠管断端进行相距5.5 cm缝合。缝合完毕，剪掉固定牵引线，消毒直肠脱出部分并还纳肛门内。

（六）仔猪副伤寒

仔猪副伤寒是由沙门氏菌引起的以断乳仔猪发病为主的传染病。急性型呈败血症变化，慢性型在大肠发生弥漫性坏死。猪只抵抗力下降时，可促进本病的发生。

1. 病因 沙门氏菌是革兰氏阴性菌。病猪、健康带菌猪是主要传染源。通过污染饲料和饮水，经消化道传染。不同年龄段的猪均可感染，2～4月龄仔猪易感性最强。

2. 症状 急性型病猪体温升高到41～42 ℃，不食，病初粪干不易排出，随后转为腹泻，粪淡黄色恶臭或带血。发病2～3 d后，耳、颈、腹底部皮肤呈蓝紫色，俗称“蓝耳猪”。多数病猪衰弱死亡，病程3～5 d。本病多为慢性下病。病猪生长缓滞，消瘦，被毛无光，粪稀呈粥状或水样下痢，恶臭。

3. 防治措施 预防本病的关键是加强猪只饲养管理。

4. 治疗

（1）土霉素，按每千克体重30～50 mg，肌内注射或口服，每天1～2次。一个疗程3～5 d，症状消失后，减半用药3～5 d。

（2）磺胺脒，按每千克体重0.2 g，每天口服2次，用药3～5 d。

二、母猪常见疾病

（一）后备母猪不发情

1. 病因 后备母猪8～10月龄时，先天性生殖器官发育不良、饲养管理不当、营养缺乏、体况过肥等，都会导致适龄后备母猪不发情。

2. 防治

(1) 应淘汰先天性生殖器官发育不良或畸形的猪。

(2) 对营养缺乏的要增加日粮中蛋白质、维生素、矿物质等营养物质，并加强其运动。

(3) 对过肥的猪应减肥减料或增加粗饲料的喂量，多喂青绿多汁饲料。在日粮中添加3%的氯化钙，连喂数天，有减肥效果。

(4) 公猪试情法，即每天用公猪试情2～3次，每次5～10 min；同时加强运动，延长光照时间，转换圈舍（母猪有一个多次迁移冲击发情的现象，称为迁移现象）等，加强技术管理，将这些后备母猪关养在配种间或靠近配种舍，以便尽可能听到成年公猪的叫声、闻到成年公猪气味、见到和接触到成年公猪，进而促进母猪发情。

（二）断奶母猪不发情

1. 病因 断奶后20 d仍不发情或发情不明显的，主要是母猪哺乳期营养不良和患病所致。如卵巢机能由于营养不良机能不全，卵巢囊肿或萎缩，还有一种情况就是导致持久黄体。

2. 防治

(1) 母猪在哺乳期应采用全价料足量饲喂。通常应为自由采食，但生产中部分母猪不能自由采食，所以必须预计投喂量：哺乳母猪喂量＝1.5 kg＋0.5 kg×仔猪头数（对于初产的母猪应适当多喂一些，因为母猪本身仍在生长发育）。应特别注意矿物质和维生素的添加，有条件的应补充青饲料。总之饲喂的依据是：母猪体况、胎次、窝产仔数、猪舍环境、饲料营养水平、季节，根据这些因素调节哺乳母猪的喂料量。

(2) 体况差的母猪应提早断奶，进而使过瘦母猪尽快恢复体况。夏天哺乳母猪采食量下降，为了使其能够获得所需要的能量水平，在饲料中添加5%～10%的植物油或大豆卵磷脂，以提高能量水平，避免仔猪缺乳及断奶后母猪过瘦，以致影响正常的发情配种。

(3) 如因某些疾病所致，如子宫内膜炎等，应对症治疗，可使用子宫冲洗法等。如果不是疾病或体况过差原因导致，可采用饥饿疗法，以及群养在一个大栏等，靠刺激打架等来增加应激，促进断奶母猪发情。

（三）配种后不孕

1. 病因 母猪正常发情时允许公猪爬跨配种，但经过2次交配后仍不受孕的则可怀疑为此病，也称屡配不孕。交配后21 d再发情，其病因可能是受精发生障碍，受精卵死亡，或着床的胚胎因子宫乳组成异常而死亡；配种25 d

以后仍不发情的，则可能是因为死亡的胚胎被子宫吸收，子宫内胚胎全部消失，导致返情。

2. 防治

（1）对屡配不孕的猪，可在预计发情的前 35 d，每次喂维生素 E 200～300 mg，每天 2 次，3 d 一个疗程，发情后可配种。

（2）在配种的当天肌内注射黄体酮 30～40 mg，以促进排卵和黄体形成。

（四）炎症引发的不发情和屡配不孕

1. 病因　多发生于母猪分娩、难产等过程中。交配、分娩及分娩后操作不当，致使细菌进入子宫内，及产后胎衣不下，或恶露排不干净，母猪抵抗力下降，从而诱发此病。

2. 子宫炎有 3 个症状，一是急性子宫炎，从子宫中流出大量透明样液及混杂有黏液的絮状物。通常在分娩后 1～3 d 出现，体温升至 40 ℃；二是慢性子宫炎，是由急性子宫炎治疗不及时转变而来，无明显症状，主要周期性的从阴门流出黄色或白色的脓状物，并黏在阴部或尾巴上；三是隐性子宫炎，多见于产后感染或死胎溶解之后，由于子宫颈口紧闭，脓性分泌物存留在子宫内，以致胎儿死亡，但并未流产。

3. 防治

（1）通常先消除子宫内的炎性分泌物，再用药物如生理盐水或伊凡诺尔 2%的水溶液注入子宫内，每天 2 次，连续冲洗 2～3 d。充分冲洗子宫之后，可用青霉素 320 万 U，链霉素 200 万 U 溶于 30～50 mL 蒸馏水中，通过橡皮管注入子宫，每天 1 次，洗涤期应选在发情期。

（2）对于在非发情期出现的慢性子宫炎，通常采用一开二排三消法进行治疗：①肌内注射 3～5 mg 苯甲酸雌二醇，间隔 3 d 再注射 1 次，使子宫颈开口。②子宫颈开口后肌内注射催产素 5 万～15 万 IU，使子宫收缩，排出炎性渗出物。③在一开二排的基础上，应用抗生素类药物肌内注射，每天 2 次。然而最好是通过橡皮管注入子宫，每天 2 次。

（3）如果母猪超过预产期 5 d 以上或产后无力导致还有胎儿未产，形成死胎，必须进行引产。其方法是：用 1%的高锰酸钾溶液 400～500 mL，加温至 40～50 ℃，利用输精管注入子宫，看见溶液流出后停止注入，20 h 后所余胎儿会被产出。

三、生猪传染性疾病

目前，对于生猪养殖业危害最大的以传染病为主，而且每年传染病还不断呈现出新的发病点，给预防工作带来更大困难。

（一）猪瘟

猪瘟，又称“烂肠瘟”，是由猪瘟病毒引起的猪的一种高度接触性传染病。传播快，发病率和死亡率均较高。猪群中不分品种、年龄、性别都易感，常年发病。

1. 病因 猪瘟病毒进入猪体后从扁桃体侵入淋巴结，经 24 h 后到达各脏器。其中，以肝、脾、淋巴结和血液中含毒量最高。猪瘟病毒的感染力很强。病猪排出的粪尿和各种分泌物，以及各组织器官和体液中都含大量病毒。病毒通过污染饲料、饮水、圈舍等经消化道传染。病猪是重要的传染源。猪瘟临诊表现为急性、亚急性和慢性。本地区以急性和慢性多见。病猪通常体温升高到 40.5～42 ℃，常保持几天不退，不食或少食，拱背发抖，怕冷，喜钻草窝。结膜潮红有眼屎。病初期排干屎，黑硬像算盘珠，3～4 d 转为腹泻，7 d 左右死亡。超过 1 个月不死的转为慢性，病情时好时坏，最后多因瘦弱衰竭死亡或变成“僵猪”。

2. 防治

（1）用猪瘟冻干苗或猪瘟猪肺疫二联苗作预防接种，这是预防和控制猪瘟最有效的措施。冻干苗用生理盐水或注射液稀释，双月龄小猪每头耳后肌内注射 1 mL。疫苗注射后 4 d 即可产生免疫力。根据本地区分散的特点，预防接种可采取春季普遍注射一次，做到头头打苗，只只免疫。对体况较差、有病、45 d内的仔猪和临产母猪，可缓期注射。对新猪和未免疫猪应进行补针。

（2）严禁从有猪瘟的地区引进生猪和猪肉产品，对发病猪群采取紧急措施，立即封锁猪场，扑杀病猪，焚烧深埋或无害化处理，病死猪要高温煮沸处理，不能出售生肉。对圈舍、运动场用 20%～30%草木灰热溶液或 15%石灰水烫洗消毒。发病猪场应在彻底消毒 1 个月后，才能又喂猪，以免再发生此病。

（二）猪丹毒

猪丹毒是一种由猪丹毒杆菌引起的猪急性、热性传染病。病程多为急性败血型和亚急性疹块型，后者在病猪的皮肤上常出现大小不等的紫色斑块，俗称“打火印”。本地区多在 4～5 月发病，7～8 月为最高峰。猪丹毒杆菌是一种纤细的革兰氏阳性杆菌，对外界不良环境的抵抗力很强，在土壤中可以存活很长时期。一旦污染饲料、饮水、圈舍、用具和土壤，即可经消化道传染，或经皮肤伤口感染。带菌者也是重要的传染源。

1. 症状 急性病猪多见突然发病，不食，体温升高到 42～43 ℃，不愿走动，有红色眼屎。2 d 后在病猪的颈、体侧、胸、耳根、四股内侧皮肤上出现稍凸于皮肤表面的方形或菱形的红色疹块，界限明显，指压留痕，白猪尤易观察。治疗不及时会引起死亡或转为慢性，表现为皮肤坏死，关节肿大，跛行和衰弱死亡。

2. 预防　在疫区或发病地区，用猪丹毒死苗或弱毒苗进行春秋两季疫苗注射，10 kg 以上的断奶猪，皮下注射 5 mL。每吨饲料中加入土霉素 400 g，连喂 2 周，有一定预防效果。对刚产出的仔猪应注意脐带消毒，以防止脐带感染。圈舍应保持清洁，勤洗勤换，定期用 14%的新鲜石灰乳粉刷消毒。

3. 治疗

（1）青霉素，按每千克体重 1 000～15 000 U 肌内注射，每天 2 次，体温正常后，还需用药 1～2 d。

（2）用青霉素无效时，可改用链霉素，每千克体重 40～60 mg 或四环素，每千克体重 5 000～10 000 U，肌内注射，每天 2 次，症状消失后，仍需继续用药 1～2 d，以巩固疗效，防止复发或转为慢性。

（3）青、链霉素合用。

（4）用 20%磺胺嘧啶钠，大猪 20 mL，中猪 10 mL，肌内注射，每天 2 次。

（5）用肥皂热水反复洗刷猪体，每天 2 次，每次 10～20 min，亦可缓解症状。

（三）猪传染性胃肠炎

本病是由猪传染性胃肠炎病毒引起的猪的一种急性高度接触性肠道传染病。以呕吐、严重水样腹泻和失水为特征。主要经消化道和呼吸道感染。尤其以 10 日龄内仔猪发病率最高，可达 100%。5 周龄以上的猪死亡率不高，但病猪生长发育严重受阻或成为“僵猪”。母猪流产，泌乳量减少。肥育猪掉膘严重，对养猪业危害巨大。猪传染性胃肠炎的发生常与引进带毒猪和病猪密切相关。病毒存在于病猪的各种脏器、体液及排泄物中。病猪和带毒猪是重要传染源。康复猪带毒时间长达 2～3 个月。病毒污染饲料、饮水、尘埃飞沫，经消化道和呼吸道传染。

1. 症状　本病潜伏期短（1～2 d），传播迅速，数日内可蔓延至全群。仔猪突然发病呕吐，继而频频水样腹泻，粪便黄色、绿色或白色，夹杂气泡，恶臭。病猪极度口渴，明显脱水，体重迅速降低，日龄越小病程越短，死亡率越高，10 日龄内仔猪多在 1 周内死亡，解剖可见肠壁菲薄如纸。随日龄增加发病率和死亡率逐渐降低。病愈仔猪发育不良。

2. 预防　应不从疫区或发病地区引进猪只，并做好日常卫生及消毒工作。圈舍用 30%草木灰水或 0.2%氢氧化钠热溶液烫洗。应加强猪群饲养管理，提高猪体自身免疫力。治疗本病尚无特效药，可参照“仔猪副伤寒防治措施”进行预防。

3. 治疗 发病猪只首先停食，补水和电解质及葡萄糖溶液，以防脱水，小猪可用抗生素药物，以防继续感染，加强保温和消毒工作。

（四）猪接触性传染性胸膜肺炎

本病为呼吸道的一种接触性传染病，以急性出血性纤维性胸膜炎和慢性纤维素性坏死性胸膜肺炎为特征。

1. 症状 感染猪突然发病，体温 41 ℃以上，精神沉郁，初期有轻微的腹泻和呕吐，后期呼吸困难，耳、鼻、四肢皮肤出现蓝紫色和暗红色，急性死亡率达 80%以上，个别猪可引发关节炎、心内膜炎等。

2. 预防 此病多发于秋末春初寒冷季节，断奶后到 4 月龄以前的仔猪多发。

3. 治疗 使用磺胺和抗生素可有效控制此病，但愈后的猪仍会长期带菌感染其他猪只，常用药物有青霉素、红霉素、林可霉素、土霉素、新霉素等与增效磺胺配合。

（五）猪链球菌病

猪链球菌病的 4 个特征：败血症、脑膜炎、化脓性淋巴结炎及关节炎。其中，以败血症和脑膜炎型死亡率较高。

1. 症状

（1）败血症。最急性，感染猪常无任何症状突然死亡，多数体温常达 41.5 ℃以上。精神委顿、呼吸困难、结膜发绀、突然倒地、抽搐死亡、体表呈红紫色，口鼻流出淡红色泡沫液体，体表呈暗红色斑块，部分猪出现跛行。

（2）脑膜炎型。多见于小猪，体温突然升高至 40.5～42.5 ℃，不食，偶有鼻液，后间断出现神经症状，后躯麻痹侧卧于地，四肢呈泳状划动，部分猪关节肿大。

（3）关节炎型。以关节炎肿胀为主要特征，甚至不起，病程长达 2 周以上。

（4）化脓性淋巴结炎。多见于下颌淋巴结的脓肿，脓肿逐渐变软，破溃流出脓汁后愈合，病程 2～5 周。

2. 预防 预防或用抗生素和磺胺药物，同时加强卫生消毒和管理工作。

3. 治疗 常用药物，抗生素类有新霉素、林可霉素、甲砜霉素等，及磺胺类药物配合治疗疗效较好。

（六）猪伪狂犬病

是由伪狂犬病毒引起家畜和野生动物的一种传染病。特征为成年猪隐性感染或有上呼吸道卡他性症状；妊娠母猪流产、死胎；哺乳仔猪脑脊髓炎（神经症）和败血症（发热）；最后死亡。本病主要通过与病猪接触，经呼吸道、消化道、损伤的皮肤感染，也可通过配种、哺乳感染。妊娠母猪感染后，可感染胎儿。

1. 症状　新生仔猪及4周龄内仔猪常常突然发病，高热、不食、呕吐、腹泻、兴奋不安、共济失调（前冲、后退、转圈）、全身肌肉痉挛、倒地、抽搐、四肢划动，症状消失后出现后肢麻痹，妊娠母猪流产（妊娠早期感染）、死胎或木乃伊胎，产出的弱仔多在2～3 d死亡，死亡率达50%，成年猪感染后症状轻微，有时可见呼吸道卡他性炎症症状，一般体温升高，采食下降，4～5 d可自然恢复。

2. 病理　缺少肉眼病变，主要是脑部变化（点状出血、水肿），死胎内脏凝固性坏死，口鼻点状出血或溃疡。

3. 防治　应用抗生素可防继发感染。育肥猪、断奶后肌内注射1次；母猪产前1个月左右1次；种公猪每年2次。

能力转化

1. 猪场常用驱虫药有哪些？常用驱虫方案有哪些？
2. 请简述猪瘟的防治方法。

单元二

羊的疾病防控

教学目标

1. 了解羊场的防疫程序。
2. 掌握羊常见疾病的诊断方法和一般治疗方法。

项目一 羊场防疫程序

任务目的

知识：掌握羊场的一般防疫程序。
技能：掌握羊场的防疫程序。

知识准备

羊场防疫工作与养羊业的发展、自然生态环境保护、人类身体健康关系十分密切。目前，各种疫病对养羊业的危害最为严重，它不仅可能造成大批的羊死亡和经济损失，而且某些人兽共患性传染病还可能给人类的健康带来潜在威胁。由于现代规模化、集约化养羊业的饲养高度集中、调运移动非常频繁，所以更易受到传染病的侵袭。本章列出了一些羊场常见、易发疫病的防疫措施，以期对生产起到一定的指导作用。

一、按季节进行的防疫

1. 羊痘鸡胚化弱毒疫苗 预防山羊痘。每年3～4月接种，免疫期1年，接种时不论羊只大小，一律皮下注射 0.5 mL/只。

2. 羊链球菌氢氧铝菌苗 预防山羊链球菌病。每年的 3～4 月、9～10 月 2 次免疫，免疫期 6 个月，接种部位为背部皮下。接种量为 6 月龄以下每只 3 mL，6 月龄以上每只 5 mL。

3. 羊四联苗（快疫、猝疽、肠毒血症、羔羊痢疾）**或羊五联苗**（快疫、猝疽、肠毒血症、羔羊痢疾、黑疫） 每年 2 月底到 3 月初和 9 月下旬两次防疫，不论大小一律皮下注射或肌内注射 5 mL。注射后 14 d 产生免疫力，免疫期 6 个月。

4. 口疮弱毒细胞冻干苗 预防山羊口疮，每年 3 月和 9 月 2 次注射，大、小羊一律口腔黏膜内注射 0.2 mL。有资料证明，注射山羊痘的羊只对口疮也可产生免疫力。

5. 炭疽毒苗 预防炭疽病。每年 9 月中旬注射 1 次，不论大小皮下注射 1 mL，14 d 后产生免疫力。

6. 羊口蹄疫疫苗 预防羊口蹄疫，每年 3 月和 9 月注射，4 月龄到 2 年的皮下注射 1 mL，2 年以上的注射 2 mL。

二、按羊群的生理状况采取的防疫措施

1. 羔羊痢疾氢氧化铝菌苗 专用于怀孕母羊注射，可使羔羊通过吃初乳获得被动免疫。在怀孕母羊分娩前 20～30 d 和 10～20 d 时，2 次注射，注射部位分别在两后腿内侧皮下，疫苗用量分别为 2 mL 和 3 mL，注射后 10 d 产生免疫力，免疫期 5 个月。

2. 山羊传染性胸膜肺炎氢氧化铝菌苗 皮下注射或肌内注射，6 月龄以下 3 mL/只，6 月龄以上 5 mL/只。免疫期 1 年。

3. 羊流产衣原体油佐剂卵黄灭活苗 预防山羊衣原体性流产。羊怀孕前或怀孕后 1 个月内皮下注射 3 mL/只。免疫期 1 年。

4. 破伤风类毒素 预防破伤风。怀孕母羊产前 1 个月或羔羊育肥阉割前 1 个月或受伤时注射。一般在颈部中央 1/3 处皮下注射 0.5 mL，1 个月后产生免疫力，免疫期 1 年。

5. 羔羊大肠杆菌病苗 预防羔羊大肠杆菌病，皮下注射，3 月龄以下羔羊 1 mL，3 月龄以上 2 mL，注射后 14 d 产生免疫力，免疫期 6 个月。

在实际生产中可根据当地的防疫情况有选择性的进行防疫，对当地常发的疫病和自己的养殖场曾经发生过的疫病应重点预防，从未发生过的疫病可有选择性的进行防疫。有些疫病的防疫药物有多种，可根据自己所处的疫区、生产的需要以及经济情况选择不同价位的药物和不同的方法。

预防接种时还要了解羊群的年龄、妊娠、泌乳及健康状况。体弱或原来就生病的羊免疫后可能会引起各种反应，最好暂时不免疫。

对怀孕后期的母羊应注意了解，如果怀孕已逾 3 个月，应暂时停止预防注射，以免造成流产。

对半月龄以内的羔羊，除紧急免疫外，一般暂不注射。

预防注射前，对疫苗有效期、批号及厂家应注意记录，以便备查。

对预防接种的针头，应做到一头一换。

项目二　羊常见病的防控

任务目的

知识：1. 了解羊的生物学特性。

2. 应用羊的生物学特性，提高养羊生产能力。

技能：初步认识羊的生物学特性。

知识准备

一、感冒

1. 症状　羊感冒多发于天气多变的早春和初秋，该病以病羊体温升高，精神委靡，突然不食为主要特征。本病主要因对羊只管理不当，因寒冷的突然袭击所致。如厩舍条件差，寒冷的天气突然外出放牧或露宿，或羊只出汗后拴在潮湿阴凉有过堂风的地方等。症状，病羊精神不振，头低耳耷，初期皮温不均，耳尖、鼻端和四肢末端发凉，继而体温升高，呼吸、脉搏加快。鼻黏膜充血、肿胀，鼻塞不通，初流清涕，患羊鼻黏膜发痒，不断喷嚏，并在墙壁、饲槽上擦鼻止痒。食欲减退或废绝，反刍减少或停止，鼻镜干燥，肠音不整或减弱，粪便干燥。

2. 治疗　治疗以解热镇痛、祛风散寒为主：

(1) 肌内注射复方氨基比林 5～10 mL，或 30%安乃近 5～10 mL，或复方奎宁、百尔定、穿心莲、柴胡、鱼腥草等注射液。

(2) 为防止继发感染，可与抗生素药物同时应用。复方氨基比林 10 mL、青霉素 160 万 U、硫酸链霉素 50 万 U，加蒸馏水 10 mL，分别肌内注射，每天注射 2 次。当病情严重时，也可静脉注射青霉素 160 万 U×4 支，同时配以皮质激素类药物，如地塞米松等治疗。

（3）感冒通 2 片，1 d 3 次，内服。

二、中暑

1. 症状　夏季，天气酷热，如果管理不当，会造成羊中暑。羊中暑主要表现为：精神倦怠，头部发热，出汗，步态不稳，四肢发抖，心跳亢进，呼吸困难，鼻孔扩张，体温升高到 40～42 ℃以上，黏膜充血，眼结膜变为蓝紫色，瞳孔最初扩大，后来收缩，全身震颤，昏倒在地，如不及时抢救，多在几小时内死亡。

2. 治疗

（1）降温。一旦有羊发生中暑，应迅速将其移至阴凉通风处，用水浇淋羊的头部或用冷水灌肠散热，也可驱赶病羊至水中，直至羊体温降至正常体温为止。

（2）放血补液。可根据羊只大小及其营养状况进行静脉放血，同时静脉注射生理盐水或糖盐水 500～1 000 mL。

（3）对症治疗。当羊兴奋不安时，内服马比妥 0.1～0.4 g；当羊心脏衰弱时肌内注射强心剂 20%的安钠咖；对心跳暂停的羊可进行人工呼吸或用中枢神经兴奋剂 25%的尼可刹米 210 mL，也可选用安乃近等退烧药物或内服清凉性健胃药，如龙胆、大黄、人工盐、薄荷水等。

预防羊中暑，应保证圈舍、围栏宽敞，通风良好，设置凉棚或树木遮阴，避免环境过热；放牧时尽可能选阴坡，避免阳光直射；适当补喂食盐，供给充足的清洁饮水，避免在炎夏长途运输。

三、眼病

1. 症状　该病多发生在炎热和湿度较高的夏秋季节，传染快，多呈地方性流行，多发生在一侧或两侧眼部，发病率可达 90%～100%，但病死率很低。病羊流泪，怕光，眼睑肿胀，有脓性分泌物，发病当天可见角膜混浊，呈灰白色半透明或乳白色的不透明，一般先从角膜边缘开始，渐向眼中央发展，最后，视力完全丧失。

2. 治疗

（1）用 1%～2%硼酸水冲洗干净。

（2）四环素药膏，每天早晚各 1 次涂于眼中。

（3）青霉素和链霉素各 50 万 U 加蒸馏水 10 mL 冲洗，10 mL 肌内注射。

四、腐蹄病

1. 症状　腐蹄病也称蹄间腐烂或趾间腐烂，秋季易发病，主要表现为皮肤有炎症，具有腐败、恶臭、剧烈疼痛等症状。此病主要因厩舍泥泞不洁，低洼沼泽放牧，坚硬物如铁钉刺破趾间，造成蹄间外伤，或由于蛋白质、维生素饲料不足以及护蹄不当等引起蹄间抵抗力降低，进而被各种腐败菌感染所致。患腐蹄病的羊食欲降低，精神不振，喜卧，跛行。初期轻度跛行，趾间皮肤充血、发炎、轻微肿胀，触诊病蹄敏感。病蹄有恶臭分泌物和坏死组织，蹄底部有小孔或大洞。用刀切削扩创，蹄底的小孔或大洞中有污黑臭水迅速流出。趾间也常能找到溃疡面，上面覆盖着恶臭物，蹄壳腐烂变形，羊卧地不起，病情严重的体温上升，甚至蹄匣脱落，还可能引起全身性败血症。

2. 治疗 发现羊患腐蹄病应及时整修、治疗。先用清水洗净蹄部污物，除去坏死、腐烂的角质。若蹄叉腐烂，可用2%～3%来苏儿或饱和硫酸铜溶液或饱和高锰酸钾溶液清洗消毒患部，再撒上硫酸铜或磺胺粉或涂上磺胺软膏，用纱布包扎；也可用5%～10%的浓碘酊或3%～5%的高锰酸钾溶液涂抹。若蹄底软组织腐烂，有坏死性或脓性渗出液，则要彻底扩创，将所有坏死组织和脓汁都清除干净，再用2%～3%来苏儿或饱和硫酸铜溶液和高锰酸钾溶液消毒患部，用酒精或高度白酒棉球擦干患部，并封闭患部。

可选用以下药物填塞、治疗。

(1) 用四环素粉或土霉素粉填上，外用松节油棉塞后包扎。

(2) 用硫酸铜和水杨酸粉或消炎粉填塞包扎，外面涂上松节油以防腐防湿。

(3) 用碘酊棉花球涂擦，再用麻丝填实、包扎。

(4) 用磺胺类或抗生素类软膏填塞、包扎，再涂上松节油。

(5) 将50～100 g豆油烧开，立即灌入患部，用药棉填塞或用黄蜡封闭，包扎固定。

以上各种治疗方法每隔2～3 d需换1次药。

对急性、严重病例，为了防止败血症的发生，可用青霉素、链霉素和磺胺类药物进行全身防治。同时采取以下预防措施：在饲料中补喂矿物质，特别要平衡补充钙、磷；及时清除厩舍中的粪便、烂草、污水等。在厩舍门前放置用10%～20%硫酸铜液浸泡过的草袋，或在厩舍前设置消毒池，池中放入10%～20%硫酸铜溶液，使羊每天出入时洗涤消毒蹄部2～4次。羊患腐蹄病时要隔离饲养。

五、羊口疮

1. 病因 羊口疮又称"羊传染性脓疱"，是绵羊和山羊的一种由病毒引起的传染病。羊口疮多于春秋两季群发于3～6月龄羊，成年羊也可感染，但发病较少，呈散发性流行。病羊和带毒羊是主要传染源。自然感染主要是因购入的带病毒的羊传入，或是利用受污染的畜舍及草地而感染。

2. 症状　病羊以口唇部感染为主要症状。首先在口角、上唇或鼻镜上发生散在的小红斑点，以后逐渐变为丘疹、结节，继而形成小疱或脓疱，蔓延至整个口唇周围及颜面、眼睑和耳郭等部，形成大面积具有龟裂、易出血的污秽痂垢，痂垢下肉芽组织增生，嘴唇肿大外翻呈桑葚状突起。口腔黏膜也常受损害，黏膜潮红，在口唇内面、齿龈、颊部、舌及软腭黏膜上发生水疱，继而发生脓疱和烂斑。若伴有坏死杆菌等继发污染，则恶化成大面积的溃疡，深部组织坏死，口腔恶臭。病羊由于疼痛而不愿采食，表现流涎、精神不振、食欲减退或废绝、反刍减少、被毛粗乱无光、日渐消瘦。哺乳母羊的乳房也可能同样患病，主要是由于被小羊咬伤而感染。

3. 预防

（1）本病主要通过受伤的皮肤和黏膜传染，因此，要保护皮肤和黏膜不使其发生损伤。尽量不喂干硬的饲草，挑出其中的芒刺。给羊加喂适量食盐，以减少羊啃土、啃墙，保护皮肤、黏膜。

（2）不要从疫区引进羊及其产品，对引进的羊只隔离观察15 d以上，确认无病后再混群饲养。

（3）在本病流行地区，用羊口疮弱毒疫苗进行免疫接种。接种时按每头份疫苗加生理盐水在阴暗处充分摇匀，每只羊在口腔黏膜内注射0.2 mL，以注射处出现一个透明发亮的小水泡为准。也可把病羊口唇部的痂皮取下，研成粉末，用5%的甘油生理盐水稀释成1%的溶液，对未发病羊做皮肤划痕接种，经过10 d左右即可以产生免疫力，对预防本病效果较好。

4. 治疗

（1）首先隔离病羊，对圈舍、运动场进行彻底消毒。

（2）给病羊柔软、易消化、适口性好的饲料，保证充足的清洁饮水。

（3）先将病羊口唇部的痂垢剥除干净，用淡盐水或0.1%高锰酸钾水充分清洗创面，然后用紫药水或碘甘油（将碘酊和甘油按1∶1的比例充分混合即成）涂抹创面，每天1～2次，直至痊愈。

（4）药物治疗。用病毒灵0.1 g/kg、青霉素钾或钠盐4～5 mg/kg，每天1次，连用3 d为1个疗程，间隔2～3 d进行第2个疗程，一般2～3个疗程即可；也可以用维生素C 0.5 mL、维生素B_{12} 0.02 mL，混合，肌内注射，每天2次，3～4 d为1个疗程，连用2个疗程。

六、鼻蝇蛆病

1. 症状 羊鼻蝇蛆病是羊鼻蝇幼虫寄生在羊的鼻腔或额窦里，并引起慢性鼻炎的一种寄生虫病。

患羊表现为精神萎靡，可视黏膜淡红，鼻孔有分泌物，摇头、打喷嚏，运动失调，头弯向一侧旋转或发生痉挛、麻痹，听力、视力下降，后肢举步困难，有时站立不稳，跌倒而亡。

羊鼻蝇成虫多在春、夏、秋季出现，尤以夏季为多。成虫在 6、7 月开始接触羊群，雌虫在牧地、圈舍等处飞翔，钻入羊鼻孔内产幼虫。经 3 期幼虫阶段发育成熟后，幼虫从深部逐渐爬向鼻腔，当患羊打喷嚏时，幼虫被喷出，落于地面，钻入土中或羊粪堆内化为蛹，经 1～2 个月后成蝇。雌雄交配后，雌虫又侵袭羊群再产幼虫。

2. 治疗

（1）消灭羊舍或牧羊场上的羊鼻蝇成虫。在成虫飞翔季节，在羊鼻腔周围和鼻部涂搽滴滴涕或凡士林软膏，每隔 7 d 换药 1 次，可防成虫飞进鼻腔。

（2）敌百虫，每千克体重 0.075～0.1 g，灌服，对寄生在鼻腔内的幼虫有 100%的杀伤力，对进入鼻腔深处的幼虫有 70%左右的杀伤效果。

（3）3%的来苏儿，喷洗鼻腔，每侧鼻腔孔喷射药液 20～30 mL；也可用 1%的敌百虫溶液喷鼻。

（4）用百部根煎成浓汁，滴入病羊鼻腔，效果显著。

七、羊肺炎

1. 病因

（1）感冒。如圈舍湿潮，空气污浊，而兼有贼风，即容易引起鼻卡他及支气管卡他，如果护理不周，即可发展成肺炎。

（2）气候剧烈变化。如放牧时忽遇风雨，或剪毛后遇到冷湿天气。严寒季节和多雨天气更易发生。

（3）羊抵抗力下降。在绵羊并未见到病原菌存在，人类肺炎球菌在家畜没有发现，但当其抵抗力下降时，许多细菌即可乘机而起，发生病原菌的作用。

（4）异物入肺。吸入异物或灌药入肺，都可引起异物性肺炎（机械性肺炎）。灌药入肺多因灌药过快，或者由于羊头抬得过高，同时羊只挣扎反抗而导致。例如，羊患臌胀病时灌服药物，由于羊呼吸困难，最容易挣扎而导致异物性肺炎。

（5）肺寄生虫引起。如肺丝虫的机械作用或造成营养不良而发生肺炎。

（6）可为其他疾病（如出血性败血病、假结核等）的继发病。往往因病中长期偏卧一侧，引起一侧肺充血，而发生肺炎。一旦继发肺炎，致死率常比原发疾病高。

2. 症状 症状因病因的性质而异。其发展速度大多很慢，但若是小羊，偶尔也有急性的。初发病时，精神委顿，食欲减退，体温上升达 40～42 ℃，寒战，呼吸加快。心悸亢进，脉搏细弱而快，眼、鼻黏膜变红，鼻无分泌物，常发干，有痛苦的咳嗽音。以后呼吸愈见困难，喘息，终至死亡。死亡常在 1 周左右，死亡率高低不定。

3. 预防 加强调养管理，这是最根本的预防措施。为此应供给羊只富含蛋白质、矿物质、维生素的饲料；注意圈舍卫生，不要过热、过冷、过于潮湿，通气要好。下午较晚时不要给羊只洗浴。剪毛后若遇天气变冷，应迅速把羊赶到室内，必要时还应在室内生火。远道运回的羊只，不要急于喂给精料，应多喂青饲料或青贮料。

为防止异物性肺炎，灌药时务必小心，不可使羊嘴的高度超过额部，同时灌入要缓慢。灌药时若羊只咳嗽，则应立刻停止。最好使用胃管灌药，但须注意的是不可将胃管插入气管内。

由传染病或寄生虫病引起的肺炎，应集中力量治疗原发病。

4. 治疗 首先要加强护理，发现羊只患病之后，应及早把羊安置在清洁、温暖、通风良好且无贼风的羊舍内，保持安静，喂给容易消化的饲料，经常供应清水。

（1）采用抗生素或磺胺类药物治疗，病情严重时两种药物可以同时应用。即在肌内注射青霉素或链霉素的同时，内服或静脉注射磺胺类药物。采用四环素或卡那霉素，则疗效更好。

（2）四环素 50 万 U 糖盐水 100 mL，充分溶解，一次静脉注射，每天 2 次，连用 3～4 d。

（3）卡那霉素 100 万 U，一次肌内注射，每天 2 次，连用 3～4 d。

对症治疗：根据羊只的不同表现，采用相应的对症疗法。例如，当羊只体温升高时，可肌内注射安乃近 2 mL 或内服阿司匹林 1 g，每天 2～3 次。当发现羊只干咳、有稠涕时，可给予氯化铵 2 g，分 2～3 次，1 d 服完。

还可以按下列处方给药：磺胺嘧啶 6 g、小苏打 6 g、氯化铵 3 g、远志末 6 g、甘草末 6 g，混合均匀，分为 3 次灌服，1 d 用完。

若羊只呼吸十分困难，可腹腔注射氧气。此法简便安全，能够提高治愈率。剂量按每千克体重 100 mL 计算。注射以后，可使病羊体温下降，食欲及一般症状有所改善。虽然羊只在注射后第 1 昼夜呼吸频率有所加快（41～47

次)，呼吸深度有所增加，但经过 2～3 d 后即可恢复正常。

为了强心和增强小循环，可反复注射樟脑油或樟脑水。如有便秘，可灌服油类或盐类泻剂。

八、羊异食癖

羊异食癖是一种代谢机能紊乱、味觉异常的非常复杂的多种疾病的综合征。临床特征是家畜到处舔食、啃咬通常认为无营养价值而不应该采食的东西。一般多发生于冬季和早春舍饲的羊。

1. 病因 矿物质缺乏，特别是钠盐不足。钠的缺乏可因饲料中钠不足，也可因饲料中钾盐过多而造成；维生素缺乏，特别是 B 族维生素的缺乏，可导致体内代谢紊乱；还可导致蛋白质和氨基酸缺乏。饲料蛋白质含量不足时，特别是硫元素缺乏时，可引起食毛症。矿物质锌缺乏，可能会造成啃毛现象。

2. 症状 羊异食癖一般以消化不良开始，接着出现味觉异常和异食症状。患羊舔食、啃咬、吞咽被粪便污染的饲料或垫草。舔食墙壁、食槽、砖、瓦块等，对外界刺激的敏感性增高，以后变为迟钝。被毛无光泽、贫血、消瘦。羊有时可发生食毛癖，多见于羔羊。

3. 预防 改善饲养管理，给予全价日粮。该病的预防一般不需要加特殊药品，合理饲喂即可。

4. 治疗 根据地区土壤缺乏矿物质的情况，缺什么补什么。严重时可以适当添加一些富含矿物质及维生素的饲料，满足羊只对此类营养物质的需要即可。

九、急性瘤胃胀气

1. 病因 急性瘤胃胀气多发于春秋季，由于放牧时羊只采食了大量带露水的青草及鲜地瓜秧、苜蓿等豆科类牧草，这些青草在瘤胃中发酵产生大量气体，引起瘤胃迅速膨胀。有时因为冬天长期饲喂青干草，春季偶吃青草容易采食过量，大量青草在瘤胃内发酵产生大量气体，引发该病。

2. 症状 患病羊往往突然发病，食欲废绝，反刍停止，站立不安，腹部胀满，呼吸急促。重者四肢开张，张口喘气，甚至全身出汗，步态不稳，突然倒地窒息而亡。

3. 预防 该病在放牧时易发，有条件的可采用舍饲饲养，在一定程度上可避免该病。不要给羊只饲喂带露水或者冰霜的饲料。开春时应注意控制羊只采食量，以防过饱。可采用羊 TMR 颗粒饲料，能够有效地避免该病发生。

4. 治疗 此病一般发病较急，应立即急救，找一截柳树棍塞到羊嘴内，两端用绳子拴在羊头上，让羊咀嚼，同时用手按摩其左肷部，帮助排气。或将5～10支香烟剥纸，分两次将其中的烟丝塞进羊嘴内，病轻者吃烟丝后1 h即愈，还可以用新鲜的草木灰10～20 g和植物油50～100 mL搅拌均匀后灌服。如上述方法都不见效，应请兽医进行穿刺放气。

十、尿结石

尿结石（石淋）是指在肾盂、输尿管、尿道内生成或存留，以碳酸钙、磷酸盐为主的盐类结晶，致使羊排尿困难，并由结石引起的泌尿器官发生炎症的疾病。该病以尿道结石多见，而肾盂结石、膀胱结石较少见。种公羊多发。临床以排尿障碍、肾区疼痛为特征。

1. 病因　根据对临床病例进行分析，发现该病常与以下因素有关：一是溶解于尿液中的草酸盐、碳酸盐、尿酸盐、磷酸盐等，在凝结物周围沉积形成大小不等的结石，结石的核心可能有上皮细胞、凝血块、脓汁等有机物。二是由尿路炎症引起的尿潴留或尿闭，可促进结石形成。三是饲料和饮水中含钙、镁盐类较多，饲喂大量的甜菜块根及渣粕，饲料中麸皮比例较高等，常可促使该病发生。四是种公羊患肾炎、膀胱炎、尿道炎时，不可忽视尿结石的形成。

2. 症状　尿结石常因发生的部位不同而出现不同的症状。

尿道结石常在结石完全或不完全阻塞尿道，引起尿闭、尿痛、尿频时，才被人们发现。病羊排尿努责，痛苦咩叫，尿中混有血液。尿道结石可致膀胱破裂。膀胱结石不影响羊排尿时，一般无临床症状，常在死后剖检时，才发现肾盂处有大量结石。

肾盂内较小的结石可进入输尿管，使之扩张，使羊发生病痛症状。显微镜检查尿液，可见有脓细胞、肾盂上皮、沙粒或血液。尿闭时，常可发生尿毒症。

对尿液少或尿闭以及有肾炎、膀胱炎、尿道炎病史的公羊，不应排除发生尿结石的可能。

3. 预防　本病以预防为主。可根据病因做好具有针对性的预防工作。在管理上注意尿道、膀胱、肾脏炎症的治疗；在饲料方面，应该做好饲料钙磷比例的合理搭配，一般为（1∶1）～（2∶1），精料中含有较多的磷，长期大量饲喂精料会使羊只摄入磷的量增加，易形成磷酸盐结石，粗饲料中钙的含量较高，青绿饲料中含草酸较多，容易结合生成草酸钙结石。采用营养物质合理搭配的饲料来饲养可以避免此种情况发生。在饮水方面，有些地方的水质较硬，更应该防止该病的发生。

4. 治疗　药物治疗一般无效果。对种公羊，可施行尿道切开术，取出结石。由于肾盂和膀胱中的小块结石可随尿液落入尿道，进而形成尿道阻塞，所以在施行肾盂及膀胱结石取出术时，对预后要慎重。

项目三　羊常见寄生虫病的防控

任务目的

知识：1. 了解羊的生物学特性。

2. 应用羊的生物学特性，提高养羊生产能力。

技能：初步认识羊的生物学特性。

知识准备

一、肠道线虫

1. 病因　羊通过采食被污染的牧草或饮水而感染。

2. 症状　羊消化道线虫感染的临床症状以贫血、消瘦、下痢便秘交替和生产性能降低为主要特征。表现为患病羊只结膜苍白、下颌间和下腹部水肿，便稀或便秘，体质瘦弱，严重时造成死亡。

3. 预防　可采取加强饲养管理、定期轮牧和定期驱虫相结合的综合防治措施。

4. 治疗　常用左旋咪唑，口服，每千克体重 8～10 mg，肌内注射每千克体重 7.5 mg。驱虫时，应在首次给药后 2～3 周再重复用药。丙硫咪唑（抗蠕敏），口服，每千克体重 5 mg。虫克星（阿维菌素）或精制敌百虫效果也很好。

二、绦虫

1. 病因　羊放牧时吞食含有绦虫卵的地螨而引起感染。

2. 症状　感染绦虫的病羊一般表现为食欲减退、饮欲增加、精神不振、虚弱、发育迟滞。严重时病羊下痢，粪便中混有成熟绦虫节片。病羊迅速消瘦、贫血，有时出现痉挛或回旋运动或头部后仰的神经症状。有的病羊因虫体成团而引起肠阻塞引起腹痛甚至肠破裂，因腹膜炎而死亡。病末期，羊只常因衰弱而卧地不起，多将头折向后方，经常作咀嚼运动，口周围有许多泡沫，最后死亡。

3. 预防

（1）采取圈养的饲养方式，以免羊吞食地螨而感染。

（2）避免在低湿地放牧，尽可能地避免在清晨、黄昏和雨天放牧，以减少感染。

（3）定期驱虫，舍饲改放牧前对羊群驱虫，放牧 1 个月内驱虫 2 次，1 个月后 3 次驱虫。丙硫咪唑，每千克体重 10 mg；氯硝柳胺，每千克体重 100 mg；硫双二氯酚，每千克体重 75～150 mg。

（4）驱虫后的粪便要及时集中堆积发酵或沤肥，至少 2～3 个月才能杀灭虫卵。

（5）经过驱虫的羊群，不要到原地放牧，及时转移到安全牧场，可有效地预防绦虫病的发生。

4. 治疗 常用氯硝柳胺，内服，每千克体重 50～70 mg，投药前停饲 5～8 h。

三、肺线虫

1. 病因 当肉羊吃草或饮水时，都有可能感染幼虫。

2. 症状 羊群遭受感染时，首先个别羊干咳，继而成群咳嗽，运动时和夜间更为明显，此时呼吸声亦明显粗重，如拉风箱。频繁而痛苦的咳嗽时，常咳出含有成虫、幼虫及成卵的黏液团块。咳嗽时伴发啰音、呼吸急促，鼻孔中排出黏稠的分泌物，干涸后形成鼻痂，从而使呼吸更加困难。病羊常打喷嚏，逐渐消瘦，贫血，头、胸及四肢水肿，被毛粗乱。羔羊症状严重，死亡率也高。羔羊轻度感染或成年羊感染时的症状较轻。小型肺线虫单独感染时，病情表现比较缓慢，只是在病情加剧或接近死亡时，病羊才明显表现为呼吸困难、干咳或呈暴发性咳嗽。

3. 预防

（1）改善饲养管理，提高羊的健康水平和抵抗力，可缩短虫体寄生时间。

（2）在本病流行地区，每年春秋两季（春季在 2 月，秋季在 11 月为宜）进行 2 次以上定期驱虫，驱虫治疗期应将粪便进行生物热处理。

（3）加强羔羊的培育，羔羊与成羊分群放牧，并饮用流动水或井水；有条件的地区，可实行轮牧；避免在低洼沼泽地区放牧；冬季应予适当补饲。

4. 治疗

（1）驱虫净。每千克体重 10～20 mg，1 次灌服，肌内注射或皮下注射，每千克体重 10～12 mg。

（2）左旋咪唑。每千克体重 8 mg，1 次灌服；肌内注射或皮下注射，每千克体重 5～6 mg。

（3）丙硫苯咪唑。每千克体重 5～10 mg，1 次灌服。

（4）苯硫咪唑。每千克体重 5 mg，1 次灌服。

（5）氰乙酰肼（网尾素）。每千克体重 17 mg，1 次灌服，每天 1 次，连用 3～5 d；或每千克体重 15 mg，皮下注射或肌内注射，如有中毒症状可用同剂量维生素 B_6 解救。

（6）亚砜咪唑。每千克体重 5 mg，1 次灌服。

四、肝片吸虫

1. 病因 本病是由片形吸虫寄生于羊等反刍动物的肝脏胆管内引起的一种寄生虫病。在我国有两种病原，即肝片吸虫和大片吸虫。

2. 症状 多发于夏秋两季，病羊表现为精神沉郁，食欲不佳，可视黏膜极度苍白，黄疸，贫血。逐渐消瘦，被毛粗乱，毛干易断，肋骨突出，眼睑、颌下、胸腹下部水肿。放牧时有的吃土，便秘与腹泻交替发生，拉出黑褐色稀粪，有的带血。病情严重的，一般 1～2 个月后，因病恶化而死亡；病情较轻的，拖延到次年天气回暖，饲料改善后逐渐恢复。

3. 预防 每年春、秋两季是防治此病的关键时期。饲养户一定要抓住这个关键时期，做好驱虫工作。因此时驱虫，既能杀死当年感染的幼虫和成虫，又能杀灭由越冬蚴感染的成虫。

4. 治疗 常用硝氯酚，肌内注射，每千克体重 3～4 mg，皮下注射，每千克体重 1～2 mg。丙硫咪唑，每千克体重 10 mg。

五、血吸虫

1. 病因 羊饮水或放牧时，血吸虫的尾蚴即钻入羊皮肤或通过口腔黏膜进入羊体内。

2. 症状 羊患本病多呈慢性经过，只有当突然感染大量尾蚴后，才急性发病。病羊表现为体温升高，似流感症状，食欲减退，精神不振，呼吸迫促，有浆液性鼻液，下痢，消瘦等，常可造成大批死亡。一经耐过则转为慢性。轻度感染的羊，缺乏急性表现。慢性病例一般呈现黏膜苍白，下颌及腹下水肿，腹围增大，消化不良，软便或下痢。幼羊生长发育停滞，甚至死亡。母羊不发情、不孕或流产。

3. 预防 定期驱虫，淘汰病羊。结合水土改造工程或用灭螺药物杀灭中间宿主，阻断血吸虫的发育途径。疫区内粪便进行堆肥发酵和制造沼气，既可增加肥效，又可杀灭虫卵。选择无螺水源，实行专塘用水，以杜绝尾蚴的感染。

4. 治疗

（1）硝硫氰胺，每千克体重 4 mg，配成 2%～3%水悬液，颈静脉注射。

（2）吡喹酮，每千克体重 30～50 mg，1 次口服。

（3）敌百虫，绵羊每千克体重 70～100 mg，山羊每千克体重 50～70 mg，灌服。

（4）六氯对二甲苯，每千克体重 200～300 mg，灌服。

六、焦虫病

1. 病因 焦虫病是由蜱传播的，这种病是一种季节性很强的地方性流行病。

2. 症状 病羊精神沉郁，食欲减退或废绝，体温升高到 40～42 ℃，呈稽留热型。呼吸促迫，喜卧地。反刍及胃肠蠕动减弱或停止。初期便秘，后期腹泻，粪便带血丝。羊尿混浊或血尿。可视黏膜充血、部分有眼屎，继而出现贫血和轻度黄疸，中后期病羊高度贫血、血液稀薄，结膜苍白。肩前淋巴结肿大，有的颈下、胸前、腹下及四肢发生水肿。

3. 预防

（1）在秋冬季节，应搞好圈舍卫生，消灭越冬硬蜱的幼虫；春季刷拭羊体时，要注意观察及抓蜱。可向羊体喷洒敌百虫。

（2）加强检疫，不从疫区引进羊，新引进的羊要隔离观察，严格把好检疫关。

（3）在流行地区，于发病季节前，每隔 15 d 用三氮脒预防注射 1 次，按每千克体重 2 mg 配成 7%水溶液，肌内注射。

4. 治疗

（1）国产血虫净，每千克体重 5 mg，用蒸馏水配成 2%溶液，臀部深层分点肌内注射，每天 1 次，一般注射 3 次为一疗程，疗效为 100%。

（2）阿卡普林，每千克体重 2 mL，用蒸馏水配成 1%溶液，皮下注射 1 次即可，也可应用黄色素静脉注射或口服焦虫片等。

（3）用驱虫药的同时应加强护理和采取强心、补液、健胃、清肝利胆等对症治疗措施。

七、体外寄生虫

常用敌百虫治羊鼻蝇，内服，每千克体重 60～70 mg；治疥螨，用 0.5%敌百虫溶液药浴。也可用 0.1%畜卫佳，内服，每千克体重 0.3 g。或肌内注射阿维菌素等。

能力转化

1. 简述羊场常用疫苗及其使用方法。
2. 简述羊异食癖的病因、预防方法以及治疗方法。

单元三
奶牛常见病防控

教学目标

掌握奶牛常见病的防控。

项目一　奶牛常见病防控

任务目的

知识：掌握奶牛常见病的防治技术。

技能：初步认识奶牛的常见疾病。

知识准备

一、传染性疾病的防治

1. 总则　牛传染病的流行是由传染源、传染途径与易感牛 3 个要素相互关联而形成的，必须采取适当的综合性卫生防疫措施，消除或切断三者中的任何一个环节，才能控制传染病的发生与流行。

2. 加强喂养管理，搞好清洁卫生　奶牛场必须贯彻“预防为主”的方针，只有加强饲养管理，搞好清洁卫生，增强奶牛的抗病能力，才能减少疾病的发生。各类饲料在饲喂前必须仔细检查，凡是发霉、变质、腐烂的饲料均不得饲喂。牛的日粮应根据喂养标准配制，满足生长与生产的需要，并根据不同阶段及时进行调整。要保证供应足够的清洁饮水。饲喂时还要经常注意牛的食欲变化及对饲料的特殊爱好。

应让奶牛适量运动。除大风、雨雪、酷暑及放牧场潮湿泥泞不宜放牧外，应经常放牧，增加其运动量与光照度。牛舍门窗要随季节及天气变化注意启闭。其原则是：冬天要保暖，空气要流通，防止贼风及穿堂风，以防奶牛感冒；夏天要做好通风与防暑降温工作，有条件的可用冷水喷淋，防止热应激。牛舍要尽量做到清洁干燥。放牧场必须在每次放牧后清除牛粪，并经常清除杂草、碎砖石及其他杂物。

3. 坚持消毒制度，加强隔离与封锁 奶牛场必须严格执行消毒制度，清除一切传染源。生产区及牛舍进口处要设置消毒池及消毒设备，对进出人员及车辆要进行有效消毒。生产区的消毒每季度不少于1次，牛舍每月消毒1次，牛床每周消毒1次，产牛舍、隔离牛舍与病牛舍要根据具体情况进行必要的经常性消毒。如发现牛只可能患有传染性疫病时，病牛应隔离喂养，死亡奶牛应送到指定地点妥善处理。养过病牛的场地应立即进行清理与消毒，污染的喂养用具也要严格消毒，垫草（料）要烧毁。发生呼吸道传染病时，牛舍内还应进行喷雾消毒。在疫病流行期间应加强消毒的频率。

引进新牛时，必须先进行必要的传染病检疫。阴性反应的牛还应按规定隔离喂养一段时间，确认无传染病时，才能并入原有牛群喂养。当暴发烈性传染病时，除严格隔离病牛外，应立即向上级主管部门报告，还应划区域封锁。在封锁区边缘要设置明显标识，减少人员往来，必要的交通路口应设立检疫消毒站，执行消毒制度，在封锁区内更应严格消毒。应严格执行兽医主管部门对病、死牛的处理规定，妥善做好消毒工作。在最后一头牛痊愈或处理后，经过一定的封锁期及全面彻底消毒后，才能解除封锁。

4. 建立定期检疫制度 牛结核病与布鲁氏菌病都是人兽共患病。早期查出患病牛只，及早采取果断措施，以确保牛群的健康与产品安全。按现今的规定，牛结核病可用牛结核病提纯结核菌素变态反应法检疫，健康牛群每年进行2次。牛布鲁氏菌病可用布鲁氏菌试管凝集反应法检疫，每年2次。其他的传染病可根据具体疫病采用不同方法进行。

寄生虫病的检疫则根据当地经常发生的寄生虫病及中间宿主进行定期检查，如屠宰牛的剖检、寄生虫虫卵的检查、血液检查以及体表的检查等，对疑似病牛及早进行预防性治疗。

5. 定期执行预防接种制度 我国幅员辽阔，各地疫情不一，应遵照执行当地兽医行政部门提出的奶牛主要疾病免疫规程定期接种疫苗。增强奶牛对传染病的抵抗力，如抗炭疽病的炭疽芽孢苗等。

6. 严格执行农业部有关兽药管理条例新的实施细则，认真实施NY 5046—

2001 无公害畜产品《奶牛喂养兽药使用准则》、NY 5047—2001《奶牛喂养兽药防疫准则》。

二、普通病的防治

1. 总则　奶牛普通病的防治，重点是搞好饲养管理。饲喂奶牛应严格遵照奶牛的生理特殊需求与喂养标准，按不同的生长阶段与生产性能给予含有适量营养、质地优良、无毒无害、适口性好、精粗饲料配比恰当的日粮。应喂养在干燥、清洁的场所；在气温适宜、放牧条件良好时，应让奶牛在室外活动，保持适当的光照度。

2. 犊牛喂养管理要点　犊牛出生后 1～2 h 应喂 1～2 kg 母牛初乳，因初乳中含有大量免疫球蛋白，极有利于增强初生犊牛的抗病能力。7 d 内应饲喂母乳，7 d 后方可改喂混合牛乳或采用代乳粉冲喂，但应做到定时、定量与定温。每头犊牛的总哺乳量 350～400 kg，哺乳期约 60 d，个别发育较差的犊牛，可酌情增加。

3. 后备牛饲养管理要点　按喂养标准给予精料，并饲喂优质粗料。在生长发育正常的基础上，满 15～17 月龄、体重达 375 kg 以上时可进行配种。对未达体重标准的，应改善饲养管理并延后至 18 月龄时配种。

4. 围生期饲养管理要点　妊娠后期的重胎牛在临产前 1 周应移至产房喂养。产房应清洁、干燥，并经常消毒。喂养员应加强对待产牛的观察，尽量做到自然分娩，如有异常分娩时，应在严格清洁消毒后进行产道检查，必要时助产。分娩后母牛胎衣在 12～24 h 仍未排出时，应给药治疗；并观察恶露性质、排出量及子宫复旧状况。围生期喂养应以康复为主，不应快速增料催乳。新产 3 d 内适量挤奶，一般够喂犊牛即可，不应挤净，以防发生产后瘫痪，3 d 后才能挤干牛奶。

5. 泌犊牛饲养管理要点　注意子宫净化，适时配种，确保母牛在产后 3～4 个月受孕。泌乳前期可适当提高日粮中精料的比例，采用引导喂养法，延长泌乳高峰。正确使用挤奶机，定期清洗消毒。定期监测隐性乳腺炎，如隐性乳腺炎的阳性率超过 15%时，应检查并克服奶牛场存在的问题。

6. 干奶牛饲养管理要点　保证有 60 d 的干奶期。在预期干奶前 15 d 应作隐性乳腺炎检测，阳性乳区应给予治疗，治愈后干奶。整个干奶期应特别注意乳房变化，有异常时应及时诊治。饲料应以粗料为主，增喂优质干草，严格控制精料喂量，以防止体膘过肥。

三、病牛的护理

奶牛发病后，应及时发现并进行诊治，以期早日痊愈。患病期间应加强护理，俗话说“三分治疗，七分护理”，可见护理工作对病牛康复的重要性。护理病牛的要点如下：

1. 病牛一般消化机能下降，因此，为使病牛早日康复，饲喂的饲料应易于消化且富含营养，适口性要好，多给予鲜嫩的青绿饲料与优质干草，还应给予足够的清洁饮水。饲喂上要做到少喂勤添，酌增饲喂次数。

2. 加强管理 保持清洁卫生十分重要，因病后牛只抵抗力更弱，为了防止新的感染疾患，喂养场地还应增加消毒次数。因肢蹄疾病或起卧有困难的牛最好饲养于泥土地上，多垫褥草，以防滑跌。每天协助翻身，以防发生褥疮。

项目二 奶牛常见疾病防控

一、胎衣不下

1. 病因 正常奶牛在妊娠过程中，特别是妊娠后期运动不足；钙、磷不足。另外，饲料中营养不全，严重缺乏维生素 A、维生素 E 以及微量元素硒；奶牛妊娠期营养过剩，造成胎儿过大引起难产，造成胎衣不下；奶牛的年龄偏大，胎次高；奶牛营养不良，身体瘦弱；奶牛患有其他生殖系统疾病。

2. 症状 产后 7 h，胎衣仍没有排下来，视为胎衣不下。子宫内膜炎，若不愈，易造成不孕；食欲下降，反刍减少，引发瘤胃积食膨气，消化障碍；产奶量下降，甚至停止；炎症严重时引发全身感染，造成败血症，导致死亡。

3. 防治措施

（1）预防。饲养中注意饲料的全价性，保证营养成分齐全而不缺乏；在饲养管理中，应注意妊娠奶牛日喂量、膘情及犊牛的发育情况；保证妊娠奶牛每天 6 h 的运动时间；保证奶牛的身体健康，若有生殖疾病应及早治疗，及早治愈。

（2）治疗

① 手术剥离。在产后 18～24 h 尽快进行，小心地将子叶逐个剥离干净，然后用高锰酸钾（0.1%）或雷佛奴尔（0.1%）溶液灌注冲洗，再把青链霉素或其他抗生素放入子宫，抹均匀。

② 药物治疗。如没有即时剥离，肌内注射乙烷雌酚、催产素，加快胎衣排出。之后，宫内灌注冲洗，发现全身症状的，肌内注射或静脉注射抗生素。已引起子宫内膜炎的按子宫内膜炎治疗。

二、乳房炎

乳房炎是奶牛易发的一种乳腺疾病，常发生于泌乳期，对奶牛的产奶量影响很大。及时发现、及时治疗是保证奶牛正常产奶的关键环节。

1. 病因　牛舍及运动场卫生条件不好，污水淤积，粪便不及时清除，特别是对牛舍及运动场消毒不严或不消毒，造成病菌通过乳头侵入乳房。由于管理不当，奶牛互相顶撞造成外伤或其他机械碰撞，引起乳房外部或内部炎症。产前饲喂精料过多，产后马上饲喂精料或多汁饲料，造成乳房水肿时间过长，引起内部炎症。挤奶手法错误或机器挤奶负压过高，损伤乳头皮肤。消毒不严，造成病菌通过乳头侵入乳房，引起乳房炎。饲料中缺乏微量元素硒和维生素 E，也会增加乳房炎的发生率。

2. 症状　根据本病的发病经过，可分为 3 种类型：

（1）急性型。乳房患部出现红、肿、热、痛现象，乳上淋巴结肿胀，产奶量急剧下降，严重者停奶，乳汁稀薄，内含絮片、凝块、脓汁或血液。病牛出现精神沉郁，食欲减少，体温升高等症状。

（2）慢性型。急性未治愈，则转变为慢性型。主要症状是乳汁内含絮片、凝块、脓汁。病牛精神不振，食欲减少，产奶量下降。

（3）隐性型。如未彻底治愈，则由慢性型转为隐性型。隐性型乳房炎无全身及乳房症状，但乳房炎检测呈阳性。

3. 防治措施

（1）预防措施。搞好牛舍及运动场卫生，严格消毒。加强管理，杜绝奶牛乳房外伤。产前 1 个月限定精饲料喂量，产后 1 周根据产奶量，逐步增加精饲料，以减轻乳房水肿。挤奶前，用 0.1%高锰酸钾溶液对乳头消毒。配制全价合理的日粮，防止因营养缺乏、代谢不平衡而增加乳房炎的发生几率。经常进行乳房检测，及时发现，及时治疗。

（2）治疗处方（供参考）。

① 乳房内治疗。挤完奶后，用乳管针把青霉素（每个乳区 160 万 U），链霉素（每个乳区 80 万 U）用生理盐水或安痛定稀释后注入乳房内部，并向上推按乳房，使药物作用于整个乳房。每天 2 次。此法在奶牛干奶期使用，效果显著。

② 乳房外治疗。肌内注射治疗乳房炎专用消炎药，如热炎灵、乳炎王，乳炎消、洛奇注射液等。用鱼石脂、磺胺软膏涂抹在乳房上，消除乳房肿块。

中药治疗，给病牛灌服大地产康、乳炎英花散。也可用内治方剂：当归、红花、蒲公英、栝楼、乳香、甲珠、连翘、双花各 16 g，共研细末，一次冲服。柴胡、赤勺、青皮、莪术、漏芦、丹参、蒲公英、银花、甘草各30～45 g，水煎灌服，适用于慢性乳房炎。银花、玄参各30 g，当归、川芎、柴胡、栝楼、连翘各25 g，蒲公英50 g，甘草20 g，共研细末，开水冲调，候温灌服。每天1剂，3 d为一疗程，适用于隐性乳房炎。对发生全身症状的奶牛，除乳房治疗外，还要肌内注射青霉素320万U，链霉素80万U，每天2次，连用数天。也可以用复方长效治菌磺肌内注射，每次10支，3 d 1次，连用2次。

三、子宫内膜炎

1. 病因 奶牛胎衣不下未治疗或未治愈；难产时，助产消毒不严，细菌侵入子宫；人工授精器械消毒不严，配种时，细菌侵入子宫；配种时不注意，损伤了子宫内膜；某些病菌和寄生虫侵入子宫，如布鲁氏菌、结核杆菌、滴虫等；牛舍消毒不严，卫生条件差，奶牛外阴部受污染，细菌侵入阴道并带入子宫，发生感染。

2. 症状 一般分为急性、慢性、隐性3种。患急性子宫内膜炎的奶牛体温升高，食欲减退，精神沉郁，产奶量显著下降。常努责，作排尿姿势。从阴门流出脓性黏液或脓性渗出物，有时夹带血液，有腥臭味。急性未治愈，病程时间较长，则转成慢性子宫内膜炎，严重时引发奶牛脓毒败血症，造成全身感染而死亡。主要症状有发情不正常，从阴门流出混浊常有絮状的黏液，阴道及子宫颈口黏膜充血，肿胀。未彻底治愈则转变成隐性子宫内膜炎，无异常症状，各方面都很正常，但屡配不孕，失去利用价值。

3. 防治措施 冲洗，用0.02%呋喃西林溶液或0.01%高锰酸钾溶液或0.1%雷佛奴尔溶液冲洗子宫，洗后再向子宫内注入20 mL含有青霉素80万U，链霉素100万U的溶液，每天1次，连续几天。肌内注射专治子宫内膜炎的药物，有全身症状的静脉注射抗生素，补液、补糖。灌服中药，如大地产康、宫炎散等。

四、腐蹄病

1. 病因

（1）运动场地过于坚硬，对奶牛的肢蹄刺激较大，造成蹄质过度发育。同时，对奶牛的蹄壳和蹄间隙磨损比较严重，极易引起蹄间隙发炎和细菌感染。

（2）对奶牛修蹄的重要性认识不足，普遍不修蹄，一年一次修蹄均不能保证。

（3）运动场卫生条件不好，奶牛长期站立在粪尿、雨（雪）水当中，牛蹄受到长期浸泡，极易引起蹄间隙发炎和细菌感染。

（4）运动场不整洁，泥土、粪尿中有砖块、草根、石头、树枝等杂物，磨损、刺伤蹄间组织，极易引起蹄间隙发炎和细菌感染。

（5）奶牛日粮中营养不均衡，维生素A、维生素D严重不足，影响了钙、磷代谢，反映到牛体上普遍为骨质较松，前后肢骨骼偏细，这也是引起蹄病的重要原因。

2. 症状　奶牛跛行严重，经常以三蹄质支撑，消瘦、被毛蓬乱，产奶量下降，食欲不振。蹄间隙腐烂，有的已形成空洞，向后延至蹄球部，造成球部肿胀、感染。敲击蹄部，有疼痛反应，切开蹄球皮肤，可看到有黄色脓液及坏死组织。表面发生溃疡并有恶臭味。相邻的趾间皮肤肿胀充血，潮红。

3. 防治措施

（1）预防。平整、清理、软化运动场，排除污水粪尿，清除尖锐杂物，最好都用黄土运动场。每年保持一次修蹄。加强营养调控，饲喂全价营养平衡的日粮，防止钙、磷代谢障碍。

（2）治疗。10%硫酸铜浴蹄，涂抹抗菌药膏。清理蹄患部及蹄间隙、清创，将中药血竭粉抹入空洞创面，烙铁烧热，在血竭粉表面轻轻烙一下，血竭粉即可溶化形成一层保护膜，用绷带包扎。

消炎粉（膏）抹入创面，然后绷带包扎，1 d换1次药。用抗菌药全身注射治疗。对蹄球部的脓肿，可切开皮肤，挤净脓液，创面抹上消炎粉（膏），然后包扎好。全身注射抗菌类药物治疗。

五、不孕症

1. 病因

（1）营养方面。

① 育成期营养不良。奶牛在育成期长期营养不良，缺乏蛋白质饲料，特别是缺乏微量元素和维生素，造成内分泌失调及繁殖器官严重发育不良。

② 泌乳期营养不良。在奶牛的饲养管理中，长期营养不良，缺乏微量元素（硒、锌等）和维生素（维生素A、维生素E、维生素D）造成不孕症。

（2）疾病方面。

① 卵巢疾病，如卵巢静止即卵巢不发育卵泡，卵巢囊肿，持久黄体等。

② 子宫疾病，如子宫内膜炎，子宫肌瘤等。

③ 传染病，如布鲁氏菌病，弯曲菌性流产，病毒性流产，滴虫性流产等。

（3）棉酚中毒。

（4）习惯性流产。

2. 防治措施

（1）饲喂全价、营养均衡的饲料。

（2）治疗疾病。

① 持久黄体。用卵泡雌激素（FSH）100～200 IU，溶于 5～10 mL 生理盐水，肌内注射。注射促黄体释放激素类似物（LRH）400 IU，肌内注射，隔天 1 次。

② 卵巢静止。用孕马血清（PMCG）肌内注射 20～40 mL，隔天 1 次。注射促黄体释放激素类似物（LRH）200～400 IU，肌内注射，隔天 1 次。

③ 卵巢囊肿。促性腺激素释放激素类似物（LRH）400～600 IU，肌内注射，每天 1 次。绒毛膜促性腺激素（HCG），一次静脉注射 0.5 万～1 万 IU。

其他疾病对症治疗。

六、瘤胃酸中毒

反刍动物采食过多易发酵的碳水化合物类饲料，于瘤胃内产生大量乳酸而引起的以前胃机能障碍为主症的一种疾病。

1. 病因 瘤胃积食发病时间过长，前胃弛缓的继发，均可造成瘤胃内酸性物质大量蓄积，引起酸中毒；饲料中精料比例太高；换季或奶牛偷食大量谷物、甜菜、马铃薯；饲料变化太快等均可引发该病。

2. 症状

（1）最急性。精神高度沉郁，双目失明，瞳孔散大，重度脱水，呼吸急促，心跳加快。奶牛精神沉郁，食欲废绝，可视黏膜潮红或发绀，流涎，口鼻有酸臭味儿，瘤胃胀满，蠕动音消失。粪便酸臭稀软或水样，脉搏增加到 100～140 次/min，呼吸加快，体温偏低。病后卧地不起，角弓反张，眼球震颤，最后昏迷死亡。奶牛在 3～5 h 突然死亡。

（2）急性。食欲废绝，反应迟钝，肌肉震颤，走路摇摆，眼窝下陷，瞳孔轻微散大。

（3）亚急性。食欲减退，精神委顿或活泼机敏，瘤胃中等充满，触诊感觉生面团样，常继发或伴发蹄叶炎。

3. 防治措施

（1）制止瘤胃内产酸。用 1%的氯化钠溶液或 1%的碳酸氢钠溶液反复洗胃，直到瘤胃内容物 pH 呈碱性。

（2）解除酸中毒。静脉注射 5%的碳酸氢钠 1 000～2 000 mL。

（3）补液。5%糖盐水，复方氯化钠，生理盐水 6 000～10 000 mL/d，分

2～3 次静脉注射。

（4）强心。20%的安钠咖 10～20 mL，静脉注射。

（5）兴奋瘤胃机能。新斯的明 4～20 mg，毛果芸香碱 40 mg，皮下注射。

（6）调整饲养条件，消除病因，可以从以下几方面入手：禁止突然大量饲喂谷物饲料；饲料中添加缓冲剂；加一些抑制乳酸生成菌作用的抗生素；防止牛偷吃精料。

七、奶牛焦虫病

1. 病因　由焦虫寄生在奶牛的红细胞内引起，是一种有明显地区性和季节性的流行性传染病，由蜱传染此病。

2. 症状　奶牛体温高达 40～41 ℃，多呈稽留热，乳房、下腹部、可视黏膜苍白，出现黄疸，食欲减退，反刍停止，身体消瘦，产奶量急剧下降，最后因极度衰竭而死亡。

3. 治疗

（1）灭蜱，以防止本病的传染。用杀虫剂（敌百虫等）喷洒牛棚、牛舍、牛圈，3 个月 1 次。

（2）体内外驱虫，用杀虫剂（敌百虫等）喷洒牛体表，用依维菌素、阿维菌素喂牛，体内驱虫。

（3）肌内注射贝尼尔（血虫净），每千克体重 8 mg，配制成 0.5%的溶液，隔天 1 次。静脉注射黄色素，每千克体重 3～4 mg，配制成 0.5%的溶液，一次即可，或 2～3 d 重复 1 次。

八、胃肠炎

1. 病因

（1）突然换料，造成奶牛的消化功能紊乱，引起胃肠炎。

（2）饲料（包括粗饲料、精饲料）发霉、变质、有毒，引起胃肠炎。

（3）饮用水过脏、过凉，引起胃肠炎。

（4）风吹雨淋，奶牛感冒，引起胃肠炎。

（5）某些传染病（巴氏杆菌病、沙门氏菌病、牛副结核）的继发症，引起胃肠炎。

（6）瘤胃积食、前胃弛缓、创伤性网胃炎等继发症，引起胃肠炎。

2. 症状　犊牛下痢、脱水。成年牛腹泻，反刍停止，食欲不振，腹痛不安，精神沉郁，体温升高，严重者粪便中混有脓血，里急后重，极度衰竭，卧地不起。

3. 防治措施

（1）消炎。磺胺脒 30～50 g，碳酸氢钠 40～60 g，加水适量，一次投服，每天 2 次，连用 3～5 d。灌服中药，牛羊肠痢欣，每天 2 次。

（2）止泻。碳酸氢钠 40 g，淀粉 1 000 g，一次内服。0.1%高锰酸钾溶液 3～5 L，一次内服。

（3）清理胃肠。硫酸钠、硫酸镁 300～400 g，加水内服。液状石蜡 500～1 000 mL、松节油 20～30 mL，一次内服。

（4）补液。5%葡萄糖生理盐水 3 000～5 000 mL 或复方氯化钠 2 000 mL，维生素 C 2 g，混合静脉注射。

九、皱胃移位

由于皱胃弛缓和皱胃机械性转移造成。

1. 病因

（1）干奶期草品质差，采食量低。

（2）干奶期精饲料喂量大，瘤胃、真胃迟缓。

（3）胎儿大、双胞胎、难产。

（4）胎衣不下、产后瘫痪、酮病。

（5）妊娠后期胎儿将瘤胃抬起，产犊后腹压降低，游离的真胃移到瘤胃的左下方，瘤胃挤压真胃，食道受阻。

2. 症状

（1）左移位。多发生在分娩之后。食欲减少，拒食精料，反刍停止，左腹肋弓部膨大，腹痛，叩诊可明显听到钢管音，排粪迟滞或腹泻。

（2）右移位。突然发病，腹痛，呻吟不定，后肢踢腹，拒食贪饮，瘤胃蠕动停止，排粪黑色，心跳加快，右腹肋弓部膨大，叩诊可明显听到钢管音，常伴发脱水、休克和碱中毒而引起死亡。

3. 防治措施

（1）滚转法。让病牛以背部为轴心，先向左滚转 45°回到正中，再向右滚转 45°，回到正中，如此反复摇晃 3 min，突然停止，最后使病牛站立，检查复位情况。此法成功率不高。

（2）手术疗法。皱胃移位一般采取手术疗法，左侧腹壁切开比较有利。

十、产后综合征

1. 病因 奶牛产前饲养管理不当，或由于难产、胎衣不下、子宫内膜炎等继发而引起。

2. 症状　奶牛产后全身低热，精神不振，食欲减退，反刍次数减少或停止，粗饲料和精饲料采食量减少或停止，产奶量下降，消化机能障碍，阴门流出脓性排泄物。

3. 防治措施

（1）灌服大地产康，每天 1 剂，连服 3 d。配合静脉滴注青霉素 640 万 U、安痛定、葡萄糖、生理盐水混合液 2 000～3 000 mL。

（2）灌服反刍力叮咻 100～150 g，每天 1 剂，奶牛健胃舒 100～150 g，每天 1 剂。

（3）奶牛身体恢复正常后，加喂红黄催乳灵，每天 1 剂，连服 3 d。

十一、犊牛病毒性腹泻

1. 病因　由牛病毒性腹泻黏膜病病毒传染所致。传染源为患病动物及带毒动物，鼻涕、泪水、粪尿、精液均带病毒。通过直接接触或间接接触传染。

2. 症状　急性型病牛体温高达 40～42 ℃，精神沉郁，厌食，严重腹泻，可持续 1～3 周，粪便呈水样、恶臭，流涎，鼻腔流出浆性或黏性液体，咳嗽，呼吸急促。口腔黏膜充血糜烂。

3. 防治措施　无特效治疗方法。犊牛断奶前接种疫苗，对病牛采取抗菌、补液、收敛消化道等方法。

（1）补液。静脉滴注葡萄糖、5%碳酸氢钠、生理盐水混合液 2 000～3 000 mL。每天 2 次。

（2）灌服。黄连 10 g、黄芩 15 g、木香 10 g、白芍 10 g、当归 10 g、枳壳 15 g、栀子 15 g、葛根 10 g、柴胡 15 g，1 服两煎，一次灌服。

十二、疥癣病

1. 病因　疥癣病又称牛螨病，病原体是寄生在牛的皮肤上的螨。

2. 症状　病牛在头颈部出现丘疹样不规则病变，病牛剧痒，用力磨蹭患部，致使患部脱毛、落屑、皮肤增厚，失去弹性。鳞屑、污物、被毛和渗出物黏结在一起，形成痂垢。严重时可波及全身。

3. 防治措施　先剪去牛患部和附近的被毛，然后反复涂药，直至痊愈。用伊维菌素片进行体内驱虫。还可以药浴。

十三、酮病

又称牛酮血症，是由于日粮中碳水化合物和生糖物质不足，以致脂肪代谢紊乱，使组织中酮体（丙酮、乙酰乙酸、β-羟丁酸）的浓度增高，引起全身功能失调，产奶量下降，发情延迟，配种不妊。

1. 病因 饲料不平衡，精良比例过高粗粮比例偏低；遗传因素，高产犊牛多发；干奶期高能饲料摄入过多，饲料中蛋白含量过低。

该病主要发生于肥膘奶牛。肥膘奶牛产后采食量低，肝脂肪沉积多，对酮的处理能力弱。偶见于营养极不平衡、消化和内分泌功能紊乱和患有肝病的奶牛。产后奶牛产奶量快速上升，但采食量上不去，奶牛动用大量的体脂供给产奶。在体脂分解的过程中酮类中间产物无法快速代谢，在体内大量蓄积造成酮病。

2. 症状

（1）消化型。采食量下降；拒食精料；异食、喜喝污水；精神沉郁，不愿走动。

（2）神经型。目光怒视，棚内乱转，四肢叉开或相互交叉，站立不稳，流涎，吼叫，震颤。

（3）瘫痪型。与产后瘫痪类似，泌乳量、体重下降，食欲不振，眼怒视，肌肉持续性痉挛，不能站立。

3. 防治措施

（1）预防。关键是科学管理，合理调配日粮。高产奶牛要给足够的碳水化合物。产前应注意奶牛的膘情，并维持较高的采食量。

（2）治疗。

① 丙二醇，0.11～0.45 kg/（头·d），持续 10 d。丙酸钠，0.23 kg/（头·d），每天 2 次，持续 10 d。

② 替代疗法，静脉注射 25％葡萄糖 1 000 mL。

③ 提高碱贮，解除酸中毒，可用 5％碳酸氢钠 1 000 mL 一次静脉注射；防止不饱和脂肪酸生成过氧物可用维生素 E 2 000 mL 一次静脉注射；促进皮质激素的分泌可用维生素 A，每千克体重 500 IU，内服或维生素 C 2～3 g 内服。丙二醇 120 g/（d·头），治疗血酮。

④ 调整瘤胃机能，喂给健康牛瘤胃液 3～5 L，每天 2～3 次。或脱脂乳 2 L，蔗糖 500～1 000 g，一次内服，每天 1 次。

十四、产后瘫痪

又称乳热病。是产后母牛突然发生的一种急性低血钙症。

1. 病因 干奶期饲喂高钙日粮，饲料中钙、磷比例不平衡；长时间缺乏维生素 A 和维生素 D；产后挤奶量过多（第 1 天 1/3，第 2 天 1/2，第 3 天 2/3，第 4 天挤完）；产后奶牛开始大量产奶，奶中含有大量的钙，此时奶牛消化道难以吸收足够的钙到血液中，且由于干奶期高钙日粮的作用又减弱了从骨骼中调运钙的能力；维生素 A 和维生素 D 缺乏也会减少钙的吸收，从而出现短时间内血钙过低、肌肉无力。

2. 症状　患牛失去意识和知觉，共济失调，四肢瘫痪，消化道麻痹，体温下降和低血钙。产犊前后体重均下降。

3. 防治措施

（1）预防。产犊前补饲维生素 D，2000 万 IU/（头・d），分 2 次拌饲喂服，持续 5～7 d。

（2）治疗。含钙物质静脉注射；补维生素 A、维生素 D；补给肌肉兴奋剂；少挤奶。

十五、青草搐搦症

1. 病因　奶牛青草搐搦是由于血镁指标明显下降而引起奶牛兴奋、痉挛等典型神经症状的疾病，尤以早春放牧开始后 2～3 周发病最为集中，危害也最大。其主要原因是初春青草中含镁量较低而含钾量相对较高，奶牛采食大量含钾的青草或小麦后引发青草搐搦病。特别是阴雨之后迅速生长的青草和谷草中含镁、钙、钠离子及糖分非常低，而含钾、磷离子比较多，采食这种青草更易发病。多发生于青饲料丰富的季节。

2. 症状　神经过敏，步履蹒跚，全身性痉挛甚至死亡。本病发生突然，多呈现特急性型或急性型经过，如不及时防治，很容易死亡。

3. 防治措施　氧化镁，14 g/（头・d），用于早春时节预防该病。对本病要做到防治并举：一是初春时节不宜过度放牧，避免奶牛采食过量青草，更不能采食露水草和雨水草，最好半日放牧半日舍饲，且每次放牧时不能让牛连续采食超过 2 h，最多让其吃至六七成饱；二是初春时节，对放牧的奶牛或大量供给青草的奶牛，每天每头要在精饲料中加入氧化镁 50～60 g，以补充镁的不足；三是出现症状的患牛，必须抓紧抢救，根据患牛的体况和大小，每头用 20％硫酸镁溶液 200～400 mL，连日或隔日静脉注射或皮下注射 3 次，首次配合静脉注射 20％硼酸葡萄糖钙注射液 200 mL，只要抢救及时，完全可取得立竿见影之效。

十六、牛副结核病

副结核病也称副结核性肠炎，主要发生于牛，是一种慢性传染病，其显著特征是顽固性腹泻和逐渐消瘦，肠黏膜增厚并形成皱裂。本病在一般养牛地区都可能存在。

1. 病因　病原为副结核分支杆菌，为革兰氏阳性小杆菌，具有抗酸染色特点，本菌对热和消毒药的抵抗力与结核杆菌相似。副结核杆菌主要引起牛发病，尤其是奶牛、幼年牛最易感。在病畜体内，副结核杆菌主要位于肠黏膜和肠系膜淋巴结，患病牛包括没有明显症状的病牛从粪便排出大量病菌。病菌对外界抵抗力强，因此可存活数月，病原菌污染饮水、草料等，通过消化道侵入健康牛。一部分病例病菌还可随乳汁和尿排出体外。部分母牛还可通过子宫感染而传染给犊牛。

虽然幼年牛易感，但其潜伏期长达6～12个月，甚至更长，一般2～5岁才出现临床症状，特别是母牛开始怀孕、分娩和泌乳时易出现临床症状，因此高产奶牛症状较低产牛严重，饲料中缺少无机盐，可能会促进疾病的发展。

2. 症状 早期症状为间断性腹泻，以后变为经常性、顽固性腹泻，排泄物稀薄、恶臭，带有气泡、黏液和血凝块。食欲起初正常，精神也很好，以后食欲有所减退，逐渐消瘦，眼窝下陷，精神不好，经常躺卧，泌乳量逐渐降低，最后全停，皮肤粗糙，被毛粗乱，下颌及垂皮可见水肿，体温常无变化。腹泻有时可暂停，排泄物恢复正常，体重有所增加，然后再腹泻，给青绿多汁饲料可加剧腹泻症状，如腹泻不止，经3～4个月可因衰竭而死亡。染疫牛群年死亡率可达10%。根据症状和病理变化，一般可做出初步诊断，但需与冬痢、沙门氏菌病、体内寄生虫、营养不良等区分。用副结核菌素或禽结核菌素作变态反应试验，可检出大部分隐性型病牛。

病尸消瘦，主要病变在消化道和肠系膜淋巴结，消化道损害常限于空肠、回肠和结肠的前段，特别是回肠，肠壁增厚。肠系膜淋巴管呈索状肿大，浆膜、肠系膜水肿，肠黏膜增厚3～20倍，并发生硬而弯曲的皱褶，黏膜黄白或灰黄色，皱褶突起处常呈充血状。黏膜表面附有黏液。肠系膜淋巴结肿大变软，切面湿润，上有黄白色病灶。

因本病散布比较缓慢，各个病例的出现往往间隔时间较长，因此，表面上似乎呈散发，实际上是一种地方流行性疾病。

3. 防治措施 因病牛往往在感染后期才出现症状，因此用药治疗似无意义，预防本病在于加强饲养管理，特别是对幼年牛更要注意给以足够的营养，以增强其抵抗力，不要从疫区引进牛只，如已引进则必须进行检查，确认健康时方可混群。

对曾有过病牛的假定健康牛群，在随时做好观察，定期进行临床检查的基础上，对所有牛只，每年隔3个月做一次变态反应，变态反应阴性牛方可调出，连续3次检查不出现阳性的牛，可视为健康牛，对变态反应阳性和临床症状明显的排菌牛应隔离分批扑杀。

被污染的牛舍、栏杆、饲槽、用具、绳索、运动场，要用生石灰、来苏儿、氢氧化钠、漂白粉、石炭酸等消毒液进行喷雾、浸泡或冲洗，粪便应堆积高温发酵后作肥料。

十七、牛结核病

1. 病因　结核病是由结核分支杆菌引起的一种人兽共患传染病。该病特点是在机体的多组织器官形成结核结节（所以称结核病），接着发生干酪样坏死（豆腐渣样）和钙化。奶牛最容易发病，黄牛、牦牛和水牛也可发病。发病动物的口水、大便、小便、乳汁和产道分泌物都带有该病原菌，特别是病牛在咳嗽时，喷出的黏液飞散在空气中，污染了牛生存的周围环境（食物、水和牛圈），健康牛接触到这些带有病原菌的环境就有可能使牛发病。另外，饲养者不能经常、及时地清理牛圈中的大小便，地面潮湿、牛舍通风不良、牛群密度过大等，且当牛的机体抵抗力下降时，都会增加牛结核病的发生机会。该病主要通过呼吸道、消化道传播，而通过乳房、皮肤、阴道黏膜感染机会较少。

2. 症状　牛结核病主要由牛型结核杆菌引起，人型和禽型的结核杆菌对牛的毒力较弱，大多是局部病灶，并且肉眼不容易辨认，称为“无病灶反应牛”，一般这种牛很少成为传染源。牛得病后发生肺结核，开始时不易察觉；但是牛容易疲劳，经常咳嗽，没有痰液，气急，很痛苦。病牛慢慢地变瘦，有些牛的脖子边上能看到或者摸到硬肿块（即肿大的淋巴结）。有时候在有些病牛的胸壁上可以看到结节密集、发亮，即为我们所说的“珍珠病”。奶牛得病后，奶产量减少，但起初奶的颜色变化不大，病情严重时才会有很大的不同。发生肠结核时，牛逐渐消瘦，持续腹泻与便秘交替出现，粪便常带血或脓汁。当犊牛得病后，食量减少，经常腹泻，很快消瘦。配种期间的牛得病后就很难能够配上种，而且性情古怪，活动减少。

剖检肉眼可以直接看到肺或者其他地方有很多突出的像米粒大小的白色颗粒，切开可以看到米黄色，有时候用刀切下去，有沙粒感。牛胸部和腹部看到的白色颗粒，有点透明，样子像珍珠，所以又称牛结核病为“珍珠病”。在牛的胃肠道、子宫上也可以看到这种白色颗粒和烂斑。一些急性乳房炎也能看见这种白色颗粒和烂斑。如果牛群中有牛不停地咳嗽、经常腹泻、慢性乳房炎、逐渐变瘦、在皮肤表面（如在脖子附近）能摸到一些硬块，就考虑可能是牛结核病。要确诊是否为牛结核病，就应用结核菌素做变态反应，即用提纯的牛型结核菌素，将菌素稀释后经皮内注射 0.1 mL，连续观察 72 h 判定结果。局部有明显的炎性反应，皮厚差在 4 mm 以上的牛判定为阳性牛。也可以采取病灶、粪尿、乳汁做涂片镜检，分离培养和实验动物接种。采用荧光抗体技术检查病料中的结核杆菌，不仅能快速、准确地做出诊断，而且检出率高。

3. 防治措施 牛得病后一般不进行治疗，因此，要经常检查牛的健康状况，以防止该病传入。对有可能得病的牛，应该尽快地把它处理掉。对犊牛来说，在1月龄、3月龄、6月龄的时候都要进行专门检查，发现阳性的牛要马上处理掉。3次检查都为合格的犊牛，可以放入假定健康的牛群中一起饲养。假定健康的牛群向健康牛过渡，应该在第1年每过3个月进行1次检查，在1年到一年半的时间里连续检查3次，如果所有牛都健康，我们就把该牛群称为健康牛群。对牛的监测比例分别为：种牛、奶牛100%，规模场肉牛10%，其他牛5%，疑似病牛100%。如在牛结核病净化群中（包括犊牛群）检测出阳性牛时，应及时扑杀阳性牛，其他牛按假定健康群处理。每年春秋两季对成年牛净化群用结核菌素做变态反应进行一次监测，并按规定使用和填写监测结果报告，及时上报。牛饲养场生产区应与生活区隔离，奶牛场内不应饲养猫、犬、猪、鸡、鸭等动物，并禁止其他动物出入。注重消灭鼠、蝇等传播媒介。饲养者平时要加强管理，经常消毒。发现有牛发病时，就要进行一次大消毒，消毒药可以用5%来苏儿，10%漂白粉，3%氢氧化钠。对于有特殊价值的病牛，可以用青霉素、链霉素肌内注射对其进行治疗。

十八、牛布鲁氏菌病

1. 病原特点 布鲁氏菌病为人兽共患的一种接触性传染病，主要危害生殖器官，引起子宫、胎膜、睾丸的炎症；还能引起关节炎，临床特征是流产。牛、羊、猪、马、驴、骡等都可感染，人感染此病后，表现为波浪热、关节痛、睾丸肿大、神经衰弱等症状。

病原是布鲁氏菌。此病菌微小，近似球状，形态不甚规则，不形成芽孢，无荚膜，革兰氏染色阴性，为需氧兼厌氧菌。

布鲁氏菌对热的抵抗力不强，60℃湿热经15 min可被杀死。对干燥的抵抗力较强，在尘埃中可存活2个月，在皮毛中存活5个月。

本病菌侵袭力和扩散力很强，不仅能从损伤的黏膜、皮肤侵入机体，还能从正常的皮肤黏膜侵入机体。它不产生外毒素，其致病的是内毒素。

普通消毒剂有杀菌作用，1%～3%石炭酸、2%甲醛、0.1%升汞、5%石灰水都可杀死病菌。

2. 症状 布鲁氏菌首先侵害淋巴结，继而沿淋巴液和血液散布到其他组织中，如妊娠子宫、乳房、关节囊等，故引起关节炎、乳房炎，妊娠母畜发生流产，还会出现胎衣不下、子宫内膜炎等症状，致使母牛不易受孕。

临床流产多发生于妊娠后5～8个月，流产胎儿可能是死胎或弱犊。公牛睾丸受侵害时会引起睾丸发炎、坏死或化脓，不利于精子的生成。

3. 防治措施　预防布鲁氏菌病，应定期检疫，及时隔离病畜，加强防疫，防止病原菌侵入，要培育健康犊牛。

（1）健康牛群。

① 加强饲养管理。日粮要均衡，矿物质、维生素要充足，以促使犊牛健康。

② 严密消毒。产房、饲槽及其他用具都要用10%石灰乳或5%来苏儿溶液消毒。孕牛分娩前要用1%来苏儿溶液洗净后躯，人工助产器械、操作人员手臂都要用1%来苏儿洗净消毒。褥草、胎衣要集中到指定地点处理。

③ 隔离病牛。应隔离有流产症状的母牛，取其胎儿的第四胃内容物作细菌鉴定。呈阴性反应的牛可回原棚饲养；阳性反应的牛要隔离饲养。

④ 定期检疫。凝集反应每年应作2次检查，阳性牛要与健康牛隔离。注射过19号疫苗的牛场，判断困难的牛，应作补体结合反应，以最后判定是否患此病。

⑤ 定期预防注射。犊牛6月龄时注射19号疫苗。注射前要做血检，阴性者可注射。注射后1个月再检查，凡血检阴性或可疑者，再作第2次注射，直到阳性反应为止。

（2）病牛群。加强饲养管理，促使病牛自然痊愈。饲料要丰富，品质要好，保持良好的环境卫生，做好消毒工作，约经2年时间，可有40%～60%痊愈。康复的标准是2次凝集反应和2次补体结合反应全为阴性，并正常产胎儿1次。

病牛所生的犊牛，应立即与母牛分开，饲喂初乳3～5 d后，于中途站内饲喂。在5～9个月龄内，进行2次凝集反应检疫，凡阴性牛注射19号疫苗后归入健康牛群。

能力转化

1. 简述病牛护理的原则、方法及注意事项。
2. 简述牛结核病的临床症状、诊断方法和治疗方案。

单元四

鸡的疾病防控

项目一　鸡场卫生

任务目的

知识：1. 了解鸡的生物学特性和鸡的品种。

　　　2. 应用鸡的生物学特性，提高养鸡生产能力。

技能：初步认识鸡的生物学特性。

知识准备

1. 鸡场周围要设有围墙　围墙外最好设有防疫沟，宽 2 m 左右，没有防疫沟的要栽上防护林。如新建场，鸡场周围 3 km 内不能有大型化工厂、矿厂或其他畜牧场等污染源；距离干线公路1 km以上；距离村、镇居民点至少1 km以上；不得建在饮用水源、食品厂上游。

2. 严禁参观者入场、入舍　工作人员进入生产区要洗澡，更衣和紫外线消毒。

3. 饲养员应定期进行健康检查　传染病患者不得从事养鸡工作。

4. 严格执行消毒程序

（1）对于鸡舍周围，每 2～3 周用 2%氢氧化钠消毒或撒生石灰 1 次；场周围及场内污水池，排粪坑，下水道出口，每 1～2 个月用漂白粉消毒 1 次。

（2）鸡场鸡舍进出口要设消毒池，每周更换 1 次消毒药，以保持经常有效的消毒作用。

（3）鸡舍内要进行严格的消毒，定期进行带鸡消毒，（带鸡消毒正常情况下每周 1 次，有病情况下可每周 2 次，在免疫前、中、后 3 d 不带鸡消毒）。鸡舍腾空后要彻底清扫、洗刷、药液浸泡，熏蒸消毒。消毒后至少闲置 2 周以上才可进鸡。进鸡前 5 d 再进行熏蒸消毒 1 次。常用于带鸡消毒的药物有 0.3%过氧乙酸、0.1%新洁尔灭、0.1%次氯酸钠等。

5. 鸡场内应分设净道和脏道　净道是专门运输饲料和产品（蛋、鸡等）的通道；脏道是专门运送鸡粪、死鸡和垃圾的通道。

6. 死鸡及时拖走焚烧或深埋　不能出售，否则后患无穷。

7. 鸡粪及时运到指定地点进行处理　采用堆积生物热处理或干燥处理做为农业用肥，不得做为其他动物的饲料。

8. 定期对蛋箱、蛋盘、喂料器等用具进行消毒　可先用 0.1%新洁尔灭或 0.2%～0.5%过氧乙酸消毒，然后在密闭的室内用福尔马林熏蒸消毒 30 min 以上。

9. 防鸟兽　鸡舍应设置纱窗或安装铁丝网，防止鸟兽进入。

10. 要定期灭鼠　定期投放灭鼠药，控制啮齿类动物。投放鼠药要定时、定点，及时收集死鼠和残余鼠药，并进行无害化处理。

项目二　鸡场防疫

任务目的

知识：1. 了解鸡的生物学特性。

2. 应用鸡的生物学特性，提高养鸡生产能力。

技能：初步认识鸡的生物学特性。

知识准备

一、免疫程序

免疫程序的制订必须根据该地区疫病流行情况和饲养管理水平，疫病防治水平及母源抗体水平的高低来确定使用疫苗的种类、方法、免疫时间和次数等。有条件的鸡场可根据抗体监测水平进行免疫效果确定（表2-3）。

表 2-3　商品蛋鸡主要疫病的免疫程序

日龄	防治疫病	疫苗	接种方法	备注
1 日龄	马立克氏病	HVT 或“841”或 HVT“841”二价苗	颈部皮下注射	在出雏室进行
7～10 日龄	新城疫传染性支气管炎病	新城疫和传染性支气管炎 H120 联苗	滴鼻、点眼	根据监测结果确定首免日龄

（续）

日龄	防治疫病	疫苗	接种方法	备注
10～14日龄	马立克二免	HVT或“841”或HVT“841”二价苗	颈部皮下注射	
	传染性法氏囊病	传染性法氏囊双价疫苗	饮水	用量加倍
20～24日龄	鸡痘	鸡痘弱毒苗	翅下刺种	
	传染性喉气管炎	传染性喉气管炎弱毒菌	饮水与点眼	疫区使用
25～30日龄	新城疫、传染性支气管炎	新城疫和传染性支气管炎H52联苗	饮水或肌内注射、皮下注射	
	传染性法氏囊病	传染性法氏囊双价疫苗	饮水	用量加倍
50～60日龄	传染性喉气管炎	弱毒苗	饮水	疫区使用
70～90日龄	新城疫	克隆30或Ⅳ系	喷雾或饮水	若抗体水平不低可省去此免
110～120日龄	新城疫	新城疫油苗	肌内注射或皮下注射	
	传染性支气管炎	传染性支气管炎H52	饮水	
	产蛋下降综合征	产蛋下降综合征油苗	肌内注射或皮下注射	
	鸡痘	鸡痘弱毒苗	翅下刺种	

二、带鸡消毒方法及注意事项

带鸡消毒即在鸡舍有鸡的情况下，进行喷雾消毒的一种方法。

1. 带鸡消毒优点

（1）直接降低了鸡舍内空气和鸡体表周围有害微生物数量，减少了病原微生物对鸡群健康的危害。

（2）带鸡消毒制度的实施，可提高育雏率、育成率、母鸡的产蛋率和存活率，确保鸡群健康。

（3）夏季喷雾消毒的同时也起到防暑降温的作用。

2. 消毒药物选择

（1）对病原菌、病毒、芽孢及支原体等均有确切的杀死效果。

（2）对人和鸡的皮肤及黏膜没有或仅有一过性轻微刺激。

（3）喷在水中和饲料上，食入体内无害，并且不在体内蓄积。

（4）长期使用对鸡舍及内部设备无腐蚀和损害作用。常用带鸡消毒药物有过氧乙酸、正碘双杀、次氯酸钠、百毒杀等。

3. 带鸡消毒方法及注意事项

（1）采用喷雾方式，药液雾滴为 50～80 μm。

（2）喷洒时，应由里至外，由上至下，全面喷到，不留死角。顺序为天棚、墙壁、鸡体、鸡笼、地面、贮料间及饲养员休息室。

（3）消毒间隔，鸡不论日龄大小，正常情况下 1 周 1 次，有疫情时可每周 2 次，视鸡群情况灵活掌握。

（4）带鸡消毒制度从雏鸡开始建立，第 1 周不要将药液喷到鸡身上。

（5）活苗接种前、中、后 3 d 内不要进行带鸡消毒。

（6）每场要准备 2～3 种消毒药交替使用，以避免病原微生物产生耐药性，降低消毒效果。

三、鸡场消毒

鸡场常用消毒剂和用途见表 2－4。

表 2－4　鸡场常用消毒剂和用途（仅供参考）

药物名称	规格	作用及用途
甲醛溶液（福尔马林）	含 40%甲醛	甲醛能使蛋白质变性，有强大的杀菌力和刺激作用，5%～10%溶液用于鸡舍用具消毒，熏蒸消毒，每立方米甲醛 14 mL，高锰酸钾 7 g，密封容器 4 h 以上，鸡舍 24 h，也用于孵化器消毒
氢氧化钠（火碱）	市售火碱含 94%氢氧化钠	杀菌，杀病毒作用较强，有腐蚀性，2%～5%水溶液用于鸡舍，运输车辆环境消毒
生石灰	干粉或混悬液	生石灰加水制成 10%～20%乳剂，用于鸡舍墙壁、运动场地面消毒，也可用于干粉地面覆盖或脚踏消毒
漂白粉	干粉或混悬液	5%的漂白粉液用于鸡舍地面、排泄物消毒。临用时配制，不能用于金属用具消毒
过氧乙酸	溶液	为强氧化剂，有强烈的杀菌作用，0.1%～0.5%溶液用于畜禽体、鸡舍地面、用具消毒，也可用于密闭鸡舍，孵化器和种蛋的熏蒸消毒，每立方米空间用 1 g

（续）

药物名称	规格	作用及用途
季铵碘（碘伏）（爱特伏）	溶液	为碘制剂，无刺激性，1∶900 稀释，用于金属器具、车辆、环境、鸡喷雾等消毒。广泛用于细菌及病毒的消毒
文山牌或威岛牌消毒剂	含氯制剂	用于舍内器具、食槽、水槽消毒，也用于饮水消毒及带鸡喷雾消毒，剂量按说明使用
瑞得士“203”（易克林）（百毒杀）	双链季铵盐类消毒剂	广泛用于皮肤、鸡舍用具、水槽、食槽以及饮水消毒、带鸡喷雾消毒
高锰酸钾	溶液	常用 0.05%～0.1%溶液供鸡饮水消毒
乙醇（酒精）	70%	用于皮肤与器械消毒
碘酊	2%	常用于皮肤消毒

四、鸡场常用药物及用法

鸡场常用药物及用法见表 2－5。

表 2－5　鸡场常用药物及用法（仅供参考）

名　　称	用法用量
青霉素	饮水 2 000～5 000 U/只，2 h 内饮完。肌内注射 1 万～2 万 U/只
硫酸链霉素	饮水 2 000～5 000 U/只
盐酸金霉素	100～400 mg/kg 拌料
盐酸土霉素	200～1 000 mg/kg 拌料
硫酸卡那霉素	30～120 mg/kg 饮水
氨苄青霉素	100 mg/kg 饮水
阿莫西林	200 mg/kg 饮水
红霉素	100～200 mg/kg 饮水
庆大霉素	2 000～5 000 U/只饮水
泰洛霉素	500 mg/kg 饮水或拌料
硫酸新霉素	200～400 mg/kg 饮水或拌料
硫酸黏杆菌素	200～400 mg/kg 饮水或拌料
强力霉素	50～100 mg/kg 饮水或拌料

（续）

名　称	用法用量
环丙沙星	50～100 mg/kg 饮水或拌料
恩诺沙星	50～100 mg/kg 饮水或拌料
病毒灵（盐酸马啉呱）	雏鸡 50～100 mg/kg/（只・d），2～3 次/d，连用 3d 成鸡 100～200 mg/kg/（只・d），2～3 次/d，连用 3 d
喹乙醇	25～35 mg/kg 拌料，疗程不得超过 3 d
磺胺喹恶啉	100 mg/kg 拌料，饮水
磺胺-6-甲氧嘧啶	250～500 mg/kg 饮水
磺胺氯吡嗪（Esb）	300 mg/kg 混饲，连用 5～7 d，治暴发性球虫
磺胺二甲嘧啶	125～250 mg/kg 饮水或拌料
马杜拉霉素（杜球、抗球王、加福）	5 mg/kg 拌料，超量中毒
球痢灵	125～250 mg/kg 拌料，超量中毒
盐霉素（优素精）	60～70 mg/kg 拌料
地克球利（伏球、诺球）	1 mg/kg 拌料
莫能霉素	60～100 mg/kg 拌料

项目三　鸡群常见病防控

任 务 目 的

知识：了解常见鸡病。

技能：能够初步判断鸡的常见病。

知 识 准 备

一、马立克氏病

1. 流行情况　本病是由马立克氏病毒引起的鸡常见淋巴组织增生性传染病。其特征是侵害外周神经，表现为腿麻痹，在内脏各脏器、性腺、肌肉、皮肤、虹膜形成肿瘤。本病世界各地均有流行，危害极大，使蛋鸡育成率降低，推迟开产，达不到产蛋高峰，产蛋量下降，一旦感染会给养鸡业造成重大的经济损失。

本病以雏鸡最易感染，1日龄的雏鸡比10日龄的雏鸡易感性高几十倍到几百倍。感染日龄越早，发病率越高，且母鸡较公鸡易感。因此，1日龄做好马立克氏病的免疫及防护十分必要。本病可通过空气传播，也可经污染的饮水及人员和昆虫媒介传播。有传染性法氏囊病与球虫病的鸡群，马立克氏病的发病率增高。

2. 临床症状及剖检病变 根据病变发生的主要部位和症状，可分为神经型、内脏型、眼型和皮肤型。

（1）神经型。病鸡步态不稳，运动失调，一侧或双侧瘫痪。如翅膀下垂，腿不能站立，一腿向前，一腿向后劈叉姿势。剖检见腰荐神经、坐骨神经、臂神经粗肿2～3倍，横纹消失。

（2）内脏型。临床表现为食欲减退、精神沉郁、肉垂苍白，腹泻，腹部膨大，直至死亡。剖检见卵巢、肝、脾、心、肾、肺、腺胃、肠、胰腺等内脏器官形成肿瘤，似猪脂样。

（3）眼型。虹膜褪色，瞳孔边缘不规则，呈锯齿状，瞳孔变小。病程后期眼睛失明。

（4）皮肤型。常在皮肤和肌肉形成大小不等的肿瘤，质地坚硬。

3. 防治措施 由于雏鸡对该病毒的感染率远比大龄鸡高，因而保护雏鸡是预防该病的关键措施。

（1）接种疫苗。

① 用火鸡疱疹病毒疫苗（HVT），CV1998液氮苗，或为防止超强毒感染可用联苗（马立克氏病毒苗与HVT联合使用）进行主动免疫。

② 1日龄即接种免疫。

③ 稀释的疫苗必须在1～2 h用完，否则废弃。

④ 每只鸡接种剂量为2头份。

⑤ 可在稀释液中加4%犊牛血清，以保护疫苗效价。

（2）加强卫生措施。孵化室、育雏室要远离大鸡舍，应在上风头，对房舍、用具等一切接触雏鸡的物品都应彻底消毒，进入鸡舍应换干净工作服、洗手，禁止非工作人员入内，3周龄内应严格隔离饲养。

二、新城疫

1. 流行情况 鸡新城疫是由新城疫病毒引起的一种重度接触性急性传染病，世界多数养鸡地区均有发生。各品种、年龄的鸡均可感染。此外，水禽、野鸟、鸽皆可发生本病。该病一年四季均可发生，但以春秋季节多发。常呈地方性流行。

本病可通过病鸡咳嗽、飞沫污染空气经呼吸道传播。也可能通过被污染的饮水、用具等经消化道感染。另外，鸡的交配、人工授精、人和其他动物机械带毒也可传染该病。如鸡群中发生新城疫，常由下列原因引起。①由疫区引入病鸡。②引入病鸡肉及其产品。③群内存在带毒鸡。④鸡群附近有本病流行。⑤收病鸡、死鸡的小贩及野鸟会传播该病。

2. 主要症状及剖检病变 病鸡体温升高，渴欲增加、减食或不食、咳嗽、流涕、呼吸困难，有"咯咯"怪叫声，下痢绿色或白色水样。有扭头、肢翅麻痹等神经状。产蛋鸡产蛋量下降，产软壳蛋、沙壳蛋、薄壳蛋，蛋壳褪色。雏鸡死亡率较高。

剖检病变，腺胃黏膜乳头点状出血，肌胃角质膜下出血，泄殖腔、直肠黏膜条纹状出血，盲肠扁桃体、肠淋巴结及胸腺肿大，出血或溃疡坏死。气管、肺充出血，喉头黏膜状出血。产蛋鸡卵松软，包膜出血，甚至卵破裂，卵黄流入腹腔引起卵黄腹膜炎。

3. 防治措施

（1）搞好新城疫的免疫工作，制订合理的免疫程序。免疫程序的制订要考虑多方面因素。要根据本地区或本场疫病流行的情况及规律、病史、鸡的品种、用途、日龄、母源抗体水平，同时要考虑本场饲养规模，饲养方式适用的免疫方法等，制订出合理科学的免疫程序。根据本身的免疫水平进行新城疫血凝抑制试验（NDHI）监测，据抗体水平制订合理的免疫程序并选择合适的疫苗和免疫方法，确保免疫成功。

（2）采取正确的免疫操作方法，保证免疫质量。疫苗接种操作方法正确与否直接关系到疫苗免疫效果的好坏。饮水免疫不得使用金属容器，饮水必须用蒸馏水或冷开水，水中不得有消毒剂、金属离子，可在疫苗溶液中加入 0.3% 的脱脂奶粉作保护剂。在疫苗饮水前限水 2～4 h，保证稀释后的疫苗在 2 h 内饮完（停水时间视季节而定，炎热夏季应适当缩短停水时间）。并设置足够的饮水器，以保证 2/3 以上的鸡能同时有饮水位置。气雾免疫疫苗的稀释应用去离子或蒸馏水，不得用自来水、开水或井水。稀释液中应加入 0.1%脱脂乳或 3%～5%甘油。疫苗剂量应增加 1 倍，一般 1 000 羽份所需的水量为 200～300 mL。严格控制雾滴大小，雏鸡用雾滴的直径为 30～50 μm，成鸡为 5～10 μm。实施时气雾机喷头距鸡群上方 50～80 cm 处，使鸡群在气雾后头背部羽毛略有湿感。气雾期间，应关闭鸡舍所有门窗，停止使用风扇或抽气机。喷完后，舍内再封闭 20～30 min，方可开启门窗。鸡舍内的相对湿度对气雾免疫影响较大，一般要求相对湿度在 70%左右为宜。点眼、滴鼻免疫，要保证疫苗进入眼内、鼻腔。用连续注射器接种疫苗，注意剂量要反复校正，使误差小于0.01 mL；针头不能太粗，以免拔针后疫苗流出。为了减少应激反应，免疫前、中、后3 d内要在水中添加电解多维、维生素C、维生素E等。

(3) 严禁从新城疫疫区购入种鸡及种蛋。新购入种鸡需隔离15 d并免疫后确认无病方可并群，种蛋需经福尔马林熏蒸消毒后入孵。

(4) 加强卫生及饲养管理、定期消毒。进入鸡场、鸡舍处设有消毒池，人员进入要更衣、消毒、换鞋，严禁场外人员入场。在免疫前后72 h内应尽量减少鸡的应激，不改变饲料品质，不安排转群、断喙，减少意外噪声。控制好温度、湿度、饲养密度、通风、保证营养供应。免疫后要加强饲养管理，不要认为接种疫苗后就万事大吉，单纯依赖免疫的观点非常危险。要搞好环境卫生，加强饲养管理。搞好舍内外环境卫生，增强机体抵抗力，使之产生免疫力。鸡免疫是一个复杂的生理生化过程，免疫应答的形成涉及神经、体液、内分泌等各方面，所以接种疫苗并不等于免疫成功。

(5) 发病鸡场。健康群紧急免疫新城疫疫苗，发病群注射新城疫高免卵黄抗体，加强病鸡消毒及环境消毒，处理好病死鸡。

4. 新城疫免疫失败原因及对策 在我国，随着大规模的疫苗预防接种及隔离消毒等措施的实施，该病造成的损失大幅度减少。但近几年新城疫的流行又出现了新的特点，非特异性症状的病例日益增多，甚至高抗体鸡群也发生该病，给该病的预防带来了很多困难。造成新城疫免疫失败的因素很多，其中包括主观因素，也包括客观因素。

(1) 客观因素。

① 疫苗因素。一是疫苗为非正规生物制品厂生产，质量不合格；二是运输、保存不当或过期失效；三是将两种或两种以上无交叉反应的抗原同时接种，产生疫苗间的干扰；四是疫苗稀释液温度太高，杀死了部分活苗，影响了免疫效果；五是接种过程的污染造成免疫不理想或免疫失败。

对策：使用和购买信誉度高的正规厂家、有正规保存疫苗能力的经销商的产品。不购买、不使用距保质期较近的疫苗，购买后自己在保存过程中注意断电或冷冻现象。一般单苗防疫，不与其他疫苗同时使用。疫苗稀释液要用冷开水或生理盐水，接种过程应避免疫苗的污染，在规定时间内迅速完成接种。

② 母源抗体的干扰。由于种鸡个体免疫应答差异以及不同批次的雏鸡群不一定来自同一鸡群等原因，造成雏鸡母源抗体水平参差不齐。如果对所有雏鸡固定在同一日龄进行接种，母源抗体过高的反而干扰了后天的免疫，不能产生应有的免疫应答。即使同一鸡群不同个体之间母源抗体的滴度也不一致，母源抗体干扰疫苗在体内的复制，从而影响疫苗效果。

对策：选择有实力、信誉度良好的种鸡场的鸡苗，首免时应检测母源抗体，根据母源抗体再确定首免日龄。

③ 免疫抵制性疾病。马立克氏病病毒、淋巴白细胞病病毒、传染性法氏囊病病毒、传染性贫血病病毒、球虫等能损害鸡的免疫器官法氏囊、胸腺、脾、哈德氏腺、盲肠扁桃体、肠道淋巴样组织等，从而导致免疫抵制。特别是传染性法氏囊病病毒感染可以造成免疫系统的破坏和抵制，从而影响新城疫的免疫。在鸡群发病期间，鸡体的抵抗力与免疫力均较差，如此时接种疫苗，免疫效果会很差，极易导致免疫失败，还可能发生严重的反应，甚至引起死亡。

对策：鸡群不健康时应避免免疫。

④ 野毒的早期感染。鸡接种疫苗后需要一定的时间才能产生免疫力，而这段时间一旦有野毒入侵或因机体尚未完全产生抗体之前感染强毒，就会导致疾病发生。

对策：野毒感染不是人为问题，但是我们平时应严格消毒，防止野毒入侵。

⑤ 病毒毒力的增强。新城疫病毒在机体内大量复制、循环，使毒力增强，即使鸡群对新城疫有一定的免疫力也仍然发病，鸡群如果暴露于强毒环境中，感染率极高。即使免疫鸡群感染和发病也是极有可能性的。作为群体免疫应答这一生物学系统，即使频繁接种各种新城疫疫苗，也不可能产生100%的保护率，因为群体中每个个体的免疫应答水平是不同的。当强毒株感染鸡群后，少数免疫不良或免疫不确实的鸡，很可能出现非典型新城疫的症状。

对策：应从正规孵化厂进雏，注意平时的消毒和适宜的免疫程序。还应注意饲养过程中残弱鸡的淘汰，以保持鸡群整齐度。

⑥ 鸡群机体状况。

遗传因素：机体对接种抗原产生免疫应答在一定程度上是受遗传控制的。鸡的品种繁多，免疫应答也各有差异。

营养状况、健康状态：饲料中的营养成分，如维生素、微量元素、氨基酸等都与鸡的免疫力有关，过低或缺乏，可导致免疫力下降，从而使接种疫苗达不到应有的免疫效果。如维生素与微量元素缺乏，会导致淋巴器官萎缩，影响淋巴细胞的分化、增殖、受体表达与活化，从而使体内T淋巴细胞、NK细胞数量下降，吞噬细胞吞噬能力降低，B淋巴细胞主生抗体的能力下降等。

应激因素：动物机体的免疫功能在一定程度上受到神经、体液和内分泌的调节，在环境过冷、过热、湿度过大、通风不良、拥挤、突然改变饲料、运输、转群等应激因素的影下，机体肾上腺皮质激素分泌增加。肾上腺皮质激素能显著损害淋巴细胞，对巨噬细胞也有抵制作用。所以，当鸡群处于应激反应敏感期时接种疫苗，就会降低鸡的免疫力。

对策：选择优质鸡苗，注意各种应激因素的产生。

⑦ 化学物质的影响。许多重金属，如铅、镉、汞、砷等均可抵制免疫应答而导致免疫失败；卤化苯、卤素、农药等可引起鸡免疫系统组织的部分甚至全部萎缩以及活性细胞的破坏，进而导致免疫失败。

对策：饲养及免疫过程中，应避免接触各种重金属。

（2）主观因素。

① 技术操作不过关。

疫苗选择不当：某些肉鸡场忽视肉仔鸡生长快、抵抗力相对较弱的特点，选用一些中等毒力的疫苗，如选中等偏强毒力的新城疫Ⅰ系疫苗饮水，这不仅起不到免疫的作用，相反会造成病毒毒力增强和病毒的扩散。

接种途径：Ⅰ系冻干苗属中等毒力疫苗，比较好的接种途径是肌内注射或饮水，也有些厂家和推销商推荐点眼方式，但点眼方式多针对弱毒苗而言，实际生产中用Ⅰ系苗点眼的多数出现了问题。

超量免疫：如免疫时疫苗所用剂量过大，可以造成免疫麻痹。机体免疫系统应答失灵，造成人工接种引起发病。

免疫方法不当：滴鼻点眼免疫时，疫苗未能进入眼内、鼻腔；肌内注射时，出现“飞针”，疫苗根本没有注射进去或注入的疫苗从注射孔流出，造成疫苗注射不足并导致疫苗污染环境。饮水免疫的，免疫前未限水或饮水器内加水太多，使配制的疫苗未能在规定时间内饮完而影响剂量。

免疫时间：鸡体对抗原的敏感程度呈 24 h 周期性变化，一天中不同时间内免疫效果稍有差异。清晨鸡体内因肾上腺素分泌较其他时间少，对抗原的刺激最敏感，此时进行疫苗接种最好。

免疫程序不当：提前免疫，一般鸡母源抗体较高，如用活苗，首免日龄过早会造成与母源抗体中和。如果此时接力免疫跟不上，则形成免疫空档。此时若有野毒侵袭，则可感染发病。一般情况下，确定首免日龄，最好通过检测母源抗体的办法来确定。免疫滞后，若首免日龄推迟太晚，母源抗体已消失，也已形成免疫空档，野毒侵袭也易感染发病。频繁免疫，不按一定免疫程序，而是多次频繁用疫苗，这样会造成前次免疫产生的抗体与下次疫苗中和，导致机体内的抗体始终不足以抵抗强毒感染。

② 忽视局部免疫作用。新城疫免疫系统主要分为两部分，即血液系统和呼吸系统。只有两者都产生足够的免疫力，才能有效阻止新城疫的发生。血清循环抗体滴度与鸡对新城疫的抵抗力并不完全正相关，带有新城疫病毒高滴度抗体的鸡对新城疫病毒也是易感的，若不能及时做好呼吸道免疫，野毒在其上呼吸道繁殖和感染可发生非典型新城疫。

③ 药物的滥用。许多药物，如卡那霉素等对淋巴细胞的增殖有一定抵制作用，能影响疫苗的免疫应答反应。有的鸡场为防病而在免疫接种期间使用抗菌药物或药物性饲料添加剂，从而导致机体免疫细胞的减少，以致影响机体的免疫应答反应。或在进行新城疫免疫前后和稀释疫苗时，乱用抗菌药物，如稀释疫苗时加入青霉素、链霉素，可影响疫苗活性。磺胺类药物会使鸡的免疫器官受到抑制。

④ 思想观念有问题。多数养殖者乃至技术人员，对疫苗在控制传染病中的作用缺乏正确认识，错误地认为用了疫苗就不会发病而放松或忽略了严格消毒隔离和其他措施。如免疫接种时不按要求消毒注射器、针头、刺种针及饮水器等，使免疫接种成了带毒传播，反而引发疫病流行。

⑤ 饲养管理不当。消毒卫生制度不健全，鸡舍及周围环境中存在大量的病原微生物，在用疫苗期间鸡群已受到病毒或细菌的感染，这些都会影响疫苗的效果，导致免疫失败。饲喂霉变的饲料或垫料发霉，其霉菌毒素能使胸腺、法氏囊萎缩，毒害巨噬细胞而使其不能吞噬病原微生物，从而引起严重的免疫抑制。平时应加强对鸡群的管理，鸡舍内要保持安静、适宜的温湿度和良好的空气质量。鸡群密度要适宜，光照度和时间要适当，饮水要清洁卫生、供应充足。定期对用具和鸡舍进行消毒和带鸡消毒。各项操作要轻，尽力减少各种应激。努力给鸡群创造一个稳定、安全、舒适、清洁的生活、生产环境。

⑥ 管理制度不合理。人员防疫管理制度、兽医技术岗位责任制、种蛋孵化防疫制度、病死鸡的处理方法等不合理。

三、传染性支气管炎

1. 流行情况　传染性支气管炎（IB）是鸡的一种急性、高度接触传染性的呼吸道和泌尿生殖道疾病，世界各地都有发生，给养殖业造成极大危害。

（1）病原。传染性支气管炎病毒（IBV），是一种冠状病毒，血清型多样性是本病毒的特征之一。此病毒主要存在于病鸡的呼吸道及其分泌物中，引起呼吸道症状。鸡传染性支气管炎的嗜肾毒株还可大量存在于病鸡的肾中。该病毒可由呼吸道排出，并经空气、飞沫传给易感鸡，传染性极强，48 h 内波及全群。此外，被污染的蛋、饲料、饮水、用具也可经消化道使鸡感染。该病毒抵抗力不强，56 ℃ 15～45 min 可灭活，常用的消毒剂只需较低浓度即有效，如2%的福尔马林、1%来苏儿、0.5%毒菌净等，均可于 3～5 min 将其杀死。但在低温下能长期保存，37 ℃条件下可存活 3 d，4 ℃条件下能生存 142～170 d。该病毒对酸有一定的抵抗力。

（2）特征。鸡是本病的唯一的自然宿主。本病的发生有明显的季节性，一般多发生于冬季，但一年四季也均可发生。各种应激、支原体和大肠杆菌等并发或继发感染时会明显加重病情、增加死亡。传染源主要是病鸡和康复后的带毒鸡。自然情况下，传染性支气管炎病毒只感染鸡并引起发病，但不同品种、不同品系的鸡易感性也有所不同。6 周龄以下的雏鸡症状较为明显。幼鸡以喘、气管啰音、咳嗽和打喷嚏为主要特征；成鸡以产蛋下降、产软皮蛋和畸形蛋为主要特征；近年来肾病变型鸡传染性支气管炎在我国各地广泛流行，给养鸡业造成了巨大的损失。

2. 临床症状及剖检变化

（1）支气管型。雏鸡突然出现呼吸道症状，很快波及全群，病鸡精神沉郁、怕冷、喘息、咳嗽、喷嚏、气管啰音、流鼻汁、成鸡产蛋率下降、产软壳蛋、畸形蛋、粗壳蛋、蛋白稀薄如水、发病率高，如无继发感染，雏鸡 7～15 d可恢复，死亡率不高，大鸡、产蛋鸡少见死亡。剖检可见气管环内有大量黏液，严重时堵塞气管、支气管。

（2）肾型。主要侵害 20～60 日龄的鸡，可引起肾炎、肠炎、下痢等病变，而呼吸系统的症状不一定出现，开始呼吸道症状轻微，这些症状消失后，受感染的鸡群整群突然发病，在 2～3 d 逐渐加剧，病鸡精神沉郁，羽毛松乱，扎堆，怕冷，食欲减少或废绝，排灰色稀粪，粘满肛门周围羽毛上，后期有脱水表现，脚爪干枯，体重明显减轻，约于感染 10 d 后大批死亡。如继发慢性呼吸道疾病和大肠杆菌病，死亡率可高达 60%～70%。出现典型症状、尿酸盐粪便，病鸡消瘦，死亡率高，严重的全群覆灭，损失惨重。剖检气管出血，内有黏液与栓子，主要表现肾部高度肿胀，条索状，花斑样，输尿管高度肿胀，内充满大量白色尿酸盐，直肠内大量尿酸盐沉积，肠卡他性炎症，严重者内脏、关节、肌肉皆有白色尿酸盐沉积。

（3）腺胃型。轻微呼吸道症状，主要生长障碍，病鸡瘦小，羽毛逆立，无光泽，30 日龄鸡头颈部羽毛仍保持 10 龄左右的绒毛。剖检可见腺胃高度肿胀，呈现球形，壁肿胀，黏膜乳头出血、溃疡，凹凸不平，肌胃萎缩，十二指肠相对膨大，其他肠道瘦小，胰腺萎缩。

（4）4/91 型。此型主要侵害成鸡。主要表现为呼吸道症状和全身症状，继而出现产蛋率下降和畸形蛋。呼吸道症状约经 5 d 即可逐渐消失，死亡率较低。但产蛋量及品质下降，会造成较大的经济损失。发病后第 2 天产蛋量开始下降，2 周左右降至最低点，然后逐渐回升。影响产蛋的程度与鸡在感染时所处的产蛋周期及感染的毒株有关。有的毒株可使产蛋率下降 50%，有的则只引起蛋壳颜色改变或产蛋率略有下降。青年产蛋鸡的产蛋率需 6～8 周恢复到接近正常，日龄较大的鸡恢复较慢，有些可提前淘汰。

畸形蛋在发病初期较少，发病 1 周后，呼吸道症状逐渐加重，软壳蛋、畸形蛋迅速增多，持续时间较长。蛋壳由原来的棕色变为白色，薄而粗糙。这样的蛋打开后可见蛋清稀薄如水，蛋白与蛋黄分离，或出现蛋白黏壳等。蛋内质量下降是区别于产蛋下降综合征的重要依据。侵害胸肌，表现白色条纹状，侵害输卵，管表现育成鸡输卵管萎缩，发育迟缓甚不发育，产蛋鸡产蛋下降，软壳蛋、薄壳蛋、沙壳蛋、畸形、蛋白水样。

3. 防治措施

（1）加强种鸡和商品鸡的免疫，受威胁区注射呼吸型、肾型、腺胃型三联苗，种鸡在育成期 4/91 苗。目前常用的疫苗有弱苗和乳剂灭活苗。弱毒苗有 H120 和 H52，前者毒力较弱，适用于基础免疫，后者毒力较强，适用于增强免疫。灭活苗有灭活水苗及油乳剂灭活苗。灭活苗对育成母鸡增强免疫后可有效预防由 IBV 引起的产蛋下降。弱毒苗常采用滴鼻、点眼、饮水和喷雾法接种，一般认为点眼、滴鼻效果更好。另外，我国还生产了传染性支气管炎和新城疫二联弱毒苗，新城疫、传染性支气管炎、病毒性关节炎三联油佐剂灭活苗。后者用于种鸡登笼时免疫，为出生雏鸡获得母源抗体。因为有母源抗体的雏鸡可保护输卵管免受损害，无母源抗体的雏鸡在 10 日龄前接种疫苗要特别注意，因为疫苗毒可能损害输卵管，从而影响其以后的产蛋能力。

常用的免疫程序有：

① 对产蛋鸡在 1 周龄时用 H120 首免，5 周龄时用 H52 二免，开产前用 H52 加强免疫。此外，产蛋种鸡在开产前 120～140 d 用油佐剂灭活苗接种。

② 对商品代肉鸡多在 1 周龄时用 H120 饮水，同时注射 0.25 mL 特定血清型的油乳剂灭活苗，或用 H120 首免，4 周龄时用 H52 二免。

③ 用以上介绍的疫苗对肾病变型传染性支气管炎防治效果较差。目前已广泛使用多种毒株的灭活水苗及油乳剂苗。最好从发病现场分离出病毒制成油佐剂灭活苗，配合弱毒苗应用，防治效果好。IB 弱毒对新城疫苗病毒的繁殖有干扰作用，使用传染性支气管炎弱毒苗免疫后，必须间隔 10 d 才能使用新城疫弱毒苗。但两种可以同时使用，或用 IB 与 ND 二联苗。用复合盐调节尿酸盐的代谢和排出，以此缓解肾病变型传染性支气管炎的肾肿大及尿酸盐沉积，改善肾功能有较好的疗效。

（2）无论发生何种类型的传染性支气管炎，都要搞好消毒工作，加强隔离，减少人员物品流动。场、舍门前设消毒池，内加 2%～5%氢氧化钠，每天更换 1 次，加强病鸡消毒，2 次/d，采用碘制剂（喷雾灵、碘伏）以 1∶900 稀释，带鸡喷雾，可明显缩短病程，尽快终止流行。

（3）发病鸡群要注意保温，较正常舍温提高 2～3 ℃，适当通风，保证舍内空气新鲜，水中加倍投服电解多维。患肾型传染性支气管炎的病鸡必须饮用肾肿灵，以促进尿酸盐的排泄，同时料中加倍拌饲维生素 A、维生素 D 粉。

（4）发病鸡群最好送有关部门进行病毒分离，制苗进行免疫，因血清型有针对性，免疫效果更好。

四、传染性喉气管炎

1. 流行情况 本病是由传染性喉气管炎病毒引起的鸡的一种急性、接触性上呼吸道传染病。各种年龄鸡皆可感染，成鸡症状明显。本病一年四季均可发生，但以寒冷季节多发。本病可通过病鸡及带毒鸡的分泌物、排泄物污染的垫料、饮水、饲料，经呼吸道、眼、消化道感染；还可通过用具、人、野生动物进行机械传播。

此外，鸡群拥挤，通风不良，饲养管理不好，寄生虫感染都可促进本病的发生和传播。

2. 临床症状和剖检变化 病鸡流泪、咳嗽、喷嚏、张嘴伸头喘息、高度呼吸困难、有呼吸啰音、严重频咳、咳出带血黏液，挂于墙壁及笼网上，炎性物阻塞气管窒息死亡，产蛋鸡感染后产蛋量下降，软壳蛋、粗壳蛋、褪色蛋增多。剖检可见喉头和气管黏膜充出血，溃疡，管内充满黏液、血丝或血块。

3. 防治措施

（1）清净地区不进行疫苗免疫，受威胁地区应及时免疫。

（2）严禁从疫区引进鸡苗及种蛋。

（3）加强环境消毒及饲养管理。

（4）发病鸡群隔离饲养，可试用病毒唑、板蓝根治疗。

五、沙门氏菌病

1. 流行情况 由各型沙门氏菌引起的鸡的白痢、伤寒、副伤寒细菌性传染病。本病发生不分年龄、不分季节。主要传播途径有两种，即垂直传播与水平传播。

（1）垂直传播。病原菌由母代鸡通过生殖系统传染给受精卵，或者是在孵化过程中受精卵受到病原感染。

（2）水平传播。病原菌污染的饲料、饮水、垫料，通过消化道及呼吸道（粉尘、绒毛吸入）而感染。

2. 临床症状及剖检变化

（1）鸡白痢。雏鸡蛋黄吸收不好，肛门周围羽毛污染白色粪便而硬结、排便困难，发出尖叫声，病雏羽毛蓬松、翅下垂，无神，白色下痢，糊状，怕冷，侵害肺出现呼吸困难，剖检可见肝灰白色结节，盲肠灰白色干酪样栓子，成鸡卵泡皱缩，呈黄色或褐色，无光泽，内容物浓稠油脂状，有的卵泡变得坚实，或破裂入腹腔引起腹膜炎，种鸡睾丸实质灰白色坏死灶，性欲降低。

（2）鸡伤寒。肝古铜色，其他同鸡白痢。

（3）副伤寒。肝、脾瘀血肿大，有针头大坏死灶，肾充血，纤维素性心包炎。

3. 防治措施

（1）对后备鸡群利用平板凝集与琼扩试验加强检疫，淘汰阳性鸡。

（2）加强种鸡及孵化过程中的消毒工作。及时捡蛋、消毒。严禁与被粪便污染的种蛋及非清净场种蛋同时上孵。

（3）加强环境消毒及带鸡喷雾消毒。加强育雏期饲养管理，发现病雏及时烧掉。

（4）药物防治。未病鸡群进行预防、净化；发病群积极治疗。可选用下列药物：雏鸡出壳后用福尔马林 14 mL/m^3，高锰酸钾 7 g/m^3，在出雏器中熏蒸 15 min。用 0.01%高锰酸钾溶液饮水，1～2 d。在鸡白痢易感日龄期间，可在雏鸡粉料中按 0.5%加入磺胺类药，有利于控制鸡白痢的发生。此外，硫酸黏杆菌素、新霉素、庆大霉素、卡那霉素、氨苄青霉素，硫胺类等对本病都有较好防治效果。有条件的鸡场可分离沙门氏菌进行药敏试验，选择敏感药。产蛋鸡禁用硫胺。

六、大肠杆菌病

1. 流行情况　由大肠埃希氏杆菌引起的鸡的原发性、继发性、条件性传染病。一年四季均可发病，但以冬春寒冷和气温多变季节多发。有养鸡的地方就有本病的发生，侵害各种年龄的鸡，但雏鸡更易感，特别是 25～35 日龄的雏鸡最为多见。鸡龄愈大则对大肠杆菌抵抗力愈强。本病发病率一般为30%～70%，死亡率因饲养条件不同差异很大，死亡率可达 5%～40%。

本菌对多数抗生素敏感。传染源主要是被致病性大肠杆菌污染的种蛋、病鸡的排泄物、分泌物，以及被污染的饲料、饮水和垫料等。该病的感染途径很多，主要以下几种。

（1）经卵感染。腹膜炎及输管炎可使卵巢感染进而引起卵内感染，卵壳被带菌粪便污染，可引起初生雏大肠杆菌败血症。

（2）经呼吸道感染。经呼吸道吸入被大肠杆菌污染的绒毛、粉尘而引起气囊炎及败血症。

（3）经口感染。通过采食和饮水引起的感染较少，但产生内毒素的大肠杆菌可经口感染而引起出血性肠炎。

（4）不良的环境卫生和饲养管理是发生本病的一个重要诱因。当天气突变，舍内空气中氨及二氧化碳等有害气体浓度超标、鸡群密度过大，鸡的饲喂空间和饮水空间不足、疫苗接种、转群以及营养不均衡等多种诱因均可促使本病发生。

2. 临床症状及剖检变化 由于大肠杆菌血清型及感染途径不同，其引起的症状、病变也有所不同。可分如下类型。

（1）大肠杆菌型败血症。侵入种蛋内的大肠杆菌在孵化过程中繁殖，可致死鸡胚，即使孵化出雏，雏鸡也不健康，可见白色、黄绿色或泥土样粪便，腹部增大。出壳后 2～3 d 死亡。3 周龄以后发病和死亡减少，幸存下来的也成为发育迟缓的雏鸡。死胚和死亡的幼雏，表现为脐炎、卵黄易碎、内容物为黄褐色泥土样的较大残留卵黄，中雏以后表现为肝周炎、腹膜炎、胸肌瘀血。剖检急性型可见肝呈绿色，有时可见肝上有大小不等的出血点或坏死点。亚急性型心包肥厚、混浊，表面附着有纤维素和干酪样渗出物，心肌、心包和胸腔粘连。纤维素性心包炎是本病型的特征性病变。肝包膜炎，肝包膜增厚，不透明呈黄白色，剥开此膜可见肝肿大、边缘钝，呈紫褐色。

（2）呼吸器官感染症（气囊炎） 常因大肠杆菌和其他病原微生物合并感染所致，也可因接种新城疫疫苗和传染性支气管炎疫苗而诱发。气囊炎主要发生在 5～12 周龄的肉仔鸡，多 6～9 周龄为发病高峰期。病鸡精神不振，呼吸困难，并伴有啰音和咳嗽等症状。剖检可见气囊混浊，囊壁增厚，病重者囊腔内有大量的白色或黄色干酪样渗出物。肝肿胀，肝包膜炎，肺充血与胸腔粘连。

（3）大肠杆菌性肉芽肿。主要病变是肝、十二指肠、盲肠、肠系膜等部位生长出肉芽肿结节，有灰白色、黄色，肠粘连不易分离，肝可见大灶性不规则形、黄色坏死灶。鸡主要表现为消瘦、衰弱。

（4）出血性肠炎。主要病变在消化道，特别是小肠黏膜出血和溃疡，严重时在浆膜可见到出血点，皮下结缔组织、心肌、肝出血。甲状腺及胸腺肿大。

（5）关节滑膜炎及关节炎。幼雏和中雏发生较多，一般呈散发，多见于慢性病例，可发生一个或多个腱鞘关节，关节周围呈竹节状肥厚，腿关节肿胀，关节液混浊。并有脓性干酪样渗出物，滑膜增厚，多继发于腿病，跛行或呈俯卧姿势。

（6）全眼球炎。发生在大肠杆菌引起的败血症后期，仅一只眼发生，开始可见病鸡眼睑肿胀、流泪、眼前房积液，角膜混浊，后期失明。

（7）输卵管炎卵秘症。大肠杆菌从肛门上行侵入，引起慢性输卵管炎，病鸡的卵白等分泌物在输卵管内长期呈层状凝结，因而被堵塞，妨碍产卵，排出的卵泡落入腹腔内引起坠卵性腹膜炎（卵黄性腹炎）。

3. 防治措施

（1）搞好环境消毒，饮水中加入含氯消毒剂，经常清洗、消毒饮水器，搞好带鸡喷雾消毒，及时清理粪便与垫料，注意透风与保温。

（2）加强饲养管理，加强种蛋的收集、保存和孵化过程中的卫生消毒管理工作。常用于饮水和环境消毒的药物有百毒杀、威岛和过氧乙酸等。

（3）危害严重的场如果药物一时难以控制，可以考虑疫苗接种预防，用本场分离的菌株制成大肠杆菌多价油苗，能有效防治本病。种鸡开产前接种疫苗后，在产蛋期大肠杆菌病发病减少，种蛋受精率、孵化率都能得到提高，初生雏发病率也能降低。

（4）药物防治。大肠杆菌对多数抗生素、磺胺类、喹诺酮类等药物敏感，但这不是固定不变的，同是一种药在甲场为高敏药物，在乙场可能是中敏或低敏药物。本病对各种药物极易产生抗药性，有条件的鸡场在使用药物前最好做药敏试验，以便获得理想的治疗效果。值得注意的是：一般鸡一过 20 日龄单纯发生大肠杆菌病者较少，常与某些病原体混合感染，所以在治疗时要选择对另一病原体有效的药物治疗；若有发病的诱因存在，应注意消除病因，将会提高治疗效果。

初次投药时一定要达到治疗量；一个疗程后，鸡群即使停止死亡，也要在停药 2～3 d 后再投一个疗程，以防复发。如果发现慢性病例的鸡群，要周期性给药；发病期间在日粮中可增添维生素 A、维生素 E 及维生素 C 来增强机体抵抗力，从而减少死亡。

七、禽霍乱

1. 流行情况　本病是由多杀性巴氏杆菌引起的鸡、火鸡、鸭、鹅等的一种急性白血性传染疾病。本病的发生有一定的季节性，即高温高湿的夏季及天气急剧变化的春秋两季有多发趋势。世界各地皆有流行。病禽、带菌禽、野鸡的排泄物和分泌物内含有多量病菌，可以污染饲料、饮水、环境用具等，进而通过呼吸道、消化道传播本病。

2. 临床症状及剖检变化　本病的特征是突然发病、高热、下痢，发病率与致死率都很高，急性禽霍乱发病急、死亡快，往往看不到症状即死亡，有的死于产蛋窝内或在楼架上死后坠地，有的在死前数小时才出现症状。

病鸡无神、缩颈闭眼、羽毛松乱、发热、厌食，离群孤立，口腔内有黏液流出挂于嘴下，腹泻、排出黄白或绿色稀便，死前脱水、肝暗红，冠或肉髯变青紫色、肿胀，剖检可见产蛋鸡输卵管内有未产出的蛋，胸腔喷水状出血点，心冠脂肪密集针尖大出血点，肝肿大、有针尖大、粟粒灰白色坏死灶，十二指肠呈卡他性和出血性肠炎。慢性禽霍乱表现为关节、肉髯肿大，内含有干酪物。卵泡充血、出血，变形、破裂引起的卵黄性腹膜炎。

3. 防治措施

（1）疫苗免疫。在流行区可注射菌苗（以禽霍乱蜂胶苗为好），种鸡及产蛋鸡在产前接种。

（2）鸡场不能随便引进鸡苗，必须引进时需隔离饲养，观察无病后方可合群。

（3）加强环境卫生消毒。

（4）发病鸡群采用药物治疗。可选用增效磺胺饮水，0.1%饮水 3～4 d；0.2%～0.5%混料连用 3 d，停 2 d，再用 3～4 d，产蛋期禁用；金霉素、土霉素（1‰拌料）连用 4 d；强力霉素 0.5‰拌料或饮水，连用 7 d；青霉素肌内注射 5 万～10 万 U/只，2 次/d，连用 2～3 d；大群饮水 5 000～10 000 U/只，1～2 h 饮完；喹诺酮类（恩诺沙星、环丙沙星等）100～200 mg/kg 拌料、饮水，连用 7 d；喹乙醇 25～35 g/t，拌料要均匀，疗程不超过 3 d，有很好的防治效果。

八、鸡支原体病

1. 流行情况 由支原体引起的鸡的一种慢性呼吸道性、消耗性传染病。本病感染率高，几乎所有的鸡群皆有不同程度的感染，一年四季均可发病，但冬春季节较为严重，特别是环境条件差时，如鸡舍通风不良，氨气浓度过高，鸡群密度过大，潮湿拥挤，疫苗免疫应激，营养缺乏，天气突变，其他疾病继发，都是引起发病与流行的原因。若有大肠杆菌病并发，死亡较多，造成严重的经济损失。

2. 临床症状及剖解变化 幼鸡感染后症状明显，流浆性或黏性鼻汁，眼内有泡沫、咳嗽。因鼻孔堵塞而张口呼吸。气管啰音特别是在夜间呼噜声更明显。病鸡食少，无神闭眼，严重时眼内有干酪物，生长慢，大鸡甩头，眼睑肿胀，产蛋鸡产蛋量下降，剖检可见鼻腔、气管、肺中充满黏性渗出物，严重的气管中有坏死性渗出物。

3. 防治措施

（1）种鸡进行血清学检测，淘汰阳性鸡。

（2）孵化场、孵化器、出雏器要彻底消毒，种蛋可采取变温法，抗生素

（泰乐菌素、链霉素）浸蛋法杀灭种卵内支原体。

（3）饲料或饮水中投服抗生素防治。泰乐菌素，100～200 mg/kg 拌料；红霉素，130～250 mg/kg 饮水；土霉素，200～1 000 mg/kg 拌料；金霉素，100～400 mg/kg 拌料；强力霉素，50～100 mg/kg 拌料；也可采用链霉素饮水 2 000 U/只或滴鼻、点眼、肌内注射喷雾。

（4）解决舍内温度与通风的关系，防忽冷忽热和贼风，及时清除粪便，降低舍内氨气浓度，严防饮水器的水漏到垫料上。

（5）免疫前后水中加电解多维及抗生素，防止继发支原体病。

九、球虫病

1. 流行情况　鸡球虫病是由单细胞生物引起的鸡盲肠和小肠出血、坏死为特征的寄生性原虫病。主要感染 2 周龄以上的雏鸡及育成鸡，特别是阴雨潮湿季节及圈舍拥挤，卫生差，蛋鸡育成期限饲阶段易引发本病，多因鸡采食被球虫卵囊污染的粪便、垫料后经消化道感染。

2. 临床症状及剖检变化

（1）盲肠球虫。病鸡表现无神、拥挤在一起、翅膀下垂、羽毛松乱、闭眼昏睡、便血、鸡冠苍白，剖检可见贫血、肌肉苍白，盲肠肿大，内充满大量血液或血凝块。

（2）小肠球虫。病程长，病鸡表现为消瘦、贫血、苍白，食少、消瘦、羽毛蓬乱、粪便带水，消化不良或棕色粪便，两脚无力，瘫倒不起，脖颈震颤。衰竭而死。剖检可见小肠肿、黏膜增厚或溃疡，出现针尖大的密集出血点或坏死灶。严重的小肠内充满血液。

3. 防治措施

（1）加强卫生与饲养管理，保持鸡舍透风、干燥，避免鸡群拥挤，及时更新垫料。

（2）种鸡可试用球虫苗进行免疫。

（3）药物防治，在选用球虫药防治时，要结合清粪，补充维生素 A 及维生素 K，常能缩短病程。

常用抗球虫药物有：马杜拉霉素（杜球、抗球王、加福）5 mg/kg 拌料，超量中毒；地克珠利（伏球、茹球）1 mg/kg 拌料；盐霉素（优精素），60～70 mg/kg 拌料，超量中毒；莫能霉素，60～100 mg/kg 拌料，产蛋鸡禁用；球痢灵（二硝苯酰胺）125～250 mg/kg 拌料；海南霉素（鸡球素），5 mg/kg 拌料。此外，传统的抗球虫药也可使用，如青霉素、克球粉（氯吡醇、三氯二甲吡啶粉、可爱丹）可用于产蛋鸡，后两种产蛋期禁用。

十、鸡组织滴虫病（盲肠肝炎）

1. 流行情况 鸡组织滴虫病又称为盲肠肝炎、黑头病、传染性肝炎或单胞虫病。是由组织滴虫引起的鸡与火鸡的一种急性传染性原虫病。本病主要感染育成鸡，经消化道感染。病鸡排出的粪便中含有多量携带原虫的异刺线虫卵，污染饲料、饮水及运动场地，被健康鸡啄食后感染。本病无明显季节性，但以春、夏温暖潮湿季节多发。且鸡群拥挤，运动场不清洁也是本病诱因。

2. 临床症状及剖检变化 感染后7～12 d出现临床症状，表现精神萎靡，食欲减退，羽毛松乱、翅下垂、嗜睡，下痢淡黄、淡绿、严重者血便，冠及肉髯呈现蓝紫色，故称“黑头病”。如不及时治疗，1周即可死亡。剖检可见一侧或两侧盲肠肿大，内充满干酪样栓子。断面呈现同心圆状，中心为黑红凝固血液。外层为灰白淡黄坏死物。肝有圆形1分币大或不规则形下凹的坏死灶，呈现黄色或淡绿色。

3. 防治措施

（1）加强饲养管理，避免潮湿拥挤，卫生不良。

（2）定期驱除鸡体内的异刺线虫。

（3）发病鸡采用药物治疗。甲硝达唑0.05%，混于饲料中连喂7 d。

十一、肉鸡猝死综合征

1. 流行情况 肉鸡猝死综合征是发生于肉鸡中的非传染性的一种常见病。该病常发生于生长快、体况良好的肉鸡群中。其特点是发病急、死亡快。随着肉鸡饲养业的发展，由此病所造成的经济损失也日趋严重。

2. 临床症状及剖检变化 该病没有明显的季节性，一年四季均可发生。营养状况好、生长发育快的鸡多发，2周龄至出栏时多发，发病高峰在3周龄左右，死亡率一般在0.5%～5%，公鸡发病率高于母鸡。发病时，鸡群中肥大、体壮的鸡在没有任何症状的情况下就突然死亡，死前跳跃拍打两翅，多在采食、饮水或走动时突然失控，此时患病鸡运动突然失去平衡，惊叫并窜起向前或向后跌倒，肌肉痉挛并发出尖叫，多数表现为背部着地，两脚朝天，脖颈歪扭，从发病到死亡只约有1 min，多数死于饲槽边，有少数鸡死亡时呈俯卧姿势。剖检死鸡可见肌肉组织苍白，嗉囊、肌胃、肠道充盈。右心房扩张，心室紧张，心包液增多，有的心冠沟脂肪有少量出血点。肝肿大苍白，肺瘀血、水肿，气管内有泡沫。肾为浅灰色或苍白色。

3. 防治措施

（1）鸡舍远离闹市区和交通要道，不要经常更换鸡舍及饲养人员，保持舍内卫生清洁，舍内通风换气要好，密度要适当。保持鸡群安静，尽量减少噪声及其他应激因素。3 周龄前光照时间及光照度不能太长太强。

(2) 饲料中各种营养成分要均衡。肉仔鸡生长前期一定要给予充足的生物素、硫胺素等 B 族维生素，以及维生素 A、维生素 D、维生素 E 等，适当控制肉仔鸡前期的生长速度，不用能量太高的饲料。1 月龄前不主张加油脂，若要添加油脂时，要用植物油代替动物脂肪。减少喂颗粒料，这些都可有效地降低本病的发生。

(3) 饲料中也要注意调节好酸碱平衡以及电解质离子平衡。雏鸡在 10～21 日龄时，可用碳酸氢钾、乳糖、葡萄糖及足够的 Na^+、K^+、Cl^- 等离子，从而保持酸碱及离子平衡。雏鸡在 10～21 日龄时，可用碳酸氢钾按 0.5～0.6 g/只饮水或 3～4 kg/t 料拌料进行预防，效果较好。

十二、禽流感

1. 流行情况　禽流感是由禽流感病毒引起的一种急性传染病，也能感染人类，人感染后的症状主要表现为高热、咳嗽、流涕、肌痛等，多数伴有严重的肺炎，严重者心、肾等多种脏器衰竭导致死亡，病死率很高，通常人感染禽流感死亡率约为 33%。此病可通过消化道、呼吸道、皮肤损伤和眼结膜等多种途径传播，区域间的人员和车辆往来是传播本病的重要途径。按病原体类型的不同，禽流感可分为高致病性、低致病性和非致病性禽流感三大类。非致病性禽流感不会引起明显症状，仅使染病的禽鸟体内产生病毒抗体。低致病性禽流感可使禽类出现轻度呼吸道症状，食量减少，产蛋量下降，出现零星死亡。高致病性禽流感最为严重，发病率和死亡率均高，人感染高致病性禽流感死亡率约是 60%，家禽感染的死亡率几乎是 100%。

2. 临床症状及剖检变化

(1) 急性败血型禽流感（高致病性禽流感）。病禽主要症状为高度沉郁、昏睡，张口喘气，流泪流涕（在水禽有时可见眼鼻流出脓样液体），冠髯发绀、出血，头颈部肿大，急性死亡。部分病例出现共济失调、震颤、偏头、扭颈等神经症状。病理变化特征是眼角膜混浊，眼结膜出血、溃疡；翅膀、嗉囊部皮肤表面有红黑色斑块状出血等；还常见脚胫出血（脚胫鳞片出现红褐色出血斑块）、水肿；皮下水肿（尤其是头颈、胸部皮下）或呈胶冻样浸润；肺出血水肿，脾有灰白色斑点样坏死，胰有褐色斑点样出血、变性、坏死；法氏囊出血；从口腔至泄殖腔整个消化道黏膜出血、溃疡或有灰白色斑点、条纹样膜状物（坏死性伪膜），其他组织器官亦可能有出血，并常可见有明显的纤维素性腹膜炎、气囊炎等。有的病鸡心肌有灰白色坏死性条纹。

（2）急性呼吸道型禽流感（低致病性禽流感）。病禽主要表现为流泪流涕、呼吸急促、咳嗽、打喷嚏，鼻窦肿胀，下痢，部分发生死亡（与新城疫病毒或其他禽Ⅰ型副黏病毒株合并感染时，死亡率较高）。主要病理变化为喉头气管出血，鼻窦积聚分泌物，眼结膜水肿出血，有时亦见类似急性败血型禽流感的病理变化。

（3）非典型禽流感（非致病性禽流感）。病禽一般表现为流泪、咳嗽、喘气、下痢，产蛋率大幅度下降（下降幅度为50%～80%），并发生零星死亡。大体病理变化为鼻窦、气管、气囊、肠道有一些渗出性炎症，有时见气囊有纤维素性渗出，囊壁增厚，母禽发生卵黄性腹膜炎，输卵管时有炎症渗出物。

3. 防治措施

（1）杜绝高致病性禽流感病毒株的传入。兽医检疫部门要做好家禽流通领域的检疫，一旦发现高致病性禽流感，应及时上报主管部门，并立即采取封锁和扑灭措施，杜绝其扩散。

（2）防止疫情扩散。一旦发现高、低致病性的禽流感，首先要划定疫区，对疫区内的家禽和禽产品采取封锁，加强病死鸡处理和扑灭措施，特别要严禁病鸡的流通。

（3）加强防范。本病感染性强，造成损失大，疫区要格外加强防范，降低损失，控制疫病扩散：①在没有本病发生的地区应特别注意防范，最好的办法是加强隔离和消毒，对出入鸡场的人员、工具、车辆要严格消毒，禽舍要加强带鸡消毒和环境消毒。②防止继发和混合感染。禽流感的发病率和死亡率受多种因素影响，特别与毒株的毒力、并发病（常有大肠杆菌病和新城疫的参与）有关，因此在流行过程中一定要防止继发感染，可以应用抗生素（如肌内注射青霉素、链霉素）和抗病毒药物。一方面，防止细菌继发感染；另一方面，可以抑制病毒的复制，起到抗病毒的作用。但应用这类药物时必须早期或预防性应用，如果用晚了则效果不理想。③增强免疫功能。一旦感染本病，除加强上述两种措施之外，还可以在饲料中添加一些免疫增强剂，如维生素C、维生素E、寡聚糖、硒或中药。此外，要控制好环境温度，提高其机体抵抗力，使病鸡恢复快些。④做好病死鸡的处理。前已提到本病流行和病死鸡处理不当有很大关系，所以发现本病时，应严禁病鸡流入市场。

（4）疫苗问题。因为本病血清亚型多，而且各地流行的血清型差异很大，不同血清型间缺乏交叉免疫保护，所以疫苗还没有得到大范围使用。应用疫苗预防，应根据当地流行的毒株制成多价疫苗才能起到预防作用。另外，在强毒感染初期，用自家疫苗（用发病鸡脏器混合制成的福尔马林灭活疫苗）免疫接种，对控制禽流感也很有帮助。

十三、禽白血病

1. 流行情况　禽白血病是由禽C型反录病毒群的病毒引起的禽类多种肿瘤性疾病的统称，主要是淋巴细胞性白血病，其次是成红细胞性白血病、成髓细胞性白血病。此外，还可引起骨髓细胞瘤、结缔组织瘤、上皮肿瘤、内皮肿瘤等。大多数肿瘤侵害造血系统，少数侵害其他组织。

传染源是病鸡和带毒鸡。有病毒血症的母鸡，其整个生殖系统都有病毒繁殖，以输卵管的病毒浓度最高，特别是蛋白分泌部，因此其产出的鸡蛋常带毒，孵出的雏鸡也带毒。这种先天性感染的雏鸡常有免疫耐受现象，它不产生抗肿瘤病毒抗体，长期带毒排毒，成为重要传染源。后天接触感染的雏鸡带毒排毒现象与接触感染时雏鸡的年龄有很大关系。雏鸡在2周龄以内感染这种病毒，发病率和感染率很高，残存母鸡产下的蛋带毒率也很高。4～8周龄雏鸡感染后发病率和死亡率大大降低，其产下的蛋也不带毒。10周龄以上的鸡感染后不发病，产下的蛋也不带毒。

在自然条件下，本病主要以垂直传播方式进行传播，也可水平传播，但比较缓慢，多数情况下接触传播被认为是不重要的。本病的感染虽很广泛，但临床病例的发生率相当低，一般多为散发。饲料中维生素缺乏、内分泌失调等因素可促进本病的发生。

2. 主要症状及剖检变化　感染的毒株不同，禽白血病的症状和病理特征也不相同。

（1）淋巴细胞性白血病。是最常见的一种病型。14周龄以下的鸡极为少见，至14周龄以后开始发病，在性成熟期发病率最高。病鸡精神委顿，全身衰弱，进行性消瘦和贫血。鸡冠、肉髯苍白，皱缩，偶见发绀。病鸡食欲减少或废绝，腹泻，产蛋停止。腹部常明显膨大，用手按压可摸到肿大的肝，最后病鸡衰竭死亡。

剖检可见肿瘤主要发生于肝、脾、肾、法氏囊，也可侵害心肌、性腺、骨髓、肠系膜和肺。肿瘤呈结节型或弥漫型，灰白色到淡黄白色，大小不一，切面均匀一致，很少有坏死灶。组织学检查，可见所有肿瘤组织都是局灶性和多中心性的，由成淋巴细胞（淋巴母细胞）组成，全部处于原始发育阶段。

（2）成红细胞性白血病。此病比较少见。通常发生于6周龄以上的高产鸡。临床上分为两种病型：即增生型和贫血型。增生型较常见，主要特征是血液中存在大量的成红细胞，贫血型在血液中仅有少量未成熟细胞。两种病型的早期症状为全身衰弱，嗜睡，鸡冠稍苍白或发绀。病鸡消瘦、下痢。病程从12 d到几个月不一。

剖检时可见两种病型都表现为全身性贫血，皮下、肌肉和内脏有点状出血。增生型的特征性肉眼病变是肝、脾、肾呈弥漫性肿大，呈樱桃红色到暗红色，有的剖面可见灰白色肿瘤结节。贫血型病鸡的内脏常萎缩，尤以脾为甚，骨髓色淡呈胶冻样。检查外周血液，红细胞显著减少，血红蛋白量下降。增生型病鸡出现大量的成红细胞，占全部红细胞的90%～95%。

（3）成髓细胞性白血病。此型很少自然发生。其临床表现为嗜睡，贫血，消瘦，毛囊出血，病程比成红细胞性白血病长。剖检时可见骨髓坚实，呈红灰色至灰色。在肝偶然也见于其他内脏发生灰色弥散性肿瘤结节。组织学检查可见大量成髓细胞于血管内外积聚。外周血液中常出现大量的成髓细胞，其总数可占全部血组织的75%。

（4）骨髓细胞瘤病。此型自然病例极少见。其全身症状与成髓细胞性白血病相似。由于骨髓细胞的生长，头部、胸部和跗骨异常突起。这些肿瘤很特别地突出于骨的表面，多见于肋骨与肋软骨连接处、胸骨后部、下颌骨以及鼻腔的软骨上。骨髓细胞瘤呈淡黄色、柔软脆弱或呈干酪状，呈弥散或结节状，且多两侧对称。

（5）骨硬化病。在骨干或骨干长骨端区存在有均一的或不规则的增厚。晚期病鸡的骨呈特征性的“长靴样”外观。病鸡发育不良、苍白、行走拘谨或跛行。

（6）其他。如血管瘤、肾瘤、肾胚细胞瘤、肝癌和结缔组织瘤等，自然病例均极少见。

3. 防治措施 本病主要为垂直传播，病毒型间交叉免疫力很低，雏鸡免疫耐受，对疫苗不产生免疫应答，所以对本病的控制尚无切实可行的方法。

减少种鸡群的感染率和建立无白血病的种鸡群是控制本病的最有效的措施。种鸡在育成期和产蛋期各进行2次检测，淘汰阳性鸡。从蛋清和阴道拭子试验阴性的母鸡选择受精蛋进行孵化，在隔离条件下出雏、饲养，连续进行4代，建立无病鸡群。但由于费时长、成本高、技术复杂，一般种鸡场还难以实行。

鸡场的种蛋、雏鸡应来自无白血病种鸡群，同时加强鸡舍孵化、育雏等环节的消毒工作，特别是育雏期（最少1个月）封闭隔离饲养，并实行全进全出制。抗病育种，培育无白血病的种鸡群。生产各类疫苗的种蛋、鸡胚必须选自无特定病原（SPF）鸡场。

十四、产蛋下降综合征

1. 流行情况 鸡产蛋下降综合征是由禽腺病毒引起鸡以产蛋下降为特征

的一种传染病，其主要表现为鸡群产蛋骤然下降，软壳蛋和畸形蛋增加等。于1976年发现，故又命名为产蛋下降综合征-1976。产蛋下降综合征病毒属于腺病毒Ⅲ群，本病毒能凝集鸡、鸭、火鸡、鹅、鸽的红细胞，但不能凝集家兔、绵羊、马、猪、牛的红细胞。国内外分离的病毒株有10余个，国际标准为荷兰127株。已知各地分离到的毒株同属一个血清型。病毒对乙醚、氯仿不敏感，对pH适应谱广，0.3%甲醛溶液48 h可使病毒完全灭活。各种年龄的鸡均可感染，但幼龄鸡不表现临床症状；尤以25～35周龄的产蛋鸡最易感。可使产蛋鸡群产蛋率下降10%～50%，蛋破损率达38%～40%，无壳蛋、软蛋壳可达15%。本病主要经种蛋垂直传播，也可水平传播，带毒鸡是主要传染源，尤其产褐壳蛋的母鸡易感性高。

2. 主要症状及剖检变化　最初症状是有色蛋壳的色泽消失，出现薄壳、软壳、无壳蛋和小型蛋。薄壳蛋蛋壳粗糙，像砂纸，或蛋壳一端有粗颗粒，蛋白呈水样。蛋壳无明显异常的种蛋受精率和孵化率一般不受影响。病程持续4～10周，产蛋下降幅度达10%～40%，发病后期产蛋率会回升；有的达不到预定的产蛋水平，或开产期推迟，有的出现一过性腹泻。无明显的病变，不引起死亡，仅发现卵巢变小、萎缩。子宫和输卵管黏膜出血和卡他性炎症。

3. 防治措施　本病无特异性治疗方法。为避免垂直感染，应从非感染鸡群引种。采取综合防治措施，防止由带毒的粪便、蛋盘和运输工具传播该病；不要与其他禽类混养，隔离饲养，防止野鸟进入鸡舍。在鸡开产前2～4周，用鸡产蛋下降综合征油乳剂灭活疫苗或含有鸡产蛋下降综合征抗原的多联油乳剂灭活疫苗免疫，免疫力至少可持续1年。发病时，可用抗生素、维生素、矿物质等辅助治疗。

能力转化

1. 简述鸡场日常管理注意事项。
2. 分析鸡新城疫免疫失败的原因，并简述正确的免疫方法。
3. 简述鸡禽流感的症状和暴发该病时的应对方法。

单元五

兔的疾病防控

教学目标

1. 掌握兔的疾病防疫一般原则。
2. 掌握兔的一般疾病治疗方法。

项目一　疾病防控的一般原则

任务目的

知识：掌握兔疾病的一般防控方法。
技能：初步认识兔的生物学特性。
情感：培养科学养兔的意识。

知识准备

一、兔病诊断要点

家兔疾病以预防为主。生产中可以通过“三查、五看、八注意”来及时检测病兔疫情，做到早发现、早隔离、早治疗。

1.“三查”即查食量、查饮量、查粪便

（1）查食量。健康的家兔喂食时，表现一种急于求食的现象，主动跑过来，吃食快，食量正常，若喂时精神呆板，采食时食欲不振，不与其他兔抢食，则消化机能减弱，是已经发病的表现。

（2）查饮量。体质健康的家兔，正常饮水，生产中不限制饮水量，但要检测饮水量的变化。饮水量受季节、温度影响。同时，采用不同饲料也会影响饮水量。饲喂颗粒饲料的饮水量在 300～500 mL/只/d，喂给青绿料的饮水少。饮水量的改变是疾病的重要信号。

饮水增多可见中暑、产后、肺炎急性大肠杆菌、急性胃肠炎、兔瘟等。剧烈饮水常见于中毒。饮水减少、废绝见于严重病及晚期。

（3）查粪便。健康家兔的粪便为球形和椭圆形，直径约 1 cm，内有纤维，外显草茎，一般为草黄色，因饲料不同，粪便的颜色也不同，或褐色、或黑色。表面光滑，匀整而有弹性。若发现粪球变大而软，或者稀不成球，或粒小而坚硬。细小变化如鼠粪（枣核状）连成串球形，都是家兔生病的现象。

幼兔的尿液无色透明，无沉淀物。成年兔的尿液多呈柠檬色、稻草色或棕红色，并呈碱性反应。尿频见于尿道感染、球虫；尿少见于便秘、食盐中毒、肾炎、胃肠炎。

① 粪便正常，但分布四周。说明兔情绪不安，应查明原因。

② 粪量多、过湿，呈圆柱形或长带状，有酸臭味；后期粪量少、硬且黑，严重时便秘，是过食精料引起的消化不良。应根据情况减少或停用精料。严重时可以用大黄、苏打片、酵母等。

③ 粪球变软增大，相互粘连、软而无光，呈黑色或草绿色。一般是过食青料而精料不足。应减少青料增加精料喂量。

④ 粪便干硬细小，粪量减少，粪表面粗糙，排粪难、便秘口渴。多为过食干粗料。应减少干粗料喂量，多饮水及多吃青绿料。

⑤ 若粪便稀薄如糊，量多且口渴严重。多为饲料质量不好，如发霉、带露水、水分过大、湿度大等。

⑥ 粪干小、呈梨形或稀稠交替，气味大。多为胃肠炎等，应及时停料加药。

⑦ 粪便先干硬后水样或干硬与水样交替，伴发腹痛或便中带血，多为急性球虫病。应做好球虫的预防。

⑧ 粪便稀薄如水、混有泡沫样的黏液或血样，有刺鼻的腥臭味，急性下痢，腹部有流水声，可能是魏氏梭菌病，此病主要以预防为主。初期可用血清 2 mL，2 次/d。

⑨ 如果粪便为胶冻样黏液稀便或两头尖的鼠粪状且带着黏液，多为亚急性大肠杆菌病。可以用抗生素，有条件的可通过药敏试验选择最佳的药物。如恩诺沙星、庆大霉素等。

⑩ 粪水样、恶臭、灰白色或浅黄色。多为沙门氏菌。疫苗预防为主。可

用土霉素、恩诺沙星、庆大霉素等。

⑪粪球干硬、大小不均、成串、内有兔毛，为毛球病。

2. 五看

（1）看精神。家兔清晨和傍晚最活跃。正常时候很活跃、有精神，稍有动静就有反应。抬头、竖耳、转动耳郭。如果反应迟钝、不精神或过度兴奋都可能是疾病。

（2）看五官。健康情况下，五官表现为眼无屎、鼻无涕、口无涎、舌无火、耳无脓。中医观点“眼主神、鼻主肺、口主胃、舌主心、耳主魂”，说的就是这个道理。

清涕多因寒冷引起，如感冒；黏鼻涕多为鼻炎早期，脓鼻涕为鼻炎中晚期，如巴氏杆菌、波氏杆菌、李氏杆菌、兔瘟等。

健康的家兔，两眼圆睁明亮，眼球活泼，眼睑润净，结膜红润。若眼睑变小，半张半闭，反应迟钝，眼流泪或分泌物过多，出现眼屎，均为病态。

兔耳朵上分布大量的血管，通过这些血管的颜色变化可判断白色家兔健康与否，一般耳色粉红者，表示血旺。过红者即为发烧，用手触摸呈烫热感；耳灰白色表示贫血；耳色发青紫，耳温偏低，病情一般严重。耳朵有脓、结痂可能是耳癣。

（3）看呼吸、体温。体质健康的家兔，呼吸平稳、胸腹式呼吸。每分钟50～60次，幼龄兔比成年兔次数多一些，60～80次，夏季比冬季多，若正常的环境中，呼吸急促或有声音时则病重。

① 呼吸短促见于急性肺炎及其他急性病。

② 吸气性呼吸困难见于胸、咽喉、气管堵塞及炎症。呼气性呼吸困难见于肺气肿、气管炎症，混合性呼吸困难见于肺大面积炎症。胸式呼吸见于腹部疾病，腹式呼吸见胸部疾病。

家兔的正常体温一般为38.5～39.5℃，上下差1℃时为不正常情况。体温低见于大肠杆菌病、腹泻、中毒，低热见于结核病、支气管炎，弛张热见于巴氏杆菌野兔热，间歇热见于布鲁氏病，不规则热见于兔瘟，稽留热见于全身炎症及大叶性肺炎。

（4）看膘情及皮毛。背肉腰圆，肌肉丰满是健壮兔；若背部脊骨突出，两旁凹削、臀部坐骨凸出，为慢性病或寄生虫病。

皮毛干净整洁、无皮炎、皮癣、无脱毛。如果是非换毛期脱毛，多为皮炎、真菌、脓包等疾病，应正确诊断后及时处理。

（5）看动作。歪脖多由巴氏杆菌、李氏杆菌、中耳炎、耳癣、中毒等引起；蹭痒多由皮炎、皮癣、真菌等引起；抓挠耳朵多由中耳炎、耳癣引起，转圈、拱背、视肛多由便秘引起；跛行见于佝偻病、软骨症、骨折，关节红肿见于骨结核、巴氏杆菌；后肢瘫痪见于产后、弓形虫病，霉变料中毒等；四肢瘫痪、高跷脚见于脚皮炎；另外，尖叫、咬毛、行走异常等现象也比较常见，发现时要及时查明原因，及时处理。

3. 八注意

（1）在舍外听到特殊声音要注意，如咳嗽（干咳见于刺激性、喉炎、气管炎早期；湿咳、连咳见于肺支气管炎；痛咳见于急性咽炎）、喷嚏、鸣叫、躁动等。

（2）闻到特殊气味要注意，如魏氏梭菌时粪便带黏液有臭味，妊娠母兔中毒时候口中的烂苹果味等。

（3）气温突变要注意，尤其是春秋两季。

（4）每次更换饲料要注意，要逐渐更换，以防胃肠道疾病。

（5）家兔改变环境要注意，更换兔舍、购种、运输等。

（6）幼兔断奶后 1 周内要注意，是兔发病死亡高峰期。

（7）新引种要注意，搞好免疫，经隔离、观察，健康者再合群。

（8）在疾病流行期间要注意，做好消毒、隔离、预防、检测等工作。

二、家兔主要用药方法

1. 皮下注射法 在兔耳根后、肩前、腹内侧和腹下中线两侧的皮肤松弛、易移动部位，剪毛后用酒精或碘酊消毒，从被抓起皮肤的三角形基部刺入针头注射药液。此法用于一些疫苗的注射。

2. 肌内注射法 一般选择兔颈部或臀部肌肉发达部位，剪毛消毒后垂直、快速将针头刺入肌肉。

3. 静脉注射 选择兔两耳外缘静脉血管。注射前要将针管内空气排净。注射量大时，药液要适当加温。

4. 内服法 药量小或没有异味时拌入饲料让兔自由采食；对拒食的病兔，可掰开兔嘴将药投入；也可将药液吸入注射器，从兔嘴角插入推注，使其吞咽。

5. 外敷法 治疗兔外伤、体表寄生虫等的药物可直接涂擦。病兔要单笼饲养，以防其他兔舔食病兔身上的药物引起中毒。

三、家兔的免疫

家兔疫苗有单苗，如兔瘟、葡萄球菌苗、兔克雷伯氏菌灭活疫苗等。二联苗如兔瘟巴氏杆菌联苗、波巴苗、波氏大肠二联苗等，三联苗如瘟巴魏三联苗等。如果是单苗则两种苗注射应间隔 5 d 左右。兔病以预防为主。

1. 主要免疫程序

（1）兔病毒性出血症灭活疫苗。预防兔病毒性出血症（兔瘟）。首免幼兔35～45日龄皮下注射1～2 mL，60日龄再注射1 mL，以后每年免疫2～3次。尤其是春秋两季。

（2）兔大肠杆菌多价灭活疫苗。预防兔大肠杆菌病（黏液性肠炎）。20～30日龄肌内注射1 mL。每4～6个月免疫1次。

（3）兔多杀性巴氏杆菌灭活疫苗。预防兔多杀性巴氏杆菌病。幼兔30日龄注射1 mL首免，40日龄加强免疫1次，每4个月免疫1次。

（4）兔克雷伯氏菌灭活疫苗。预防兔克雷伯氏菌下痢病。幼兔断奶时注射2 mL。

（5）兔产气荚膜梭菌灭活疫苗。预防兔产气荚膜梭菌病（魏氏梭菌病）。30日龄首免1 mL，2周后加强免疫1次。以后每年免疫2～3次。

（6）兔波氏杆菌灭活疫苗。预防兔波氏杆菌病。幼兔55日龄注射2 mL，每6个月免疫1次。

（7）兔葡萄球菌灭活疫苗。预防因金黄色葡萄球菌感染引起的母兔乳房炎、仔兔黄尿病、脓疱症和脚皮炎等。每只兔注射2 mL或于母兔配种前后注射2 mL，每6个月免疫1次。

（8）沙门氏菌灭活苗。所有兔及断奶前1周仔兔、怀孕后1周母兔皮下或肌内注射1 mL。每年2～3次。

要注意购买合格正规的疫苗，按要求合理保存、使用。如果大批量做，最好提前做一小群免疫实验。使用疫苗前后各7 d内不用抗生素。注射当天及后2 d不带兔消毒。不饮消毒药水。

2. 疫苗应用注意事项

（1）采购质量合格的疫苗。

（2）用药前检查。疫苗批号、日期、使用说明，肉眼检查包装是否完好，疫苗可视有无改变、混浊、沉淀等。活苗在－15 ℃保存，死苗在2～8 ℃保存。

（3）接种前用具消毒预热。疫苗配制后一次用完。剩余的无害处理。

（4）大批接种前最好先小群接种实验，保证使用安全。

（5）接种疫苗前、中、后3 d舍内不宜消毒，最好前后各1周不用抗生素。疫苗一般7～14 d产生抗体。疫苗与驱虫间隔1周以上。

（6）生病期间不宜免疫。

四、家兔常见病的病因

影响家兔成活率提高的主要疾病有：兔病毒性出血症（兔瘟）、球虫病、流行性腹胀病、多杀性巴氏杆菌病、产气荚膜梭菌病，以及原因不明的腹泻、肺炎、营养性疾病、中毒性疾病等。影响家兔养殖经济效益的主要疾病还有：皮肤真菌病、螨病、豆状囊尾蚴病、脚皮炎、乳房炎、秋后不育不孕症等。

引起家兔疾病的原因如下：

1. 病原性 以病原性微生物、寄生虫为主发生的疾病是影响家兔成活率的主要因素，如病毒病、细菌病、寄生虫病。

（1）病毒病。

① 兔病毒性出血症（兔瘟）。该病是家兔的烈性传染病，可以引起40日龄以上兔发病，且发病急、传染快、死亡率高。该病的流行特点是地方流行性或散发，主要靠良好的疫苗免疫来预防。

② 兔轮状病毒病。散发，主要危害断奶前后的小兔，以急性腹泻为主要症状。主要发生于2～6周龄的仔兔和幼兔，特别是4～6周龄的幼兔最易感染，发病率和死亡率较高，成年兔常呈隐性感染带毒不表现明显症状。患兔减食或者绝食，表现昏睡、排出稀薄或水样粪便，污染会阴或后肢皮毛。

（2）细菌病。

① 多杀性巴氏杆菌病。该病有多种临床表现，最严重的是引起家兔的急性败血症，还可以引起胸膜肺炎以及与其他病原一起混合感染引起传染性鼻炎、化脓性肺炎、子宫内膜炎、结膜炎、中耳炎等。

② 支气管败血波氏杆菌病。本病以导致肺炎、肺脓肿为主，引起不同年龄家兔死亡，还与多杀性巴氏杆菌等一起混合感染，引起传染性鼻炎、化脓性肺炎。

③ 产气荚膜梭菌病。引起不同年龄家兔发病，主要临床症状是急性腹泻，多种抗菌药治疗无效，发病急、死亡快，发病后几小时就可能会死亡。粪便恶臭，带有特殊的腥臭味。

④ 皮肤真菌病。母兔是该病的主要传染源。一旦兔场发病，很难清除。

（3）寄生虫病。

① 球虫病。是引起幼兔成活率下降的主要疾病之一。1～3月龄兔易感，临床上表现为急性死亡、全身发软、腹胀、腹泻等，发病死亡率20%～70%，成年兔带虫不发病，是重要的病原携带和传播者。

② 螨虫病。是各个兔场的常见病，可导致生长速度下降、消瘦、繁殖能力下降，部分兔因衰竭死亡。该病传染面广，大小兔均可感染，易治疗、易复发。

③ 豆状囊尾蚴病。兔场散养的犬是传染源，犬粪污染饲料、饮水、垫草等，兔吃了这些污染物而发病。

2. 食源性 由于饲料、饮水、饲草不洁，引发兔胃肠道疾病或发生死亡。

（1）饲料。饲料配合不合理和饲料变质均可引发兔胃肠道疾病。若不能及时发现，按一般性腹泻处理，会导致死亡率增加。

（2）饮水。饮用水源不洁、清洁水在贮藏中或在饮用水管道中变质，易导致兔胃肠道疾病。

（3）饲草。草带有污泥、污水，有毒、有害的野草。

（4）中毒。饲料霉变、有毒的药物（如马杜霉素），可导致家兔急性中毒或慢性中毒。

3. 气源性 由于通风不良，兔舍内有害气体浓度严重超标，导致呼吸道抵抗力下降，易发生呼吸道疾病，生长速度下降。

4. 机械性 由于笼底板不合适，易发生脚皮炎。

5. 管理性 冷、热不均，营养不良，不适断奶，不合理繁殖等。

项目二 兔群常见传染病防控

任务目的

知识：了解常见的兔传染病。

技能：初步判断兔的常见传染病。

知识准备

一、兔瘟

1. 流行病学

（1）病原体，兔瘟病毒。由该病毒引起的一种急性、热性传染病，俗称“兔瘟”。人O型红细胞凝血试验阳性，感染后检测到白细胞、血小板减少。

（2）易感兔龄，3月龄左右。

（3）流行季节，四季均发，早春、晚秋多发。

（4）传播途径，带病毒兔，通过呼吸道、消化道传播。

（5）流行特点，急性型暴发、群发。

2. 临床症状及剖检病变 青壮年兔突然群发，口鼻出血，尖叫，惊厥死亡。死前伴有明显的精神兴奋症状，死后角弓反张。死前抗生素治疗无效，不规则发热。天然孔有血液流出，黏膜与皮肤暗红或紫红是兔瘟的典型症状。心、肝、肺、肾、脾、淋巴、消化道不同程度充血、出血、瘀血。特别是脾变成蓝紫色。实际情况中根据病程长短可分如下几种：

（1）最急性型。多在采食或夜间突然死亡。病程短、高热、传播快、死亡率高。急性潜伏期为48～72 h。患兔多为最急性型，常不见症状，突然倒地抽搐、惨叫而死。死后肛门松弛，周围被毛有少量淡黄色黏液沾污，鼻孔有红色泡沫流出。

（2）急性型。患兔食欲减退或废绝，数小时后体温急剧下降，呼吸急促，突然惊厥兴奋，在笼中或场地狂跳，乱啃咬，倒地后，抽搐惨叫死亡。口鼻有血样泡沫样分泌物流出。

（3）亚急性。病程 2～3 d。大多死亡。

（4）慢性型。沉郁、不吃喝、头触地。长的 5～6 d。少数存活

3. 防治　按时注射兔瘟疫苗（35～40 日龄、60 日龄），确诊病情后，应迅速隔离封锁，无害化处理病死兔，对群体紧急免疫 2 mL/只。

二、巴氏杆菌病

多由应激因素，如寒冷引发，多为条件致病，特别是患有脓性鼻炎的家兔极其容易感染本病菌。群发症状轻重不一，抗生素有效。

1. 流行病学

（1）病原。病原为多杂性巴氏杆菌。

（2）易感兔龄。大小均感染，尤其 2～6 月龄兔最易感。

（3）流行季节。春秋多发。

（4）传播途径。75%的兔是带菌者，通常存在于健康家兔的鼻腔、口腔、喉头等处，通过消化道、呼吸道传播。

（5）流行方式。散发或地方性流行。巴氏杆菌病是家兔常见传染病之一。

2. 临床症状及剖检病变　由于侵入的多杀性巴氏杆菌的毒力、数量和家兔抵抗力不同，其临床症状也不相同。幼兔、弱兔多为急性败血症型、急性肺炎型、胸膜炎型等。中壮兔多为慢性型。常见中耳炎型、结膜炎型、生殖器炎症型、皮下脓肿型。

（1）急性败血症型。兔突然流涕、高热呈稽留热，沉郁、呼吸急促，不久惊厥死亡。死前体温突然下降，死后角弓反张、口鼻有血样渗出物。

（2）急性肺炎型。高热、呼吸困难、头后仰、腹式呼吸、肺有啰音，沉郁不食。

（3）传染性鼻炎。病初由于巴氏杆菌主要存在于鼻腔黏膜，致使上呼吸道

发生轻度炎症，常打喷嚏，鼻腔先流出浆性鼻液，以后转为黏性至脓性鼻液。外鼻孔湿润、腔内红肿，鼻孔流出的黏液阻塞和刺激鼻黏膜，使病兔呼吸困难、“呼噜、呼噜”的喷鼻声，甩头。病兔常用前爪擦鼻，导致鼻、口腔周围的兔毛潮湿、蓬乱以至脱落。因为病兔经常用爪清洁嘴脸，把病菌带到眼内、耳内或皮下，从而引起结膜炎、角膜炎、中耳炎、皮下脓肿、乳腺炎、睾丸炎等并发症。病兔最后常精神委顿，因营养不良衰竭而死。

剖检可见鼻腔、鼻窦、鼻窦黏膜发红水肿，鼻腔内有浆性、黏性或脓性分泌物。

（4）地方性肺炎。地方性肺炎一般由慢性传染性鼻炎转变而来。自然发病时，很少能见到肺炎的临床症状。由于家兔运动的机会不多，即使大部分肺实质发生突变，也难以见到呼吸困难的表现，最初表现为食欲不振和精神沉郁，常以败血病告终。往往在前一天还是健康兔，发现时已经死了。

（5）中耳炎。兔群内中耳炎的发生具有地方性。兔由于直接接触传染，通过污染物（笼、食具等）也可能通过空气传播而感染。一般认为中耳炎是上呼吸道炎症感染的。病原体则沿耳管上升到中耳，引起感染。然后进一步扩散使内耳受害。有些病例也使脑膜和脑实质受害，使之失去协调能力。斜颈是主要临床症状（歪脖子病）。斜颈是感染扩散到内耳或脑部的结果，而不是单纯中耳炎的症状。斜颈的程度取决于感染的范围。严重的病侧，兔向一侧滚转，一直倾斜到抵住围栏为止。斜得越厉害，感染的范围越深。重病例则难以采食和饮水。体重减轻，出现脱水。感染扩散到脑膜和脑组织，出现运动失调症状。

（6）全身败血症。由慢性急转而来。根据病程的长短不同，可分为急性型和亚急性型。

① 急性型（或称出血败血症）。症状为病兔精神委顿，停食，呼吸急促，体温升高至 40 ℃以上。鼻腔流出浆液一脓性分泌物。临死前体温下降，四肢抽搐。病程短者 24 h 内死亡，较长者 1～3 d 死亡。在流行期，常有不见症状而突然倒毙的情况。

② 亚急性型。原发或其他类型转化而成。主要表现为肺炎和胸膜炎。病兔呼吸困难，急促、鼻腔中有黏液或脓性分泌物，常打喷嚏。体温稍升高，食欲减退，有时腹泻，眼结膜发炎。病程持续 1～2 周或更长，最后消瘦、衰竭而死亡。

（7）生殖器官感染。兔的生殖器官感染包括母兔的子宫炎和子宫积脓，以及公兔的睾丸和附睾炎。此病主要发生于成年兔（包括刚成年兔）。母兔的发病率高于公兔。

（8）结膜炎。由巴氏杆菌引起的结膜炎很常见，幼兔和成年兔均可发病，以幼兔多见。

3. 防治　做好自繁自养，引种时注意。坚持做好合理免疫和定期消毒工作。家兔是最敏感的动物，很多病毒、病菌均易导致家兔发病，家兔个体小，经济价值小，治疗兔病费时、费事，比较麻烦。因此发展养兔也须防重于治。

（1）预防。疫苗；做好日常管理工作，减少应激；做好消毒工作。

（2）治疗。紧急防疫，群体用药。对病兔可用青霉素 2 万～5 万 U、链霉素 5 万～10 万 U，还可应用四环素、恩诺沙星等，有条件的可用抗巴氏杆菌高免血清。

三、兔魏氏梭菌病

1. 流行病学　本病又称魏氏梭菌性肠炎，有 A、B、C、D、E、F 六型。多由 A 型魏氏梭菌及其毒素引起，对幼兔危害最大，死亡率在 50%以上。各年龄均可发病。1～3 月龄多发。

2. 临床症状及剖检病变　以急剧腹泻下痢、拉黑色水样或带血胶冻粪便为特征。严重腹泻后，病兔精神呆滞、沉郁、萎靡、不吃食，体温大多数不升高，水泻后 1～2 d 死亡。少数病例消耗 5～7 d 死亡，此时已消瘦得皮包骨头。

死后剖检，胃底黏膜脱落，肠黏膜有弥漫性出血，小肠充满气体，肠壁薄而透明。盲肠和结肠充满气体，内容物呈黑绿色，有腐败气味儿。肝变脆，脾呈深褐色。

3. 防治　主要通过免疫接种预防该病发生。药物治疗该病效果不佳。较好的品种可用高免血清治疗，每千克体重皮下注射 2 mL，每天 2 次，连用 2～3 d 能收到一定效果。

配合消炎、补液治疗。可用痢菌净、卡那霉素等。发现疫情及时隔离淘汰。兔舍、笼具要用 3%的热氢氧化钠水严格消毒。饲料中添加喹乙醇，每千克体重 5～10 mg 预防。

四、波氏杆菌病

1. 病原学　本病是家兔常见的、多发的，并广泛传播的一种慢性呼吸道传染病。多发于春秋昼夜温差大、天气骤变等应激反应时。病原为兔波氏杆菌。由于家兔感冒、寄生虫病、有强烈刺激性气味时致使上呼吸道黏膜脆弱，易引发此病。

2. 临床症状及剖检病变　因病菌危害部位不同，本病又分为鼻炎型和支气管肺炎型。鼻炎型多表现为鼻黏膜充血，流出多量黏液和黏液性分泌物，通常不变为脓性。长时间不愈的鼻炎型可发展为支气管肺炎型。

病兔死后剖检可见肺部有大如蛋黄、小如芝麻粒的脓疮，多者可占肺部的90%，肝表面也有黄豆大小的脓疮，脓疮内积满了黏稠乳油样的白色或灰白色脓液。

3. 防治 免疫接种可以有效预防本病发生。加强兔舍卫生和管理。兔舍保持通风、透光，适宜的温度、湿度，定期消毒，注意天气突然变化，减少应激反应。及时淘汰有鼻炎症状的兔子，以减少传染源。对病兔使用抗生素对症治疗。

五、大肠杆菌病

1. 病原学 本病是由血清型致病大肠杆菌及其毒素引起的一种暴发性、死亡率很高的肠道传染病。各种年龄的家兔都易感染，尤其是仔兔和百天之内的幼兔，死亡率在80%以上，且散养兔发病率又高于笼养兔。

2. 临床症状 分为最急性、急性、亚急性3种。最急性病兔不见任何症状就突然死亡，急性的1～2 d死亡，亚急性的5～7 d死亡。

多数病兔初期精神沉郁，食欲不振，腹部臌胀，粪便变形，细小成串，外边包有透明胶冻样黏液。后期出现水样腹泻，四肢发凉，体质迅速消瘦，眼眶下陷，还有磨牙流涎症状，1～2 d死亡。

3. 防治 可用复方新诺明、大黄苏打片，成兔各1片，每天2次，连服3 d。庆大霉素、卡那霉素配维生素 B_1，每次2万～4万U，维生素 B_1 1支，肌内注射，效果也好。一旦发生本病，应隔离治疗。

六、传染性口炎

1. 病原学 本病是由水疱性口炎病毒引起的一种急性传染病。其特征是口腔黏膜发生水疱性炎症，并大量流涎，因此又称“流涎病”“流嘴水”。多发生于20～90日龄的仔幼兔，常是整窝同群感染。本病的发生一是饲养管理不当、饲料霉变或带刺，二是家兔吃了被病毒污染的饲料所致。

2. 临床症状 发病初期口腔黏膜潮红、充血、肿胀，吃食小心缓慢，随后唇舌、口腔黏膜出现小水疱，破裂后形成烂斑和溃疡，因而大量流涎。因涎水中的病毒浸染而发生炎症和脱毛，如不及时治疗，易造成整窝和大批死亡。

3. 防治 如发生本病应马上对病兔隔离治疗。可用复方新诺明（SMZ）、磺胺二甲基嘧啶（SM2）或土霉素研末撒于口中。没有病的同窝同群兔也立即用SMZ、SM2、土霉素等拌料喂服。用量每只兔0.125～0.25 g，或用冰硼散敷口。中药可用“六神丸”“保赤丸”“消炎丸”治疗，用板蓝根冲剂饮水，用金银花、野菊花煎汤饮水或拌料都有很好地预防和治疗效果。

七、兔沙门氏菌病

1. 病源及流行　消化道传染病，病原为兔沙门氏菌，主要侵害怀孕母兔，尤以怀孕 25 d 后的母兔最常见。以败血症急性死亡、腹泻与流产为典型特征。因此，本病又称“沙门氏菌流产”。

2. 临床症状及剖检病变　潜伏期 3～5 d，有不出现临床症状而突然死亡的现象。多数病兔表现为腹泻，从肛门排出带泡沫的黏液性粪便，体温升高，精神呆滞，采食废绝，渴欲增加，消瘦，母兔从阴道排出黏液或脓性分泌物。胎儿流产后很快死亡，随之发病母兔死亡，即使康复兔也不能再作生产用。

病兔死后剖检，胸和腹腔内脏器官有瘀血点，腹腔中有多量黏液和纤维素性渗出物。流产病兔子宫肿大，浆膜和黏膜充血，并有化脓性子宫炎。有的子宫黏膜充血和溃疡。未流产的母兔，子宫内有木乃伊和被液化的胎儿。病兔肝有弥漫性或散在性淡黄色小米或芝麻粒大的坏死病灶。胆囊肿大，充满胆汁。脾肿大 1～3 倍，呈暗红色。肾有针头大的出血点。

3. 防治　选择合格疫苗进行免疫接种可有效预防该病的发生。药物预防也有一定效果，一般选用土霉素和链霉素。

项目三　兔群常见寄生虫病防控

任务目的

知识：了解常见的兔寄生虫病。

技能：初步判断兔的常见寄生虫病。

知识准备

一、兔球虫病

兔球虫病是一种肉眼看不见，长度约 1/50 mm，单细胞结构的艾美耳属寄生虫所致。寄生于兔的球虫有 14 种。其中，斯氏艾美耳球虫寄生于肝胆管上皮细胞内引起肝球虫病。其余的寄生于肠管上皮细胞，引起肠球虫病。但临床常见混合型球虫病感染。艾美耳球虫感染力为 50%～70%，感染球虫病的兔子首先体重减轻，一般可减轻体重 12%～27%，死亡率为 20%～80%。死亡率与饲养管理有关，对 2 月龄的幼兔威胁最大，常成批死亡。

1. 流行病学 本病病原为兔球虫，患兔表现为消瘦、贫血、腹部膨胀、腹泻、衰竭死亡。不死的失去对各种病的抵抗力，易激发其他疾病。兔球虫有双壁而对外部环境、酸、碱有强的抵抗性，球虫的卵囊在自然环境中存活 5 年。

球虫对家兔致病力强。少量的球虫就能使兔死亡，500～1 000 个卵囊造成的死亡率为 25%，3 000 个卵囊造成的死亡率为 100%。

家兔球虫病多在温暖多雨季节发生，且往往定期出现在个别的兔场，特别是饲养管理不良和卫生条件差的兔场更易出现，幼兔发病和死亡均比较多。

2. 临床症状及剖检病变 瘦弱、贫血，病兔腹部膨大，下痢，不断排尿，黄疸。以肠管和肝表面有白色或黄白色结节及坏死灶为其特征性变化。显微镜检查兔粪，肠黏膜及结节内容物可检查出球虫卵囊。依据寄生部位不同，兔球虫病可分为肠型、肝型及混合型三类。实际生产中多见混合型，老兔场更是如此。

（1）肠型。

肠型急性：侵害 20～60 d 小兔。没有明显的症状，四肢痉挛，脚弓反张，惨叫死亡。小肠黏膜有出血点，肠壁血管充血，个别胃黏膜出血。

肠型慢性：食欲减退，毛被粗乱，精神不振，贫血、下痢、稀薄的粪便或者便秘，下痢交替。最后出现痉挛、肠臌气、麻痹等严重症状，最后往往虚脱而死亡。最常受侵害的是十二指肠。肠黏膜灰色，有许多小而硬的白色结节。个别由于感染化脓菌，可见到化脓性坏死病灶，尤其在盲肠部位多见。肠壁增厚，黏膜潮红，肿胀，散布点状出血，肠腔充满气体。

（2）肝型。

肝型急性：常发生于 30～90 d 的小兔。食欲不振，精神不振，常在临床上见不到任何症状，四肢痉挛而死。

肝型慢性：成年兔多见，病程可长达 2～3 个月，病症不明显，消瘦、贫血、眼结膜苍白，有少数病兔有黄疸症状。但病兔一出现下痢很快死亡。急性治疗不彻底也会转为慢性，成为长期带虫的感染源。

（3）混合型球虫病。老兔场发生此病较多，病兔消瘦，贫血，下痢与便秘交替发生，小便黄色，混浊。精神沉郁，生长发育停止，眼和鼻腔分泌物增多，后期出现中毒症状。一般预后不良。

3. 防治

（1）预防。使用球虫疫苗；使用抗球虫药物预防投药，为了提高疗效，避免球虫的抗药性，几种药物要交替使用。已发生球虫病的家兔可采用甲硝唑治疗，小兔半片，每天 1 次，连服 5 d。管理上可通过以下方面控制球虫病发生。

① 选择在高燥向阳的地点，留作种用的公、母兔必须经过多次粪便检查，确实无球虫病者才能留作种用，体弱有病的兔子要及时淘汰。

② 运入新兔时，隔离饲养后，健康者才能合群饲养。

③ 大小兔分笼饲养，母仔分笼。

④ 幼兔断奶不安排在雷雨季节。

⑤ 注意饲喂全价饲料。

⑥ 建立消毒卫生制度。夏季应每天清扫兔舍和运动场一次，堆积兔粪进行生物发热发酵处理。兔笼、饲槽等可用肥皂水、石炭酸、克辽林（以5∶5∶10的比例加水 100 mL 配成）进行定期消毒。食盆可用 0.1%的高锰酸钾消毒，也可放在阳光下照射，以杀死卵囊。

（2）治疗。常见抗兔球虫病的药物有磺胺类药、兔球灵和敌菌净等。

二、兔疥癣病

1. 流行病学 本病是由寄生在家兔体表的痒螨或疥螨引起的一种外寄生虫性皮肤病。寄生在耳廓内的称痒螨病，寄生在足部的称疥癣病。因家兔生活环境光照不足，笼舍潮湿，通风不良等引起，传染快。

2. 临床症状 主要发生在外耳道内，渗出物干燥后形成黄色或灰白色痂皮，塞满耳道，严重的像塞一团卫生纸。可引起外耳道炎，耳内奇痒，使兔不断摇头或用爪抓挠耳朵。

兔疥癣还在嘴、鼻及脚爪处发病，使发病部位奇痒、家兔不停地用嘴啃脚部，或用爪抓挠鼻和嘴处。脚爪上出现白色，皮屑结痂，逐渐变硬，使兔消瘦，甚至死亡。

3. 防治

（1）发现疥癣病兔时，应及时用 5%～10%的三氯杀螨醇水溶液或 5%的油溶液给兔蘸蹄，涂擦患部。并在治疗时用 2%～5%的三氯杀螨醇水溶液喷洒兔笼和场地。

（2）用 2%的敌百虫溶液涂洗患处和消毒笼具。

（3）烟醋合剂（烟叶 50 g、食醋 500 mL 浸泡 1 周）涂擦患处，每天 1 次，连用 3～7 d。

（4）豆油 100 mL 煮沸加 20 g 硫黄，拌匀，凉后涂擦患处，每天 1 次，连用 3 d。

（5）伊维菌素 0.3 mL/kg，皮下注射。

项目四 兔群常见普通病防控

任务目的

知识：了解常见的兔普通病。

技能：初步判断兔的常见普通病。

知识准备

一、兔腹泻

1. 临床症状

（1）普通腹泻。多得病急，粪便稀薄如糊，肛门周围粘满粪便，病兔常啃舔其肛门处。天气突然变化，气温骤降，家兔腹部受凉和吃了冰冻和带霜及露水草所致。

（2）伤食性腹泻。因幼兔贪食、采食过量、肚子发胀、消化不良引起。病兔排出湿烂粪便并有臭味，但食欲仍旺。

（3）胃肠炎型腹泻。粪便带有气泡，或夹杂红白鼻涕样的黏液。病兔常以蹲伏式排大便，且大便次数多而排粪量少。重者停食，易引起死亡。发病原因是由于家兔采食了发霉变质的饲料和被大肠杆菌污染的饲草所致。

2. 防治 每次服SMZ 0.25～0.5 g，每天2次，对兔普通腹泻、伤食性腹泻有特效。同时服一片大黄苏打片。庆大霉素、卡那霉素2万～4万U，每天2次。胃肠炎型腹泻可肌内注射黄连素1支。病兔肛门处粪便应当及时剪掉、洗净。加强饲养管理，注意天气变化和幼兔保暖工作。饲喂方法应掌握勤添少给的原则，冬不喂冰冻饲料，夏不喂露水草。

二、家兔积食

主要是由于家兔贪食精料过多，或吃了难消化、易发酵的饲料所致。病兔卧着不愿活动，不吃食，肚膨胀，磨牙。

预防治疗措施一般是给患兔断食1 d，促其在外运动。蜂蜜10 mL兑水20 mL服用，干酵母2片研末兑水灌服。

三、家兔便秘

发病原因是饲喂精料过多、过干，缺乏青绿多汁饲料和饮水。食欲不振，排粪少，粪形小而干硬，甚至数日不排粪。

预防：掌握家兔的草食性，加强运动，注意饮水，精粗饲料合理搭配，注意混合饲料的水料比例。平时多喂青绿多汁饲料，能有效地防止便秘发生。

治疗：口服果导片，每次 1 片。大黄苏打片每次 1～2 片，每天 2 次。同时，用开塞露注入直肠。

四、家兔感冒

多在昼夜温差大的春秋季节和天气骤变、气温突然下降时发生。长毛兔多因剪毛后遇到风寒所致。

症状：病兔怕冷，缩头，眼无精神，体温升高，流鼻涕并轻微咳嗽，眼流泪，呼吸困难。

治疗：退热药物以及抗生素。

五、兔毛球病

此病是长毛兔易得的一种病，肉兔有少量发生。发病原因是家兔吃了落进草和饲料中的兔毛，或因某种微量元素矿物质缺乏而互相咬毛、啃咬自己身上的毛，吞食了大量兔毛所致。

症状：食欲减退，大便秘结，肚臌胀，好伏卧，爱喝水，日渐消瘦，用手可在其胃部触摸到毛球。由于毛球通不过幽门，或停留在小肠内，造成肠道阻塞而造成死亡。

预防：喂草应设草架，能有效地防止兔毛落在饲草上。多喂含矿物质和维生素丰富的青绿多汁饲料。富含含硫氨基酸饲料，保证粗饲料中纤维饲料喂量。

治疗：发现毛球病时可用植物油 20～30 mL，一次灌服，通过油脂润滑后将毛球排出。食欲不好时，喂给大黄苏打片或人工盐。

六、家兔中暑

多发生于炎热的夏季。开始时食停止，心跳加快，体温升高，呼吸困难，眼球突出，口腔、鼻腔、眼睑黏膜充血，口吐白沫，突然倒地，四肢抽搐直至死亡。

一般采取的措施是立即将病兔置于阴凉处，地上泼上冷水，或头部敷上冷水浸湿的棉布，每 3～5 min 换敷 1 次，同时口服十滴水 2～3 滴，或用大蒜汁、韭菜汁滴鼻，也可放耳静脉血。

能力转化

1. 简述病兔的鉴别方法。
2. 简述兔球虫病的临床症状和防治方法。

单元六 鸭的疾病防控

教学目标

1. 了解养鸭场疫病防治方法。
2. 掌握鸭常见疾病的诊断和治疗方法。

项目一 鸭场防疫原则

随着当前养鸭业生产向集约化、规模化、商品化发展，鸭的发病率也越来越高，鸭病严重影响着养鸭业的健康发展，给饲养者带来巨大的经济损失。做好科学饲养管理和疾病防治工作，对保护养鸭业健康生产，降低发病率，提高经济效益具有重要作用。

一、常见鸭病及其主要特点

在养鸭业生产中，常见的鸭病主要有鸭病毒性肝炎、雏番鸭细小病毒病、鸭瘟等；细菌性的鸭大肠杆菌病、禽出血性败血症（禽出败）、鸭疫巴氏杆菌病、鸭伤寒等，以及寄生虫病的鸭球虫、绦虫病、线虫病等。几种常见鸭病主要是传染性疾病。其特点是传染速度快，传播途径广，发病率和死亡率高，造成的经济损失严重。

二、加强饲养管理

提高鸭的抗病能力，做好养鸭的疾病预防工作，要贯彻“以防为主，防重于治”的方针，切实加强科学的饲养管理、防疫卫生、预防接种、检疫、隔离、消毒等综合性防治措施。具体做好以下几方面：

1. 坚持“全进全出” 即鸭群要同时入栏，同时出栏，避免分批补栏和多批次混养，这样有利于鸭群出栏后进行彻底消毒和预防不同批次混养在一起产生易感染的疾病。

2. 营造良好生产环境 要按照鸭的不同品种、不同性能、各生长期的生物学特性，提供合适的生长、发育、生产的最佳生活环境和营养成分，增强鸭的体质，提高鸭对疾病的抵抗能力。

3. 消毒及无害化处理 清洁消毒运输车辆，工作人员进出场应严格进行消毒，防止疾病传入扩散。要及时挑出病死鸭，集中进行无害化处理，可以选择深埋和焚烧等方法。粪便可到指定地点堆积密封发酵后作农田用肥，这样可以彻底根除病原，减少病原菌的传播扩散。

4. 做好免疫接种工作 免疫接种是激发动物机体产生特异性抵抗力，使易感动物转化为不易感动物的一种手段。免疫后，所产生的特异性抗体能对该种疾病起到抵御作用，使该动物不发病。根据免疫接种的时间和作用不同，可分为预防接种、紧急接种两大类。

（1）预防接种，是提高鸭机体的抗病能力，减少发病最有效的一种方法。分析目前鸭传染病发生的种类、流行特点，结合本地区、本场的实际，有计划地制订科学的免疫程序，对预防和控制鸭病发生起着重要作用。

（2）紧急接种，是对已发病或受威胁尚未发病的鸭群进行应急性的免疫接种。紧急接种是控制疾病蔓延，减少死亡的最有效的方法。对受威胁而尚未发病的鸭群如使用鸭瘟疫苗、大肠＋出败灭活苗、鸭疫巴氏杆菌灭活苗等进行紧急接种，同时加强饲养管理，添加一些抗感染药物和多种维生素、电解质等，对控制该种传染病的流行具有重要作用。

（3）药物预防，即在饲料或饮水中添加抗生素和一些保健药物，杀灭鸭体内已携带病原菌，预防疾病的发生。如预防鸭疫巴氏杆菌病，对已注射鸭疫巴氏杆菌灭活苗而未产生有效抗体的鸭群投入恩诺沙星、林肯霉素、大观霉素等抗生素作预防，以降低在注苗后机体尚未产生抗病能力前发病的几率。同时在饲料中添加一些有益菌或酶类如“益生素”“绿而康”等绿色保健生物药品，能维持鸭肠道内菌群的平衡，促进生长，提高机体抗病能力。但要注意，应避免长期使用抗生素和化学药物，避免产生耐药性，减少药物残留。在接种弱毒疫苗或中毒活疫苗前，要根据其特点避开使用抗生素或抗病毒类药物，以免接种疫苗失败。

项目二 鸭常见传染病防控

任务目的

知识：了解常见的鸭传染病。

技能：初步诊断鸭的常见传染病病。

知识准备

一、鸭瘟

鸭瘟俗称“大头瘟”，又名鸭病毒性肠炎，是鸭的一种急性败血性传染病。其特征为体温升高，两腿麻痹、下痢、流泪，部分病鸭头颈肿大，食道黏膜有灰黄色坏死伪膜或出血溃疡，泄殖腔黏膜出血、水肿和伪膜覆盖。本病传播迅速，发病和死亡率都很高。

1. 流行病学 本病病原为鸭瘟病毒，属于疱疹病毒科。该病毒抵抗力不强，对热和干燥及普通消毒药都很敏感，56 ℃ 10 min、80 ℃ 5 min 即可将其杀死；22 ℃室温下 30 d 仍有感染力；夏季阳光直射 9 h 毒力消失。但对低温抵抗力较强。

本病对不同品种年龄的鸭均可感染，但成年鸭感染率和死亡率高，尤其是产蛋母鸭。1 月龄以下雏鸭较少发病。在自然情况下，与病鸭密切接触的鹅也能感染发病，并可引起地区性流行。

本病的传染源是病鸭——潜伏期感染鸭和病愈后带毒鸭（至少带毒 3 个月）。本病传播途径主要是消化道，其次生殖道、眼结膜和呼吸道；吸血昆虫、针头也可成为传播媒介。因此，健康鸭与病鸭混牧，或在水中相遇，或放牧时通过病区，都可发生感染。被病鸭污染的饲料、饮水、用具等都可成为传播媒介。新的易感鸭群到达污染水域往往造成鸭瘟的流行。

本病一年四季均可发生，通常以春夏之际和秋天购销旺季流行严重。本病流行过程较为缓慢，3～7 d 开始，10～12 d 大批发病，流行期可达 2～3 个月或更长。

2. 临床症状和剖检病变

（1）临床症状。本病潜伏期 3～5 d，病初病鸭精神委顿，缩颈垂翅，食欲下降或停食，渴欲增加，体温升高达 43 ℃以上，高热稽留。两脚麻痹无力，走动困难而静卧，并且不愿下水。病鸭的一个特征性症状是流泪和眼睑水肿，病初为浆液性分泌物，沾湿周围羽毛；之后变黏脓性，粘住上下眼睑且不能张开。眼睑水肿或翻于眼眶外，眼结膜有充血、出血甚至溃疡。部分病例见有头颈肿胀，俗称“大头瘟”。鼻腔有浆液性或黏液性分泌物，呼吸困难，叫声嘶哑。发生下痢，排灰白色或绿色稀粪，肛门周围的羽毛沾污并结块，泄殖腔黏膜可因水肿外翻，可见黏膜表面特征性伪膜。病后期体温下降，病鸭极度衰竭死亡。病程一般 2～5 d，慢的可达 1 周以上，少数不死的转为慢性。极个别鸭可以耐过，但消瘦，生长发育不良。初发地区死亡率高达 90%以上。鹅的自然感染症状与鸭的基本相似。

（2）病理变化。病鸭为败血症变化，体表皮肤有许多散在出血点、出血斑；眼睑往往黏合，结膜出血或有少许干酪样物覆盖。头颈肿胀的病例，可见皮下有黄色胶样浸润。食道和泄殖腔病变具有特征性诊断意义：食道黏膜有纵行排列的灰黄色伪膜覆盖，或小出血斑点，伪膜易剥离，剥离后为鲜红色，不规则形状的浅溃疡斑；泄殖腔黏膜亦为结痂覆盖，颜色为灰褐色或绿色，不易剥离，黏膜上有出血斑点和水肿。其余的，有些病例腺胃与食道膨大部交界处有一条灰黄色坏死带或出血带；肠黏膜充血、出血；产蛋母鸭卵巢滤泡增大，有出血点、斑，有时形成卵黄性腹膜炎。肝不肿大，表面和切面有灰黄或灰白色坏死点，少数坏死点中间有小出血点，此病变亦有诊断意义。雏鸭感染鸭瘟时，法氏囊呈深红色，表面有针尖状坏死灶，囊腔充满白色的凝固性渗出物。

鹅感染鸭瘟后病变相似，食道黏膜有坏死灶，坏死痂下面是溃疡，肝也有坏死点和出血点。

3. 防治 首先，定期接种疫苗；其次，不从疫区引鸭，不到流行区放牧。雏鸭可 20 日龄首免，4～5 月龄后加强免疫 1 次。3 月龄以上鸭 1 年免 1 次即可。

二、鸭病毒性肝炎

本病是小鸭的一种高度致死性急性传染病。病的特征是发病急、传播快、死亡率高，临诊表现角弓反张，病理变化为肝的炎性肿大和出血。

1. 流行病学 病原为小核糖核酸科、肠病毒属、鸭肝炎病毒。该病毒有 3 个血清型，我国流行的是Ⅰ型鸭肝炎病毒，Ⅱ、Ⅲ型分别在英美流行。该病毒抵抗力较强，56 ℃加热 60 min 仍可存活，在污染的孵化器至少可存活 10 周，在湿粪中可存活 37 d 以上，在 4 ℃可存活 2 年，−20 ℃存活 9 年。但 62 ℃ 30 min 可使之灭活，1%福尔马林或 2%氢氧化钠溶液 2 h，2%漂白粉溶液 3 h 均可使之灭活。

本病主要感染鸭，3周龄以下最易感，4～6周龄易感性下降，成年鸭感染后不发病，但可通过粪便排毒。1周龄内雏鸭病死率可达95%，1～3周龄病死率50%左右，4～6周龄发病率死亡均较低。

本病具有极强的感染性，主要通过接触和呼吸道传播，传播途径除病鸭的直接传播外，污染的用具、串舍走动或参观的人员，以及鸭舍的鼠类都是可能的传播途径。

病鸭、带毒的成年鸭、野生水禽都是或可能是本病的传染源。本病在北方多发于4～8月，舍饲的肉鸭一年四季均可发病。

2. 临床症状和剖检病变　本病传播迅速，呈急性经过，潜伏期较短，一般1～3 d。病雏精神委顿，呆滞，站立不稳，食欲废绝，共济失调，全身抽搐，角弓反张，俗称“背脖病”。喙端及爪尖瘀血呈暗紫色，最后惊厥死亡。有的腹泻，排黄绿色粪便。7 d内的病雏常快速死亡。

主要病变在肝，肝肿大，质脆，色暗和发黄，肝表面有大小不等的出血点、斑，胆囊肿胀呈长卵圆形，充满胆汁；脾有时肿大呈斑驳状；肾充血肿胀；心包炎。肝的肿胀出血可作出疑似本病的诊断。接种1～7日龄无母源抗体和有母源抗体雏鸭，比较其结果可以确诊。也可用血清学方法做出诊断。

3. 防治措施

（1）严禁从疫区进雏。

（2）免疫接种，可用弱毒疫苗给种母鸭在开产前间隔2周做2次免疫，之后隔3～4周再强化免疫1次。无母源抗体保护的雏鸭应于出壳后尽早注射卵黄抗体或高免血清，0.5～1 mL/只，10～14日龄后注射弱毒疫苗。

（3）对已发病群应尽快使用卵黄抗体或高免血清1.0～1.5 mL/只。

三、鸭禽霍乱

禽霍乱又称禽巴氏杆菌病，是鸭、鹅、鸡等家禽共患的一种急性败血性传染病。

1. 流行病学　本病病原为多杀性巴氏杆菌，该菌为革兰氏阴性杆菌，分A、B、D、E 4种荚膜血清型，对禽致病的为A型，D型少见。该菌对一般消毒药物抵抗力不强，5%石灰乳、1%～2%漂白粉溶液或3%～5%来苏儿在数分钟内很快将其杀死。

本病为畜禽体内常在菌，亦称条件致病菌，既可因外源性感染而得，亦可因机体抵抗力减弱而发生内源性感染。常呈散发或地方性流行。鸭、鸡、鹅、鸽、鹌鹑等各种家禽均易感，各日龄和品种的鸭均可感染本病，其中产蛋鸭最易感。鸭的感染常呈急性经过，鸭群发病多呈流行性。外源性感染时，病鸭及其他病禽是本病的主要传染源，亦可因长途运输、断水断粮等应激因素使鸭抵抗力降低，发生内源性感染。传播途径主要是通过消化道和呼吸道。病禽污染的饲料、饮水、垫料、工具及飞沫等都是本病的传播媒介；猫、犬、飞禽和野生动物及人都能机械性带菌，苍蝇、蜱、螨等昆虫也是本病的传播媒介。本病流行无明显季节性，鸭霍乱多发生于炎热的7～9月。

2. 临床症状和剖检病变 本病潜伏期2～9 d，可分为最急性、急性、慢性3种类型。最急性型常发生于本病流行的初期，病鸭常不见任何症状而突然死亡；急性型表现为病鸭精神委顿，不愿下水，呆立，食欲减退或废绝；体温升高至42.3～43 ℃；口和鼻腔有浆液或黏液流出，呼吸困难，张口伸颈，常摇摆头，欲将黏液甩出，俗称之为“摇头瘟”；病鸭剧烈腹泻，排绿色或白色粪便，有时血痢，具有腥臭味；病鸭往往发生瘫痪，不能行走，喙和蹼发紫；病程一般1～2 d。慢性型常从急性转化而来，表现为关节炎、脚掌肿胀。

急性过程的病变主要呈现败血症变化，心冠脂肪上、心耳及心内外膜上有出血点；肝稍肿大，质脆，表面密布针尖大灰白色坏死灶和出血点，这是本病的特征性变化；脾肿大，有散在的坏死灶；胆囊肿大、充盈；肠，尤其是十二指肠严重出血或卡他性炎症；胰腺肿大、出血；肌胃角质膜下出血；皮肤、皮下组织、腹膜等都有不同程度的出血。慢性过程呈现关节炎病变，主要是关节面粗糙，附有黄色干酪样物质或红色纤维组织；关节囊增厚，内含暗红色、混浊的黏稠液体；同时可有肝脂肪变性和局部坏死。

3. 防治措施

（1）加强兽医卫生管理，减少应激可有效预防禽霍乱。

（2）免疫接种，有禽霍乱灭活苗、弱毒苗等，可考虑肉用鸭20～30日龄免疫1次；蛋用鸭20～30日龄首免，开产前15 d二免，开产后每半年免疫1次。

（3）药物治疗。喹乙醇、磺胺类药物、青霉素、链霉素、土霉素、金霉素等多种药物均对本病有良好的治疗和预防作用，可根据药品说明书使用。

四、鸭副伤寒

鸭副伤寒又名鸭沙门氏菌病，是由沙门氏菌属的细菌引起的鸭急性或慢性传染病。雏鸭感染时常大批死亡，成年鸭感染呈慢性或隐性经过，成为带菌者。该菌广泛存在于畜禽及人体内、外界环境中，危害动物和人的健康，具有较为重要的公共卫生意义。

1. 流行病学 病原为沙门氏菌，为革兰氏染色阴性小杆菌，血清型种类很多，达 2 000 余种，其中在鸭以鼠伤寒沙门氏菌和鸭沙门氏菌及肺炎沙门氏菌多见。该菌抵抗力不强，对热和一般常用消毒剂都很敏感。菌体 60 ℃ 15 min 死亡，但在土壤、粪便和水中生存时间较长，可达数周至数月之久。该菌的毒素较为耐热，75 ℃ 1 h 仍有毒力，可使人发生食物中毒。

沙门氏菌几乎可以感染所有的禽类，哺乳动物和人。鸭的最易感年龄在 3 周龄以下，成年鸭多呈隐性或慢性经过。发病鸭和带菌鸭以及污染本菌的动物性饲料是本病的主要传染源；消化道是本病的主要传播途径，也可经卵垂直传播；被污染的饲料、饮水、用具，以及土壤等都是本病的传播媒介，鼠类和苍蝇等也是本病的传播者。3 周龄以下雏鸭感染率和死亡率都很高，严重时可达 80%以上。种蛋污染后可引起死胚和孵化率严重下降。

2. 临床症状和剖检病变　雏鸭感染后有的没有任何症状突然死亡，多数精神沉郁、呆立、畏寒、垂头闭眼、食欲减少、饮欲增加，并常见下痢，肛门常被稀粪粘糊，眼和鼻腔流出清水样分泌物，体质衰弱，步态不稳，最后可发生角弓反张，抽搐死亡。

特征性病变为肝肿大，边缘钝圆，表面色泽不均匀，有时呈灰黄色，肝表面及实质中有针尖大密集的灰白色坏死点；整个肠道黏膜充血、出血，表面可见针头大灰白色坏死点，有的肠黏膜坏死脱落，表面形成一层糠麸样物；部分雏鸭盲肠肿大，内有干酪样物形成栓子；胆囊肿胀、充满胆汁；有的气囊混浊不透明；肾色泽较淡，有尿酸盐沉积。

本病需注意与鸭霍乱及鸭传染性浆膜炎相区别。鸭霍乱与本病都有肝出现小坏死灶的变化，但鸭霍乱有心脏冠状脂肪及心肌的点状出血，而本病没有；鸭霍乱多发生于 1 月龄以上鸭，本病通常发生于 3 周龄以下鸭；鸭霍乱发病和死亡更急。传染性浆膜炎与本病主要区别在于前者无肝的小点状坏死和盲肠的肿大及栓子。

3. 防治措施　应采用综合性措施，首先应做好环境卫生和消毒工作，防止本菌污染饲料和饮水；患病母鸭蛋不能留作种用，孵化前必须对种蛋进行消毒（福尔马林熏蒸或浸泡）；雏鸭应与成鸭分开饲养；注意减少应激因素，冬防寒，夏防暑等。也可用药物进行防治，如强力霉素按每千克饲料 100 mg 拌喂。还可用庆大霉素，20 日龄雏鸭每只肌内注射 3 000～5 000 U，连用 3～5 d。但需注意，该菌极易产生抗药性，使用时最好做药敏试验，或经常换药。

五、鸭大肠杆菌病

鸭大肠杆菌病是指由致病性大肠杆菌引起的全身或局部感染性疾病，主要有大肠杆菌败血症、腹膜炎、生殖道感染、脐炎、输卵管炎、气囊炎、蜂窝质炎等。

1. 流行病学 病原为大肠埃希氏杆菌，革兰氏染色阴性，可在麦康凯琼脂上生长形成红色菌落。根据大肠杆菌抗原、表面抗原和鞭毛抗原可分为多种血清型，对鸭常见的致病性血清型有O1、O2、O3、O73、O78、O118等。该菌对外界环境抵抗力不强，常用消毒药很容易将其杀灭。

各种日龄的鸭都可感染发病，以2～6周龄多见。病鸭和带菌鸭是本病的主要传染源，感染途径主要是呼吸道和消化道，还可通过伤口、生殖道、种蛋表面污染途径传播。被该菌污染的饲料、饮水、尘埃、工具等均是传播媒介。

本病一年四季均可发生，北方以寒冷的冬春季多见。成年鸭和种鸭主要为零星发病死亡，商品肉鸭病死率可达50%左右。

2. 临床症状和剖检病变 卵黄囊炎及脐炎型发生于新出壳鸭，主要表现为脐部肿大发炎，卵黄不吸收，腹部膨大，多在几天内死亡；眼炎型多见于1～2周龄雏鸭，结膜发炎，流泪，有的角膜混浊，眼有脓性分泌物，可黏合上下眼睑；败血型多见于1～2周龄幼鸭，常突然死亡，病鸭可见精神沉郁，食欲下降，渴欲增加，羽毛蓬松，缩颈闭眼，腹泻，喜卧，有的出现呼吸道症状，眼鼻常有分泌物，病程一般1～2 d；浆膜炎型，常见于2～6周龄肉鸭雏，精神食欲均不佳，气喘，甩头，眼和鼻腔有浆液或黏液性分泌物，缩颈闭眼，嗜睡，部分有腹部膨大下垂症状，病程2～7 d；关节炎型，多见于7～10日龄雏鸭，可见一侧或两侧跗关节肿胀，跛行，食欲下降，常3～5 d死亡。此外，还有脑炎型，呈现神经症状；肉芽肿型，逐渐消瘦、腹泻；生殖器皮炎型等。

病变随各型的不同而有所不同，但比较典型的病变有心包炎、肝周炎和气囊炎。肝可见肿大，青铜色或土黄色，浆膜上有一层纤维素膜覆盖，有时有散在的坏死灶或出血点；气囊壁增厚、混浊，表面有纤维素性渗出；心包粘连，心包囊内充满纤维素性渗出物。其余病变还有：卵黄囊水肿增厚，卵黄的吸收不良与变质，喙、脚蹼常干燥；关节肿胀发炎，内有纤维素性关节液；眼结膜炎病变；脑膜充血、出血；实质脏器黏膜及浆膜上的菜花样肉芽肿；生殖器官炎症、变形、变性等病变。

3. 防治措施 由于大肠杆菌广泛存在于动物体内和外环境中，因此对其的防治应采取综合措施。

（1）对商品肉鸭必须保持良好的环境及其卫生条件，并采取全进全出制度。

（2）种蛋的孵化要做好消毒工作。

（3）免疫接种，由于大肠杆菌血清型复杂，使用的疫苗应为混合血清型疫苗，最好是能鉴定出本场大肠杆菌血清型，使用相同型疫苗。

（4）药物防治，多种抗菌药对大肠杆菌都有较好疗效，但很容易产生抗药性，因此，预防时应定期轮换用药，治疗时最好先做药敏试验。另外，对气囊炎、肝周炎、卵黄性腹膜炎等出现较严重病变的，抗生素治疗效果很差。

六、鸭肉毒梭菌中毒

本病是鸭采食了肉毒梭菌毒素引起中毒的急性致死性疾病，其主要特征是运动神经麻痹引起的颈部等部位肌肉麻痹，故又称软颈症。

1. 流行病学　病原为肉毒梭菌，为革兰氏染色阳性梭状芽孢杆菌，属厌氧菌。菌本身无病理损害作用，其产生的外毒素有强烈的致病作用。该毒素可分为8个不同的毒型，引起鸭中毒的主要是C型毒素。C型毒素毒力最强，分布最广。肉毒梭菌的外毒素1 mg就为1万人的致死量，并且其毒性在固体中100 ℃需2 h才能破坏。

肉毒梭菌广泛存在于土壤、粪便、腐败的尸体和饲料中，鸭通常在吃了腐败的鱼虾或动物尸体及腐尸或粪坑内生长的蝇蛆而致病。

2. 临床症状和剖检病变　鸭在吞食了含毒素食物后几小时至1～2 d突然发病，表现为反应迟钝，精神萎靡，嗜睡，头颈、翅膀和两腿发生麻痹。重症可见颈部肌肉麻痹，头颈伸直垂地，软弱无力，眼睑紧闭，翅下垂，两腿瘫痪，不能站立，下痢，排绿色稀便，最终心脏、呼吸衰竭而死。中毒很轻微的，可以康复。本病可依据典型的软颈等症状，结合流行病学进行调查，若有吃腐败动物性饲料的病史即可初步确诊，最终确诊还需通过小白鼠中和试验得出。

本病无明显的剖检变化和病理组织学变化，无法据之进行诊断。

3. 防治措施　主要是禁止食用腐败的饲料，尤其是动物性腐料。不喂给腐败的鱼虾、粪坑中的蝇蛆，放养时避免吃腐败的动物尸体。

本病无有效治疗药物，如能买到肉毒梭菌抗毒素，应尽早喂服病鸭，有一定疗效。

七、鸭葡萄球菌病

本病是由金黄色葡萄球菌引起的鸭等多种家禽的一种环境传染病。病鸭表现为关节炎、脐炎、败血症等。本病是鸭场一种常见的细菌性疾病，往往能造成很大的经济损失。

1. 流行病学　病原为金黄色葡萄球菌，革兰氏染色阳性。该菌对外界有较强的抵抗力，60 ℃需30 min才能将其杀死，在干燥的脓、血中能生存数月。

常用消毒药以3%～5%石炭酸杀菌效果最好。

本菌广泛存在于自然界和鸭舍及周围环境中。各种日龄的鸭都可感染发病，但以幼鸭为多。本病主要通过创伤感染，也可通过直接接触和空气传染，还可通过污染种蛋表面传染。幼雏的发病多与垫料有关，如污秽不洁或粗糙过硬，都可能损伤鸭的皮肤进而引起感染。鸭舍潮湿，环境卫生差，饲养密度大等因素都可促使本病发生。

2. 临床症状和剖检病变 本病临床表现可分为4种类型。

（1）脐炎型。本菌是造成幼雏脐炎的常见菌之一，症状同于其他脐炎。

（2）关节炎型。多见于1～2周龄幼鸭，有时也见于青年鸭、成年鸭。病鸭趾关节和跗关节肿大，触之有热痛和波动感，跛行，行动不便，取食困难，逐渐消瘦衰竭死亡。青年鸭、成年鸭患病常被迫淘汰处理。

（3）皮肤型。常见于2～10周龄鸭。病鸭因皮肤破损而发生局部感染，见有皮下水肿，有炎性渗出，幼鸭易突然死亡。青年鸭则常有化脓灶或坏死灶病变。

（4）败血型。多见于2周龄内雏鸭，也见于成年鸭，雏鸭常为皮肤型发展而来，呈急性败血症死亡；成鸭无明显临床症状，有时见腹部增大，病程一般2～6 d。

死于脐炎的病鸭病变为脐部和卵黄囊炎性肿胀，腹部膨大，卵黄吸收不良。关节炎病鸭，可见关节肿胀，关节囊内有干酪样或脓样物。皮肤型幼鸭，可见皮下水肿，炎性渗出，肝、脾肿大，肠黏膜卡他性炎症。败血型雏鸭可见心冠脂肪有出血点，肝、脾肿大充血，肠黏膜轻度充血、出血；病死种鸭则为心外膜有出血点，腹腔有腹水和纤维素性渗出，肝、肾轻度肿大，泄殖腔黏膜有时有出血溃疡和坏死。

3. 防治措施 首先，改善饲养管理条件，保持鸭舍清洁、干燥，垫料的柔软，定期消毒，种蛋消毒；其次，应用药物防治，如环丙沙星、庆大霉素等多种药物均有效，但最好做药敏试验。在高发的鸭场，可考虑使用疫苗（最好是自家苗），种鸭于开产前2周左右接种鸭葡萄球菌油佐剂疫苗，可大大地降低本病的发生。

八、鸭曲霉菌病

本病又称为曲霉菌肺炎，是由真菌中的曲霉菌引起的，为主要侵害呼吸器官的急性传染病。本病常在雏鸭中暴发，发病率和死亡率均较高。成年鸭多为散发。

1. 流行病学 病原以烟曲霉致病力最强，其他的还有黑曲霉、黄曲霉、白曲霉和构巢曲霉等。曲霉菌广泛存在，尤其是其产生的孢子，几乎可以说是无处不在。

各种禽类均对本病易感。鸭以 20 日龄内雏鸭易感性高；其中 4～12 日龄的雏鸭发病率最高，病死率可达 50%以上；成年鸭发病较少。本病主要经呼吸道和消化道感染。被霉菌污染的垫料和发霉的饲料是本病主要的传染源；此外被污染的孵化器也可能传播本病。因此，饲养管理不善、饲料霉变、卫生条件不良及通风不良、饲养密度过大等均是本病暴发的诱因。

2. 临床症状和剖检病变　本病潜伏期 2～10 d，病鸭精神沉郁，食欲下降，缩颈呆立，眼半闭，羽毛粗乱，特征性症状为呼吸困难，张口呼吸，咳嗽，有时有“沙哑”或“呼哧声”的喘鸣音。鼻腔常流出浆液性分泌物，迅速消瘦而死亡。有的侵害脑部引起神经症状，痉挛抽搐而死。如污染种蛋可造成大批死胚。成年鸭发病，亦可见张口呼吸，但病程较长，可达 10 d 左右。

病变可见喉头、气管黏膜充血，有淡黄色渗出物或霉菌结节。肺可见典型的霉菌结节，从小米粒到绿豆粒大小不等，呈灰白色，黄白色或淡黄色，均匀分散在整个肺。气囊膜增厚，混浊，分布有大小不一圆碟状的霉菌病斑。严重者，腹腔、浆膜、肝或其他部位表面也有霉菌结节或圆形绿色斑块。

3. 防治措施　主要措施为不用发霉的垫料、不喂发霉的饲料；保持鸭舍通风、干燥和清洁。

制霉菌有一定疗效，雏鸭 5 000～8 000 U/只，成鸭 2 万～4 万 U/只，口服，1 d 2 次，连用 3～5 d；或克霉唑按 0.01 g/只雏鸭混料，也可用 0.05%硫酸铜溶液饮水，连用 3～5 d，也有一定疗效。

九、鸭衣原体病

衣原体病又称鹦鹉热，是家禽的一种接触性传染病。各种家禽、野禽、哺乳动物包括人均易感，是一种人兽共患病。

1. 流行病学　病原为鹦鹉热衣原体。该衣原体对外界环境抵抗力不强，一般消毒药物能迅速将其杀死。56 ℃ 5 min 即可将其杀死，但能在干燥的粪便中保持数月的感染力。不同品种的鸭均可感染本病，但以幼鸭最易感。病鸭和带有衣原体的鹦鹉等鸟类是主要的传染源。本病主要通过空气传播，也可通过皮肤伤口侵入及吸血昆虫传播。

2. 临床症状和剖检病变　病鸭步态不稳、震颤、食欲废绝、腹泻、排绿色水样稀粪、鼻孔和眼流出浆液性或脓性分泌物，眼周围有结痂，病鸭消瘦、肌肉萎缩，最后惊厥死亡。

病变可见气囊增厚、结膜炎、眶下窦炎及眼球炎。胸肌萎缩和全身性多发性浆膜炎，胸腔、腹腔和心包腔中有浆液性或纤维素性渗出物，肝、脾肿大，偶有灰色或黄色小坏死灶，有肝周炎。

根据震颤、眼鼻流出分泌物等典型症状，剖检见有结膜炎、鼻炎、眶下窦炎和胸肌萎缩、全身性多发性浆膜炎，以及肝、脾等炎性变化可做出初步判断。确诊需做病原的分离鉴定。

3. 防治措施

（1）防止幼鸭接触到一切可能的传染源，尤其要远离饲养的鹦鹉及其他观赏鸟类。

（2）多种抗生素对衣原体有较好疗效，尤其是四环素类药物（四环素、土霉素、金霉素）疗效最好。可在饲料中添加四环素类药物，每千克饲料 0.2～0.4 g，混饲，连喂 1～3 周。

项目三　鸭常见寄生虫病防控

任务目的

知识：了解常见的鸭寄生虫病。

技能：初步诊断鸭的常见寄生虫病。

知识准备

一、鸭吸虫病

鸭吸虫病，是对鸭危害较为严重的一类寄生虫病，其种类也比较多，有寄生于直肠、输卵管、腔上囊的前殖科前殖属吸虫；有寄生于直肠和盲肠内的棘口科、棘口属吸虫；有寄生于盲肠及直肠内的背孔科、背孔属吸虫；有寄生于胆管及胆囊的后睾科、次睾属吸虫；有寄生于气管、支气管的环肠科、嗜气管属的鸭舟形吸虫；寄生于眼的嗜眼吸虫；寄生于小肠内的杯叶科、东方杯叶吸虫；寄生于肝门静脉和肠系膜静脉的分体科毛毕吸虫等。这些吸虫除毛毕吸虫类线型外，大多腹背扁平，有两个吸盘。它们寄生在各自的寄生部位，损害机体组织，夺取机体营养，排泄分泌毒素，造成不同的病理损害。下面就北方发生较多的几种吸虫病作一简介。

1. 鸭后睾吸虫病　寄生在鸭胆管和胆囊的后睾科吸虫很多，感染强度可多达数百条，有的鸭胆管可被虫体充满。本病1月龄以上雏鸭感染率最高，对鸭危害较大。有：鸭对体吸虫，是鸭肝寄生虫的大型虫体，体窄长，大小为（14～24）mm×（0.88～1.12）mm；东方次睾吸虫，大小为(2.4～4.7）mm×（0.5～1.2）mm，体表有小棘，鸭后睾吸虫，大小（7～23）mm×（1～1.5）mm。后睾吸虫的发育需两个中间宿主，第一中间宿主为纹沼螺，第二中间宿主为麦穗鱼及爬虎鱼等。感染性囊蚴主要寄生于鱼的肌肉和皮层内，鸭吃进含囊蚴的鱼而感染。本病可造成胆囊肿大，囊壁增厚，胆汁变质或消失；后睾吸虫还能造成肝炎和坏死。病鸭表现为贫血、消瘦等全身症状，严重时死亡率很高。本病可通过剖检病鸭或用硫酸镁离心浮集法检卵确诊。对本病可采用药物进行防治，在高发的夏秋季节用丙硫咪唑每千克体重50～100 mg，口服；或吡喹酮每千克体重10～15 mg，口服。

2. 鸭背孔吸虫病　背孔吸虫属背孔科、背孔属，常见种为细背孔吸虫。虫体两端钝圆，大小为（2～5）mm×（0.65～1.4）mm，只有口吸盘，腹吸盘缺少。该虫寄生在盲肠和直肠内，引起肠黏膜损伤，其毒素作用使鸭贫血和发育受阻。背孔吸虫的发育只需一个中间畜主——圆扁螺。毛蚴从虫卵中孵出，进入螺体后最后发育为有感染力的囊蚴，在螺体内或离开螺体到水草上，被鸭食入后感染，到鸭盲肠发育为成虫。该病用直接涂片法或饱和盐水浮集法检查粪便中虫卵可以确诊。该病的主要防治方法为药物防治。所用药品为丙硫咪唑和吡喹酮，剂量可参考后睾吸虫病的防治。

3. 鸭前殖吸虫病　前殖吸虫是危害产蛋鸭的一种寄生虫病，属前殖科，前殖属，目前已知有6个种。前殖吸虫寄生于鸭、鸡等禽类的输卵管和幼禽腔上囊，有时寄生于直肠和蛋内。多发于华东、华南地区，但全国各地都有。多见于春夏两季，常呈地方性流行。

卵圆前殖吸虫：虫体扁平呈梨形，体表有小棘。虫体大小（3～6）mm×（1～2）mm，口吸盘椭圆形。

透明前殖吸虫：虫体椭圆形，口及盘近圆形，腹吸盘圆形，两者同样大小。虫体大小（6.5～8.2）mm×（2.5～4.2）mm，体表前半部有小棘。

前殖吸虫的发育需两个中间宿主，第一中间宿主为几种淡水螺蛳，第二中间宿主为几种蜻蜓的幼虫或稚虫。虫卵随粪便排出体外，被螺蛳吞食，在其体内经毛蚴、胞蚴发育成尾蚴，尾蚴离开螺体进入水中，再钻入蜻蜓幼虫和稚虫体内，发育为囊蚴。鸭啄食蜻蜓幼虫或稚虫而感染，在消化道内移行至腔上囊或输卵管内发育为成虫。虫体附着在输卵管黏膜上，破坏壳腺、蛋白腺功能，引起形成蛋壳的机能改变，蛋白分泌过多，从而产生各种畸形蛋或排出石灰质、蛋白质等半液状物质，导致输卵管炎、卵黄性腹膜炎，造成死亡。耐过鸭有一定免疫力，再感染时虫体不侵害输卵管而随蛋白质进入蛋内，可在蛋的蛋白内见到虫体。病鸭常产畸形易破蛋，消瘦，腹部膨大，步态不稳，严重者死亡。

可根据本病的特殊症状、剖检病变，找到虫体或检出虫卵而做出确切诊断。对本病的治疗主要是药物防治。可用丙硫咪唑，每千克体重 50～100 mg，一次口服；也可用吡喹酮每千克体重 10～15 mg 口服，有良效。

4. 鸭毛毕吸虫病 本病由毛毕吸虫或鸟毕吸虫寄生于鸭的肝门静脉或肠系膜静脉引起。感染严重时可引起消瘦、发育受阻等，但其尾蚴能引起人的尾蚴性皮炎，俗称臭水疙瘩，具有公共卫生方面的意义。

（1）病原和生活史。寄生于鸟类门静脉的吸虫在我国有 4 种：奥氏鸟毕吸虫、何氏鸟毕吸虫、包氏毛毕吸虫、横川毛毕吸虫。鸭主要是包氏毛毕吸虫。虫体形态大体上呈线形，雄虫长 5.35～7.31 mm，宽 0.076～0.095 mm，雌虫比雄虫纤细，眼观呈白线头样，常雌雄合抱在一起。

包氏毛毕吸虫的发育需一个中间宿主——椎实螺。虫卵随鸭粪便排在水中，孵化出毛蚴，毛蚴钻入椎实螺体内，经母胞蚴、子胞蚴和尾蚴阶段，尾蚴成熟后离开螺体，遇到鸭及其他水禽又钻入其皮肤内，移行至肝门静脉发育为成虫。尾蚴在水中遇到人，也钻入其皮肤，停留在皮下，引起皮炎，但不能在人体内发育为成虫。

（2）致病作用与症状。虫体在寄生和移行的过程中，可引起鸭血管、肠黏膜及肝等脏器的损害、炎性反应，形成结节，影响肠吸收功能等。轻度感染时，无明显症状出现，严重感染可引起消瘦、发育受阻。人感染可引起尾蚴性皮炎。粪检查到虫卵或解剖看到成虫，均可确诊。

（3）防治措施。主要的防治措施为药物防治，可用吡喹酮每千克体重10～15 mg，口服；或丙硫咪唑每千克体重 50～100 mg，口服。另外，还有灭螺和鸭粪堆积发酵等措施。

人的尾蚴性皮炎预防可在下水前用松香精擦剂与脲醛树脂黏合剂涂擦，防护时间可达 4 h 以上。

二、鸭绦虫病

本病是由绦虫寄生于鸭小肠引起的，有多种绦虫，常见的是剑带绦虫和膜壳绦虫。本病对鸭危害很大，常造成幼鸭大批死亡，是鸭的一种重要的寄生虫病。

1. 病原和流行病学 剑带绦虫和膜壳绦虫虫体都较大，长 10～30 cm，剑带绦虫最宽达 12 mm，膜壳绦虫宽 2～5 mm。虫体乳白色，有 1 个头节，上有 4 个吸盘；1 个颈节；几十个体节（孕节）。

中间宿主为剑水蚤。孕卵节片或虫卵落入水中，虫卵被剑水蚤吞食，在体内发育为成熟的似囊尾蚴，鸭吞食了含成熟似囊尾蚴的剑水蚤而感染，在小肠内发育为成虫。除鸭、鹅感染本病外，野生水禽也能感染，成为本病流行的自然疫源。本病主要侵害 2～4 月龄的幼鸭，多发生在夏季，常引起流行，造成大批死亡。

2. 临床症状　虫体头节深入肠黏膜下，可造成肠炎、消化紊乱；寄生多时可阻塞肠道，引起肠破裂；大量夺取病鸭营养；代谢产物可引起鸭中毒症状。可见病鸭消化紊乱，便秘腹泻交替，消瘦、贫血，生长发育迟缓，有时还可出现神经症状，如步态不稳、歪颈仰头、麻痹痉挛等。病程 1～5 d，常死于恶病质。

粪检查到孕卵节片，或剖检看到虫体可以确诊。

3. 防治措施

（1）不同日龄鸭应分开饲养。

（2）定期驱虫，一般为春、秋季各 1 次。所用药品为：吡喹酮，每千克体重 10～15 mg，口服；丙硫咪唑，每千克体重 20～30 mg，口服；硫双二氯酚，每千克体重 100～150 mg，口服。

三、鸭球虫病

本病是由球虫寄生在鸭小肠引起的出血性肠炎的疾病，发病率和死亡率均很高。尤其是对雏鸭危害严重，常造成大批死亡。耐过鸭往往生长发育受阻。

1. 病原和流行病学　病原有艾美尔属、泰泽属、温扬属和等孢属多种球虫。北方地区鸭球虫病危害相当严重，据北京地区调查，证明是由毁灭泰泽球虫和菲莱氏温扬球虫混合感染所致。球虫的卵囊形态大同小异，多为椭圆形，或者圆形，内部的子孢子形态各异。毁灭泰泽球虫卵囊大小为(9.2～13.2) μm×(7.2～9.9) μm，内含 8 个香蕉形子孢子；菲莱氏温扬球虫虫卵大小为(13.3～22) μm×(10～12) μm，内含 4 个瓜子形子孢子囊，每个子孢子囊内含 4 个子孢子。本病 2～3 周龄雏鸭易感性最高，网上育雏的雏鸭下地后3～4 d，即 23～24 日龄时开始发病，地面育雏 18～24 日龄开始发病。发病率为 30%～90%，不及时治疗死亡率为 20%～71%，甚至可达 80%以上。6 周龄以上鸭感染通常不表现明显的临床症状。成年鸭感染多呈良性经过，但成为带虫者，为球虫病的重要传染源。本病的发生通常是由病鸭或带虫鸭的粪便污染的土壤、地面、用具以及饲料和饮水引起传播的。本病的发病与气温和湿度有密切关系，北京地区发生于 4～11 月，以 9～10 月发病率最高。

2. 临床症状和剖检病变　2～3 周龄雏鸭感染后的急性型症状，表现为精神委顿，不食，缩颈垂翅、喜卧，渴欲增加，排红色或紫红色血便，常于发病后2～3 d死亡。耐过鸭生长发育受阻，增重缓慢。慢性型一般无明显症状，偶见腹泻。

急性型病变可见小肠出血性卡他性炎症，有出血点或出血斑，肠内容物为淡红或鲜红色，黏膜上覆盖一层麸糠样或奶酪样黏液。

3. 诊断 根据流行病学情况、症状、病变做出初步判断；刮取少量病变部肠黏膜，用1～2滴生理盐水调匀，高倍镜镜检，发现大量裂殖体或裂殖子，或用漂浮法粪检，镜下发现大量球虫卵囊可以确诊。但需注意不能单纯依靠粪检，因有时检不出卵囊或带虫鸭虽有卵囊却无临床表现。

4. 防治措施

（1）经常打扫消毒鸭舍，保持清洁、干燥。

（2）药物防治。复方磺胺甲噁唑（复方新诺明）按0.2%浓度混料饲喂，连用6 d；或复方磺胺六甲氧嘧啶按0.2%浓度混料饲喂，连喂4 d；或复方磺胺5-甲氧嘧啶（球虫灵）按0.2%浓度混料饲喂，连用4 d。

项目四　鸭常见普通病防控

任务目的

知识：了解常见的鸭普通病。

技能：初步诊断鸭的常见普通病，并能给出合理的治疗方法。

知识准备

一、鸭维生素A缺乏症

维生素A是动物骨骼形成，视色素合成，上皮组织、神经组织结构完整性的保持和健全所必需的营养物质，对动物的生长发育、视觉、消化、呼吸、繁殖力和抗病力都有极大的关系。维生素A缺乏主要表现为器官黏膜损害，上皮角化不全，视觉障碍，生长发育不良，产蛋率、孵化率降低。各日龄鸭均可发生，但以1周龄左右雏鸭多见，主要发生在冬季和早春季节。

1. 病因

（1）饲料中缺乏维生素A或胡萝卜素。动物性饲料一般富含维生素A；

植物性饲料，青绿饲料、胡萝卜、南瓜、黄玉米等富含胡萝卜素，而糠麸、粕类含量较少。但长期饲喂含维生素 A 及胡萝卜素少的饲料时，发生本病。

（2）消化道及肝疾病影响了维生素 A 的吸收。如肝胆疾病、肠道炎症等。

（3）饲料加工不当，贮存时间过长使维生素 A 和胡萝卜素损失较多。如玉米贮存超过 6 个月，60%的维生素 A 被破坏。颗粒饲料加工过程可使胡萝卜素损失达 32%以上。

2. 临床症状和剖检病变　幼鸭缺乏维生素 A 时，表现为生长停滞，消瘦衰弱，步态不稳，喙和脚蹼颜色变淡。特征性症状是眼睛肿胀，眼内充满水样或乳样渗出物，并从眼内流出，眼睑粘连，重者眼内有大块干酪样物，眼球下陷、失明。病后期可有神经症状、运动失调。成年鸭缺乏维生素 A 表现为产蛋率、受精率、孵化率降低，眼、鼻分泌物增多，黏膜脱落坏死等症状。

病变可见消化道黏膜、尤其是咽和食道部位出现白色坏死病灶，不易剥离，有的呈伪膜状覆盖；呼吸道黏膜及其腺体萎缩变性，由一层角质化的复层鳞状上皮代替；眼睑粘连，内有干酪样渗出物；肾肿大，色淡，因尿酸盐沉积呈花斑状。

3. 防治措施

（1）注意保证饲料中维生素 A 或胡萝卜素的含量，多喂胡萝卜、苜蓿草、动物肝粉等饲料；或在饲料中加入维生素 A，每千克饲料不低于 4 000 IU。

（2）注意饲料不贮存过久，以防止发霉、酸败。

（3）治疗上可按 8 000～16 000 IU 混料喂服，连用 2 周；成年重症鸭可口服浓缩鱼肝油丸，1 粒/（只・d），连用数天。但需注意对已经出现失明等症状的患鸭是无法治愈的。

二、鸭维生素 B_1、维生素 B_2 缺乏症

本病是由于维生素 B_1、维生素 B_2 缺乏引起的代谢性疾病，其特征是特殊的“观星状”姿势和脚趾的内蜷曲。

1. 病因　维生素 B_1 又称为硫胺素，维生素 B_2 又称为核黄素，在体内分别参与神经递质合成、蛋白质、核酸、脂肪酸、不饱和脂肪酸等多种代谢过程。维生素 B_1 和维生素 B_2 几乎不能在雏鸭体内合成，主要靠从饲料中摄取，如果饲料中维生素 B_1 和维生素 B_2 不足，则可引起缺乏症。

2. 临床症状和剖检病变　维生素 B_1 缺乏的症状为：成年鸭主要表现为厌食、消瘦、步态不稳等症状。雏鸭则主要表现为神经症状，严重者头向后仰，角弓反张，呈典型的“观星状”姿势。部分鸭腿肌麻痹，无法站立。

维生素 B_2 缺乏的症状为：雏鸭生长缓慢，消瘦、腹泻，被毛粗乱，不愿走动。严重者两脚趾均向内蜷曲，不能行走，以飞节着地，腿部肌肉萎缩，呈典型的“内卷趾”状。腿部肌肉松弛，呈现萎缩病变。

根据典型的“观星状”或“内卷趾”状等临床症状，维生素 B_2 缺乏腿部肌肉的病变，结合饲料中维生素 B_1 或维生素 B_2 含量的调查，可以做出初步诊断。确诊需测定饲料中维生素 B_1、维生素 B_2 含量，或血中转酮酶的活性（维生素 B_1 缺乏）。

3. 防治措施

（1）预防。主要保证饲料中维生素 B_1、维生素 B_2 的含量。

（2）治疗。可口服维生素 B_1 或维生素 B_2，或用针剂注射。

三、维生素D缺乏与钙磷代谢障碍

维生素D与钙、磷共同参与骨组织的代谢，其中任一个缺乏或钙、磷比例失调都会造成骨组织的发育不良或疏松。本病在不同年龄鸭均可发生，但以1～4周龄幼鸭多发。

1. 病因

（1）维生素D是一种脂溶性维生素，既可在阳光照射下由皮肤合成，又可得之于动物性饲料。舍饲时，尤其是雏鸭得不到阳光照射，饲料中维生素D含量不足时，引起本病。

（2）钙、磷是机体的常量元素，依赖于饲料的供给，当饲料中钙或磷不足或二者比例失调时，引起本病。

（3）饲料中其他矿物质干扰了钙、磷的吸收，如锰、锌、铁过高可抑制钙的吸收，从而引起本病。

（4）肝疾病、肠道炎症影响了钙、磷的吸收，从而促发本病。

2. 临床症状和剖检病变　雏鸭生长迟缓，喙变软，行走摇晃，不愿走动，常蹲卧，逐渐瘫痪，需拍动双翅移动身体。产蛋鸭表现为产蛋减少，壳薄易碎，产软壳或无壳蛋，鸭腿软无力，步态异常，重者瘫痪。

病变可见胸骨变软，呈S状弯曲；长骨变形，骨质变软或易折；飞节肿大；肋骨与肋软骨结合部出现球状增生，排列成念珠样；鸭喙变软，易扭曲；成年鸭的跖骨易折断；种蛋孵化率降低，死胎增多，死胚四肢弯曲、腿短、皮下水肿、肾肿大。

3. 防治措施

（1）预防。注意饲料中维生素D和钙、磷的含量及其比例，可能情况下让鸭充分接受阳光照射。

（2）治疗。对患病鸭群可添加鱼肝油，每千克饲料 10～20 mL，同时调整好钙、磷比例及用量，合理的钙、磷比为 2∶1，产蛋期为（5～6）∶1。对重症鸭可口服肝油胶丸或肌内注射维丁胶钙。

四、鸭硒缺乏症

本病是由于微量元素硒的缺乏或不足所导致的代谢性疾病。硒在体内有多种生理功能，其主要功能与维生素 E 有互补作用。因此，硒缺乏病与维生素 E 缺乏病有部分相同的病症。硒缺乏主要表现为渗出性素质与白肌病，但无脑软化症。而且已经有研究证明，硒在白肌病中处于协同作用的位置，起主要作用的是维生素 E 和含硫氨基酸的缺乏。在渗出性素质当中，由于硒与维生素 E 的互补作用，单一缺乏其中的一种往往不显现病症，多为两者同时缺乏时才发病。

1. 病因

（1）使用土壤缺硒地区的饲料造成硒的缺乏。我国有三大缺硒地带，其中东北、华北直至云南、贵州一带是最大的一条，使用这些地区饲料应注意补硒。

（2）使用劣质的微量元素添加剂，在饲料缺硒时可发生本病。

（3）维生素 E 的缺乏使硒的需要量增加。

（4）颉颃元素，如铜、锌、钴、硫等过多也会影响硒的吸收；锰的缺乏也降低硒的吸收，从而造成硒缺乏症。

2. 临床症状和剖检病变

（1）渗出性素质，主见于 2～4 周龄雏鸭，病鸭表现为精神不振，腹泻，消瘦，喙尖和脚蹼发紫，有时肉雏腹部皮下水肿，呈淡绿色或淡紫色。病变可见头颈部、胸前、腹下等部皮下有淡黄色或淡绿色胶冻样渗出物，胸、腿肌肉常有出血斑点，有时有心包积液，心肌变性或条纹状坏死。

（2）白肌病，主要见于青年鸭或成年鸭，青年鸭生长发育不良，消瘦，腹泻，食欲不振；母鸭产蛋率、孵化率降低，胚胎发生早期死亡；种公鸭生殖器官发生退行性病变，睾丸萎缩，少精或无精。病变可见全身骨骼肌肌肉苍白、贫血，胸肌和腿肌中出现条纹状白色坏死，心肌变性、色淡，呈条纹状坏死，有时肌胃也有坏死。

3. 防治措施

（1）保证饲料中含有足够的硒和维生素 E。通常每千克饲料 0.5 mg 硒加上 50 IU 维生素 E，进行预防。

（2）治疗时，可每千克饲料 2.5 mg 硒加上 250 IU 维生素 E。

（3）发生白肌病应注意添加蛋氨酸等含硫氨基酸。禁用变质的饲料。

五、鸭痛风

痛风是由于鸭体内蛋白质代谢障碍，尿酸盐在体内大量蓄积所引起的代谢性疾病。

1. 病因 本病的病因主要是饲料蛋白质尤其是核蛋白和嘌呤碱含量过高，以及肾机能障碍所致。常见于过量饲喂动物性饲料，以及大豆、菠菜、莴苣、甘蓝等饲料；或药物使用不当损害肾引起本病；或环境阴冷潮湿，光照不足，饮水不足等诱发本病。

2. 临床症状和剖检病变 临床上可分为内脏型痛风和关节型痛风。

内脏型痛风急性病例（主要见于幼鸭）表现为食欲废绝，两肢行走无力，衰弱，常1～2 d死亡，亚急性病例（主要见于青年鸭和成年鸭）精神不振，食欲减少或废绝，瘦弱无力，排半黏稠白色稀便，逐渐衰弱死亡，病程3～7 d。有时也可因心肌的尿酸盐沉积而突然心衰死亡。

关节型痛风主要见于青年鸭与成年鸭，尿酸盐沉着于各关节，从而出现关节肿胀变形，患鸭跛行、瘫痪等症状，病程7～10 d。临床上还可见到混合痛风。

死鸭皮肤、脚蹼干燥，病尸多消瘦。内脏型痛风可见各个内脏器官表面沉积有大量白色石灰粉样尿酸盐，心包往往最严重。肾肿大，色泽变淡，因尿酸盐的沉积而呈花斑状。关节型痛风可见肿胀的关节腔内及周围组织中有白色黏稠状或粉状尿酸盐沉积。

3. 防治措施

（1）防止富含核蛋白、嘌呤碱的饲料的过量饲喂。

（2）防止损害肾药物的过量饲喂。

（3）加强饲养管理，改善饲养条件，保证充足饮水。

（4）发病后可喂给肾肿解毒药，如丙磺舒，可按10～20 mg/只鸡拌料喂服，连用5～7 d，可加快尿酸盐排泄，降低发病率和死亡率。

六、脂肪肝综合征

本病是由于脂肪代谢障碍，大量脂肪沉积于肝，引起肝脂肪变性的一种代谢性疾病。

1. 病因

（1）长期饲喂能量过高的日粮，同时缺乏胆碱、生物素、肌醇等中性脂肪合成磷脂的因子。

（2）缺乏运动，易造成脂肪沉积。

（3）某些毒素和传染病也可引起肝的脂肪变性。

2. 临床症状和剖检病变　本病无特征性临床症状，患鸭主要表现为肥胖，营养过剩，产蛋率不高。常可在捉鸭时因肝破裂而突然死亡。

剖检可见皮肤、肌肉苍白、贫血，肝肿大，色黄，质脆，有时破裂出血，体腔中有大量的血凝块。腹腔内各处常有大量脂肪沉着。

3. 防治措施

（1）合理配制日粮，防止能量过高。

（2）日粮中应添加多种维生素，可预防和减缓本病的发生。

（3）发病鸭群可添加氯化胆碱，每千克饲料 1～1.5 g；维生素 E，每千克饲料 10 个 IU；肌醇，每千克饲料 1 g 添加，连喂 1～2 周。

七、鸭有机磷中毒

有机磷农药是目前农业上应用较广的杀虫剂，种类较多，有甲胺磷、对硫磷、乐果、敌百虫等，鸭多因误食而引起中毒。

1. 病因　本病多见于放牧鸭群，鸭常因采食了喷洒有机磷农药的农作物、青草等引起中毒；亦因有机磷农药保管不当污染了饮水和环境所致；或用有机磷驱杀鸭体表寄生虫而引起；个别有人为投毒的原因。

2. 临床症状和剖检病变　鸭中毒后常急性发作，口吐涎沫，拍翅、抽搐死亡。病程稍长可见流涎、流泪、瞳孔缩小，运动失调，两肢麻痹，下痢，呼吸困难，肌肉震颤，抽搐等症状，常在发病后数分钟内死亡。

本病无特征性病变，肌胃内容物有大蒜臭味具有诊断意义。

3. 防治措施

（1）由于本病病程较急，发病后应立即抢救，可肌内注射阿托品 0.5 mL/只，同时应用解磷定或氯磷定 1.2 mL/只。需注意解毒药品的应用应根据病情情况持续使用，如上述药物可每隔 1～2 h 重复使用 1 次，直至痊愈。

（2）有条件的，应剖开嗉囊，取出嗉囊内容物。

（3）鸭群发病后应尽可能调查清楚毒物所在，以防下次再中毒。

（4）禁止到喷洒过农药的地域放牧；保管好农药及其浸泡过的种子等，防止鸭误食。

八、黄曲霉毒素中毒

本病是由真菌黄曲霉产生的黄曲霉毒素引起的鸭的一种中毒性疾病。临床上以消化机能障碍、全身浆膜出血、肝脏器官受损以及出现神经症状为主要特征。本病对各种家禽都可致病，但以鸭最易感，尤其是幼鸭，常引起死亡，造成较大损失。

1. 病因 致病因子是黄曲霉毒素。本病是由于鸭吃进了受黄曲霉污染的饲料引起。较容易生长黄曲霉的饲料原料是：花生、玉米、豆粕等。在加工完的配合饲料中，如保管不当也易生长黄曲霉。

2. 临床症状和剖检病变 雏鸭一般呈急性中毒，病鸭开始采食减少，生长受阻，羽毛脱落，腹泻，跛行，腿部和脚蹼出现紫色出血斑点，死前出现共济失调、抽搐、角弓反张等症状。1～3 日龄雏鸭中毒病程较短，死亡率100%。成年鸭通常呈亚急性或慢性经过，精神、食欲减少，腹泻、消瘦、贫血、产蛋下降、蛋变小等。

病变可见雏鸭胸部皮下和肌肉有出血斑点，肝肿大，色淡，有出血斑点或坏死灶，胆囊扩张，肾苍白、肿大或有点状出血，胰腺有出血点。成年鸭可见心包积液，常有腹水，肝颜色变黄，肝硬化，肝实质有坏死结节或有黄豆大小的增生物，严重者有肝癌变。

3. 防治措施 本病目前无有效解毒药物，应以预防为主。因一般的高温、日晒、水洗等都不能破坏或除去饲料的黄曲霉毒素，因此预防的措施也很简单，就是坚决不喂霉变的饲料。

如发现鸭群出现黄曲霉中毒后，应立即更换饲料，并尽早服轻泻剂，促进肠道毒素排出。可用硫酸镁或硫酸钠每天 1～5 g 溶于水中让鸭自由饮用，连用 2～3 d。同时，增加饲料中多种维生素含量。

九、有机氟农药中毒

有机氟是一种高效农药，有多种，常用的有氟乙酰胺（敌蚜胺，1081）、氟乙酸钠（1080）等，用于杀虫和灭鼠。有机氟毒性很强，禽类在动物中对其易感性最低，但每千克体重 10～30 mg 即可致死。有机氟主要通过动物的消化道致毒，也可通过呼吸道和破损的皮肤致毒。有机氟在动物体外无毒性，只有在动物体内转变成氟枸橼酸后才能中断糖代谢使动物中毒。中毒后以大脑和心血管系统受害最严重。

1. 病因 鸭常因采食被有机氟污染的青草、蔬菜和饮水或误食混有有机氟的灭鼠毒饵引起中毒。

2. 临床症状和剖检病变 可见患鸭倒地抽搐、呼吸困难、流涎，呈现中枢神经系统和循环系统异常的症状。本病无特征性病变，剖检可见内外膜有出血点、斑，肝、肾肿大、充血，脑血管充血，呈树枝状，脑实质轻度水肿。由于症状、病变的特征性不十分明显，所以要与其他农药及药物中毒区别时，需检测血液、尿液或胃内容物中的有机氟。但本病有特效解毒药，临床上可做药物诊断。

3. 防治措施

（1）禁止鸭群到喷洒有机氟农药的地域放牧或采食农作物；避免鸭吃到投放的灭鼠毒饵。

（2）中毒后应立即用特效解毒药——解氟灵（乙酰胺）解救，剂量为每千克体重0.1～0.3 g，以0.5%盐酸普鲁卡因稀释，分2～4次肌内注射，直至症状消失，如再出现症状，再次注射。或用二醇乙酸酯（醋精）100 mL溶于500 mL水中，口服。

十、磺胺类药物中毒

磺胺类药物是一类广谱抗菌药物，能抑制大多数革兰氏阳性细菌，并具有抗球虫作用，因此被广泛用于动物疫病防治。但该类药物治疗量接近中毒量，且禽类对其比较敏感。因此，常因用药不当而引起鸭尤其是雏鸭的中毒。

1. 病因

（1）用药量过大，用药时间过长，拌料不匀而引起中毒。

（2）肝、肾患病而功能下降时，使该药代谢和排泄变慢，引起蓄积中毒。

（3）1月龄内雏鸭肝肾功能尚弱，对该药敏感性增高，容易引起中毒。

2. 临床症状和剖检病变 本病多见于雏鸭，急性中毒时表现为兴奋不安、厌食、腹泻、痉挛、抽搐、共济失调、麻痹等。慢性中毒时表现为精神沉郁、食欲不振、渴欲增加、贫血、黄疸，有的头部局部肿胀，皮肤呈蓝紫色，翅下有皮疹，便秘或腹泻，粪便呈酱油色，并发生多发性神经炎和全身出血性变化。蛋鸭产蛋量下降。

病变可见皮下和肌肉有出血斑，尤以胸肌和腿肌严重，呈弥漫性大片出血；血液稀薄，凝固不良；肌肉苍白或淡黄色；骨髓黄染；肝肿大，表面有出血斑点，或坏死灶；胆囊肿大，充满胆汁；肾肿大，呈土黄色，表面有紫红色出血斑；输尿管增粗，充满尿酸盐；腺胃和肌胃黏膜交界处有条纹状出血，肌胃角质膜下有出血点；十二指肠黏膜出血，盲肠内充满咖啡色内容物；脑膜水肿、充血；心外膜出血，心包积液。

根据贫血、黄疸、皮疹等症状，胸肌、腿肌等大面积出血，血液稀薄，凝固不良，肝肿大，有出血斑点，肾肿大，输尿管有尿酸盐沉积等病变，结合对使用磺胺类药情况的了解，可以基本诊断为该病。

3. 防治措施

（1）严格控制磺胺药的使用剂量与时间，不能超规定用量使用，连续使用不能超过1周。同时，用药期间提供充足饮水。

（2）雏鸭和体弱鸭应慎用磺胺类药物，产蛋母鸭以及有肝肾疾患鸭应尽量避免使用磺胺类药物。

（3）发生磺胺类药物中毒，应立即停药，尽量多饮水，并饮服1%～5%碳酸氢钠溶液，并配合维生素C和维生素K进行治疗。

十一、鸭皮下气肿

皮下气肿是幼鸭、幼鹅的一种常见外伤性疾病。本病多见于粗暴捕捉使颈部气囊及腹部气囊破裂；也可因尖锐异物刺破气囊或乌喙骨和胸骨等有气腔的骨骼发生骨折，均可使气体积聚于皮下，造成皮下气肿。

本病多发于1～2周龄的幼鸭，常发生颈部皮下气肿，俗称气脖子或气嗦子。

1. 临床症状和剖检病变 颈部气囊破裂时，可见颈部羽毛逆立，颈的基部或整个颈部气肿，以致头部和舌系带下部出现鼓气泡。腹部气囊破裂或颈部气体向下蔓延时，可见胸腹围增大，皮肤紧张，叩诊呈鼓音。如延误治疗，则气肿继续增大，病鸭精神沉郁，呆立，呼吸困难，饮、食欲废绝，衰竭死亡。

本病无其他明显病变，仅见气肿部皮下充满气体。

2. 防治方法 主要是避免粗暴捉鸭和鸭群的拥挤、摔伤和踩伤。

发生气肿后，可刺破膨胀皮肤，放出气体。注意须多次放气，或用烧红的烙铁在膨胀部烙个缺口，使伤口暂不愈合而持续放气，患鸭可逐渐自愈。

能力转化

1. 简述鸭场饲养管理的注意要点。
2. 简述鸭瘟的临床症状及防治要点。

单元七

鹌鹑的疾病防控

教学目标

1. 掌握鹌鹑疾病防疫的一般原则。
2. 掌握鹌鹑的一般疾病治疗方法。

项目一　鹌鹑疾病防控原则

任务目的

知识：了解鹌鹑养殖现状。
技能：初步判断鹌鹑的常见病。

知识准备

随着近年来特种养殖业的兴起，养鹑业也迅速发展起来，但疾病对养鹑业常造成很大危害，制约着养鹑业的发展。鹌鹑个体小，饲养密度高，生长期短。一旦发生疾病，死亡率高，蒙受损失较大。因此，养鹌鹑必须做到预防为主，防重于治。鹌鹑病的防治措施包括加强饲养管理、增强机体抵抗力；搞好鹑舍及环境的清洁卫生，杜绝传染源；经常检查鹑群，及时防病治病。

一、加强饲养管理，增强机体抵抗力

鹌鹑本身对多种疾病具有天生的抵抗力，但不同鹌鹑场的鹌鹑对疾

病抵抗力的强弱有较大差别，科学的饲养管理是提高鹌鹑抵抗力的重要措施。

二、建立卫生、消毒制度，杜绝传染源

1. 平时加强检疫 平时对鹌鹑群做好疫情调查工作，定期检疫。同时，经常观察鹌鹑的活动状况，对患病或可疑病鹑要及时隔离治疗和处理。

2. 坚持清扫、消毒 平时除一般性清洁卫生工作外，还应定期采取消毒灭菌措施。粪便堆积发酵处理，以杀灭病原体和虫卵，同时对舍笼及场地、工具进行消毒，在场门口设置消毒池，无关人员不得入场，进入人员、车辆应通过消毒池。用10%～20%石灰水刷墙，用10%～20%漂白粉喷雾鹑舍等。对全进全出的鹌鹑舍、孵化器按每立方米30 mL福尔马林加10 g高锰酸钾密闭熏蒸消毒。12 h后，开门窗通气。

3. 定期接种疫苗，可以提高鹌鹑群对疫病的特异性抗病能力。

三、及时发现疾病，并及时治疗

密切观察并及早发现群体中的异常个体，剔除及隔离病鹌鹑，保护大群健康。平时应在以下方面多加观察：

1. 举止 每天早上集蛋及喂料时，要注意观察鹌鹑的动作是否敏捷，有无神态异常，两肢麻痹和萎缩，步态不稳及恶癖等症状。

2. 鼻孔 有无分泌物，过多则属于异常。

3. 眼睛 有无分泌物，如泪水或眼垢。

4. 口腔 有无异常分泌物及肿胀。

5. 嗉囊 大小及硬度如何，有无食滞及积液。

6. 羽毛 有无光泽、蓬松杂乱等。

7. 腹部 注意软硬及大小。

8. 脚 关节、脚趾有无肿胀。

9. 粪便 注意颜色、软硬、气味。健康鹌鹑粪稍硬，呈暗黑色，一端附有白色尿液。

10. 泄殖腔 有无脱肛、肿胀等情况。

除了对以上情况加以密切注视外，必要时还可以进行尸体剖检，实验室诊断。针对具体情况或隔离或治疗或淘汰。

项目二　鹌鹑常见疾病防控

任务目的

知识：了解常见的鹌鹑疾病。

技能：初步诊断常见的鹌鹑疾病。

知识准备

一、白痢

1. 病因及症状　该病是由鸡白痢沙门氏菌引起的一种烈性细菌性传染病，带菌的雌鹑产的蛋内有沙门氏菌，可使幼鹌鹑患先天性白痢，孵化中若消毒不严，会使白痢传播，不能根绝，病鹌鹑虚弱，怕冷扎堆，闭目垂头，两腿叉开，双翅下垂，食欲减退，拉白色稀粪，黏附于肛门周围。剖检可见十二指肠出血严重，小肠、盲肠有灰白色坏死灶，泄殖腔内有白色恶臭稀粪；严重者卵巢变绿色，输卵管被白色坚硬物充满，黏膜肿胀充血。4～8 日龄鹌鹑发病死亡较多，有的变为慢性，死亡率不高，但影响产蛋。

2. 防治方法　最好病鹌鹑全部扑杀，可彻底除根。引种时要严格检疫。对病鹌鹑可选用以下方法治疗：用青霉素每只每次 1 万 U 肌内注射，每天 2 次；链霉素按 0.05%饮水，连用 20 d，或者金霉素按每只每天 6 mg 混料饲喂；用 0.03%～0.04%土霉素拌料喂饲连用 5～7 d。

二、新城疫

1. 病因及症状　由新城疫病毒引起，病鹌鹑表现为精神不振，厌食，产蛋下降，软壳、白壳蛋增多，拉绿色或白色粪便。呼吸困难，流涎，两翅下垂，头向后或偏向一侧，2～4 d 死亡。剖检可见腺胃、肠道及卵巢有明显的出血点。

2. 防治方法　幼鹑 5～7 日龄时用新城疫Ⅱ系疫苗饮水免疫，也可用弱毒疫苗喷雾免疫，产蛋前再免疫一次；可用灭活疫苗肌内注射，35 日龄前后每只 0.3 mL。弱毒疫苗与灭活疫苗并用，可起到强化免疫效果。

三、马立克氏病

1. 病因及症状　本病由疱疹病毒引起，空气传染力较强，鹌鹑发病后 5

个月排出病毒。本病潜伏期可长达数十天，病程长，外部症状不明显，不易引起重视，实际上是一种危害严重的传染病。病鹌鹑消瘦，产蛋率下降；严重者脚瘫软，胫部着地行走，易误诊为维生素 B_2 缺乏症，最后拉绿色粪便衰竭而死。剖检可见外周神经发生淋巴样细胞浸润和肿大，肝、肾、卵巢、睾丸、肺、脾、胃等有肿瘤。有时表现为内脏型，有时呈神经型，有时同时会有此两型症状。

2. 防治方法 加强饲养管理、搞好舍内卫生，引种时从无马立克氏病群中引进；1 日龄接种马立克氏病疫苗每只 0.2 mL。

四、球虫病

1. 病因及症状 主要由毒力强的艾美耳球虫引起．幼龄鹌鹑的发病率和死亡率高。病鹌鹑表现为精神不振、食欲减退、羽毛松乱、头卷缩畏寒、生长停滞，肛门周围羽毛被排泄物污染，以后严重血便，最后痉挛、昏迷死亡。幼鹌鹑死亡率可达 30%～50%，成鹌鹑多为慢性、多发性，病程长，消瘦，产蛋率下降并伴有间歇性下痢，死亡率比幼鹌鹑低。剖检可见肠道肿胀，比正常大 1～2 倍，外观里暗红色，黏膜上有出血点，内容物混有血液，有干酪样坏死物。取其内容物进显微镜检查，可发现大量球虫卵囊。

2. 防治方法 青霉素 G 每升水 25 U，克球粉每升水 0.25 g，混入饮水中自饮；复方敌菌净，每千克体重 30 mg，口服，连用 7 d。

五、溃疡性肠炎

1. 病因及症状 由鹌鹑梭状芽孢杆菌引起的一种急性传染病，4～12 周龄的鹌鹑易感，苍蝇是本病的主要传染媒介。饲喂不清洁、变质腐败的饲料，鹌鹑舍潮湿，会促使本病发生。鹌鹑精神不振，拉白色水样粪便，拱背，缩颈，闭眼，羽毛松乱，食欲降低或废绝。先期排白色稀粪，后期转为绿色，病程超过 1 周，极度消瘦，死亡率很高。剖检可见十二指肠、小肠及盲肠有出血性炎症和坏死灶，肝呈黄色或浅黄色的坏死斑点，脾肿胀和出血。

2. 防治方法 由于荚膜梭菌形成芽孢，造成连续发病，因此发病后要及时清扫粪便，消毒笼具，将病鹌鹑隔离治疗，加强饲养管理，防止病原传播；链霉素 2 g，加水 4 000 mL，连饮 25 d；用四环素或金霉素按 0.03%混料喂饲，连用 7 d；每 5 kg 料中加入链霉素 0.6 g 或氯霉素 5 g；每千克饲料中加入 0.1～0.2 g 杆菌肽锌，可作饲料添加剂。

六、败血支原体病

1. 病因及症状 又称慢性呼吸道病，由败血支原体感染引起，带菌鹌鹑和种蛋是主要传染源。饲料质量低劣，饲养密度过大，卫生条件不好，舍空气不洁，也是诱发的病因。病鹌鹑表现呼吸啰音（喉中有“咕噜、咕噜”的声音）、咳嗽、打喷嚏、流鼻液，继而出现眼睑肿胀，分泌物由黏液性变为脓性，眶下窦蓄有干酪样渗出物，最后眼球突出，引起一侧或两侧眼睛发炎，甚至失明。剖检可见鼻腔、鼻窦、气管及支气管有明显的卡他性炎症，气囊表面常有黏液或干酪样物，常继发大肠杆菌感染引起心包炎和气囊炎。死亡率不高，但影响生长发育，蔓延全群，危害极大。

2. 防治方法 要消灭病原。捕杀病鹌鹑，注意环境卫生及鹌鹑舍通风。加强饲养管理，提高群体抵抗力；大群治疗时常用盐酸恩诺沙星，每升水加入0.1 g饮水，连用5～7 d；土霉素按0.03%～0.06%混料喂饲，连用5 d；四环素按0.025%～0.05%混料喂饲，连用5～7 d。

七、禽霍乱

1. 病因及症状 禽霍乱是由多杀性巴氏杆菌引起的传染病，经污染的饲料、饮水或土壤传染。急性发生，病鹌鹑废食，频频饮水，关节浮肿，腿部瘫痪，呼吸困难。慢性发病时，头部变为深蓝色，脸部浮肿，有黄色至绿色下痢，心脏脂肪沟、腺胃、肌胃和十二指肠有针尖大的出血点，肝表面有白色大小不等的坏死点。

2. 防治方法 用青霉素2万U或链霉素5万U稀释后肌内注射；也可用土霉素按0.03%的比例拌料喂服，治疗量加倍。

八、大肠杆菌病

1. 病因及症状 大肠杆菌病是由致病性大肠杆菌污染的蛋、病鹌鹑及其排泄物、分泌物，以及被污染的饲料、饮水、垫料等引起的。本病的感染途径很多，主要经消化道和呼吸道感染，也可垂直传播。病鹌鹑精神不振，食欲减退或废绝，嗜饮，羽毛松乱，两翅下垂，闭眼呈昏睡状，有的呼吸困难，从口腔中流出大量黏液，腹泻，排黄绿色粪便，有的病鹌鹑泄殖腔红肿外翻，体况消瘦，腿软站立不稳而卧于笼底。少数出现转圈或扭颈等神经症状，最后头颈后仰呈角弓反张状死亡。剖检可见腹膜增厚，腹膜上有纤维素性渗出物，腹腔内有多量淡黄色半透明液体。肝稍肿大、质脆，并有灰白色坏死灶，肝表面有淡黄色胶冻样渗出物。

2. 防治方法 经常清扫鹌鹑舍，定时清除粪便，保持鹌鹑舍的清洁与干燥，每天用2%的苛性钠液消毒2次。降低饲养密度，提高舍温至20～22 ℃。将庆大霉素按每千克体重2 mg的量混于水中让鹌鹑饮用，连饮6 d。

九、鹑痘

1. 病因及症状 由鹑痘病毒引起，与其他禽痘病毒不同，主要发生于青年鹌鹑，通过皮肤黏膜伤口传染。皮肤型是在体表的无毛部位，如脸部、眼皮发生的一种肉疣状结节，眼睑内充满干酪样渗出物。黏膜型，咽喉部黏膜上出现白色不透明的突起小结，增大黄色干酪样，坏死物呈伪膜状态，形成白色伪膜，还有多量黏液，呼吸困难，出现呼吸杂音，影响采食，最后死亡。

2. 防治方法 在鹌鹑群中应根绝此病，发现病鹌鹑立即深埋，目前我国尚无鹑痘疫苗，也没有好的治疗方法。

十、支气管炎

1. 病因及症状 是一种急性、高度传染性呼吸道病。由鹌鹑支气管炎病毒引起，通过接触传染，亦可通过空气传染，人工感染潜伏期 2～7 d，主要在 8 周龄内感染。病鹌鹑咳嗽，打喷嚏，有支气管啰音，结膜发炎，流泪，有神经症状，病程 1～3 周。发病率达 100%，传染速度和疾病严重程度在成年鹌鹑中显著降低。

2. 防治 此病无特效药物治疗，在暴发期间加强饲养管理，提高舍内温度，加强通风。

十一、白喉

1. 病因及症状 由嗜血杆菌、芽孢杆菌、大肠杆菌、葡萄球菌等侵入鼻腔、口腔、咽喉、眼睑等部位引起，开始病鹌鹑眼肿，流血样鼻涕，流眼泪，打喷嚏，食欲减退，体弱气衰，眼内充满黄色眼屎，口腔黏膜出现黄色斑点，白喉在群中一旦发生，蔓延很快。

2. 防治方法 保持清洁卫生的环境，有病立即隔离，按 0.2%的比例将多种维生素和土霉素拌入饲料或水中喂病鹌鹑，把病鹌鹑的头置于 0.5%的高锰酸钾液中，洗涤消毒，重症者要淘汰。

十二、厌食与食滞病

1. 病因及症状 因多食或吃了变质、不好消化的饲料所致。病鹑食欲废绝，有的嗉囊肿胀，触摸有硬块，行动迟缓，羽毛倒立，常痛苦地鸣叫，发出尖而长的声音。

2. 防治方法 要注意饮食，应喂给幼鹌鹑易消化的食物，不喂腐烂发霉的饲料，将嗉囊中的食物挤出，用2%的食盐水灌洗1～2次，可喂乳酶生，每天25 g，吃完为止。

十三、便秘

1. 病因及症状　鹌鹑是在较高温下饲养，易发生便秘，缺少维生素和沙粒，饮水少是发病的主因。病鹌鹑排粪困难，粪便干燥呈粒状。

2. 防治方法　经常喂青绿饲料或保证饲料中有足够的维生素，经常供给清洁的饮水，给些沙子。病鹌鹑可灌服蓖麻油或石蜡3～5 mL或喂少许焦化饲料（用文火将精料焙焦黄，用鸡内金焙焦黄喂更好）。

十四、脱毛病

1. 病因及症状　多发生于产蛋鹌鹑，因营养不良而脱毛。还有的是相互啄而脱毛。鹌鹑的背毛脱光，有的头部、腹部，甚至尾部毛都脱光，只看到少许毛锥。

2. 防治方法　增加饲料中动物性蛋白，注意各种必需氨基酸，特别是胱氨酸、蛋氨酸的供给。

十五、产软壳蛋病

1. 病因及症状　饲料中缺乏钙和维生素D，雌鹌鹑输卵管发炎，引起内分泌紊乱，受外界刺激而早产，蛋壳未形成就排出，即为软蛋。

2. 防治方法　饲料中应有充足的钙、磷和维生素D，产蛋期要有足够的光照。病鹌鹑增加骨粉及贝壳粉含量，喂少量鱼肝油，若输卵管发炎或产蛋已超过1年的雌鹌鹑，予以淘汰。若为其他疾病引起的产软壳蛋，要弄清原因，采取措施，加以治疗。

十六、灰脚病

1. 病因及症状　这是一种寄生螨类，常在鹌鹑的脚部、皮肤下产卵，进而引起发病。病鹌鹑脚外像附着一层石灰，可引起关节或趾骨变形，行走困难，生长受影响，产蛋率下降。

2. 防治方法　用4%的硫黄软膏涂抹，每天2次，连用3～5 d。用温水洗去痂皮，用3%敌百虫溶液浸泡5 min，杀死虫体。有的用油或汽油浸泡，也可杀死螨。

十七、羽虱病

1. 病因及症状　环境污染，潮湿易生虱，与鸡同喂时，可由鸡传播，虱吸食血液，损害皮肤，病鹌鹑发痒不安，严重时停止产蛋，瘦弱，羽毛粗乱，脱毛，在靠皮肤处可看到虱子。

2. 防治方法 搞好环境卫生，防潮湿。对发生虱的鹌鹑群喷洒除虫菊粉，或用除虫菊粉与硫黄少许，拌入沙内，让鹌鹑沙浴，可杀灭，也可用烟叶水（烟叶加水烧煮，浓一点更佳）擦洗，效果不错且安全。

能力转化

1. 简述观察鹌鹑群时的注意事项。
2. 简述鹌鹑白痢病的临床症状和防治方法。

主要参考文献

1986. 中华人民共和国专业标准：鸡的饲养标准［M］. 北京：中国标准出版社.
1986. 中华人民共和国专业标准：奶牛饲养标准［M］. 北京：中国标准出版社.
1986. 中华人民共和国专业标准：羊的饲养标准［M］. 北京：中国标准出版社.
1988. 中华人民共和国专业标准：肉脂型猪的饲养标准［M］. 北京：中国标准出版社.
蔡长霞. 2006. 畜禽环境卫生［M］. 北京：中国农业出版社.
崔治中，崔保安. 2004. 兽医免疫学［M］. 北京：中国农业出版社.
范作良. 2006. 动物内科病［M］. 北京：中国农业出版社.
呙于明主编. 1997. 家禽营养与饲料［M］. 北京：中国农业大学出版社.
胡桂学. 2006. 兽医微生物学实验教程［M］. 北京：中国农业大学出版社.
华南农业大学主编. 1987. 养牛学［M］. 北京：农业出版社.
黄应祥. 2003. 奶牛养殖与环境监控［M］. 北京：中国农业出版社.
贾志海主编. 1999. 现代养羊生产［M］. 北京：中国农业大学出版社.
金艺鹏，林德贵. 2010. 兽医外科手术学实验教程［M］. 北京：中国农业大学出版社.
李炳坦，赵书广，郭传甲. 2004. 养猪生产技术手册［M］. 北京：中国农业出版社.
李建国. 2003. 奶牛饲养与繁殖技术指南［M］. 北京：中国农业大学出版社.
李同洲，藏素敏. 1999. 猪营养与饲料［M］. 哈尔滨：黑龙江人民出版社.
李震钟. 1993. 家畜环境卫生学附牧场设计［M］. 北京：农业出版社.
李志农主编. 1993. 中国养羊学［M］. 北京：中国农业出版社.
刘秀梵. 2009. 兽医流行病学［M］. 北京：中国农业出版社.
刘宗平. 2008. 兽医临床症状鉴别诊断学［M］. 北京：中国农业出版社.
柳增善. 2010. 兽医公共卫生学［M］. 北京：中国轻工业出版社.
孟庆翔主译. 2002. 奶牛营养需要［M］. 北京：中国农业大学出版社.
宋育主编. 1995. 猪的营养［M］. 北京：中国农业出版社.
孙国强，王世成. 1999. 养牛手册［M］. 北京：中国农业大学出版社.
汪明. 2008. 兽医寄生虫学［M］. 北京：中国农业出版社.
王宝维. 1998. 海兰蛋鸡饲养［M］. 济南：山东科学技术出版社.
王成章，王恬. 2003. 饲料学［M］. 北京：中国农业出版社.
王康宁编著. 1997. 畜禽配合饲料手册［M］. 成都：四川科学技术出版社.
王新，李艳华. 2006. 兽医药理学［M］. 北京：中国农业科学出版社.
吴慧勇，冯维祺编著. 1998. 实用科学养羊150问［M］. 北京：中国农业出版社.

邢钊，乐涛．2006. 动物微生物及免疫技术［M］．郑州：河南科学技术出版社．
杨宁，单崇浩，朱元照．1994. 现代养鸡生产［M］．北京：中国农业大学出版社．
杨山．1995. 家禽生产学［M］．北京：中国农业出版社．
张宏福．1998. 动物营养参数与饲养标准［M］．北京：中国农业出版社．
张书霞．2009. 兽医病理生理学［M］．北京：中国农业出版社．
张天祥．1985. 家畜环境卫生学［M］．哈尔滨：黑龙江朝鲜民族出版社．
张秀英．2008. 兽医药物分析［M］．北京：中国农业出版社．
张子仪主编．2000. 中国饲料学［M］．北京：中国农业出版社．
赵书广．2000. 中国养猪大成［M］．北京：中国农业出版社．
赵有璋主编．2005. 现代中国养羊［M］．北京：金盾出版社．
郑友民，苏振环．2005. 中国养猪［M］．北京：中国农业科学技术出版社．
中国家禽品种志编写组．1986. 中国家禽品种志［M］．上海：上海科学技术出版社．
中国羊品种志编写组．1989. 中国羊品种志［M］．上海：上海科学技术出版社．
朱善元．2006. 兽医生物制品生产与检验［M］．北京：中国农业出版社．

图书在版编目（CIP）数据

畜禽养殖及疫病防治新技术/黄永强主编．—北京：中国农业出版社，2017.8（2019.7重印）
新型职业农民示范培训教材
ISBN 978-7-109-23016-3

Ⅰ.①畜… Ⅱ.①黄… Ⅲ.①畜禽-饲养管理-技术培训-教材②畜禽-动物疾病-防治-技术培训-教材
Ⅳ.①C815②S851.3

中国版本图书馆CIP数据核字（2017）第135593号

中国农业出版社出版
（北京市朝阳区麦子店街18号楼）
（邮政编码100125）
责任编辑　郭晨茜

北京中兴印刷有限公司印刷　　新华书店北京发行所发行
2017年8月第1版　　2019年7月北京第2次印刷

开本：720mm×960mm 1/16　　印张：16.75
字数：296千字
定价：44.50元